U0118716

科學人文 ⑦③

Science Culture

盲眼鐘錶匠

解讀生命史的奧祕

The Blind Watchmaker

by Richard Dawkins

道金斯／著　王道還／譯

作者簡介

道金斯（Richard Dawkins）

英國人，著名演化理論學者，英國皇家學會會士。一九四一年出生於肯亞，一九四九年全家返回英國。就讀牛津大學，受業於動物行爲學名家丁伯根（Nikolaas Tinbergen, 1907-1988；一九七二年諾貝爾獎得主），獲動物學博士學位。一九七六年出版《自利的基因》（*The Selfish Gene*, 2nd ed., 1989），闡釋以「基因」爲分析單位的演化觀，聲名大噪。這本書的主旨是「自利爲利他行爲的基礎」，可是許多人望文生義，以爲他提倡「自私」。一九九五年起，道金斯擔任牛津大學新設立的科學教育講座教授（Chair of Public Understanding of Science）；二〇〇一年當選英國皇家學會會士。

道金斯是英國最重要的科學作家，不但每一本書都是暢銷書，並經常在各大媒體討論、評論科學的各個面相。《盲眼鐘錶匠》與續篇《攀登不可能的山峰》（*Climbing Mount Improbable*, 1996）都是演化生物學的入門書。道金斯的理論著作，除《自利的基因》外，以《延伸的表現型》（*The Extended Phenotype*, 1982）最爲重要。《盲眼鐘錶匠》獲得英國皇家文學學會非小說類最佳書獎與美國洛杉磯時報的文學獎。一九八七年英國廣播公司（BBC）根據本書拍攝的電視片，獲得最佳科學紀錄片獎。

譯者簡介

王道還

台北市出生，受過生物人類學的學院訓練，專業背景是演化生物學、神經解剖學、神經心理學。任職於中研院史語所人類學組。業餘從事科學寫作與翻譯，擔任國科會《科學發展月刊》常務編委、《科學人》（*Scientific American*）編譯委員。近年譯作已有七本，除了本書之外，還包括戴蒙德（Jared Diamond）所著的三本書：《性趣何來？》（由天下文化出版）、《槍炮、病菌與鋼鐵》（與廖月娟合譯，由時報文化出版）、《第三種（黑）猩猩》（由時報文化出版）；《達爾文作品選讀》（由誠品書店出版）、《好小子貝尼特》（由允晨文化出版）、《電腦生命天演論》（由時報文化出版）等。

目錄

Watchmaker
DAWKINS

The Blind
RICHARD

Watchmaker

DAWKINS

The Blind

RICHARD

導讀

正宗演化論

王道還

適應與歧異是生命世界的兩大特色，自古就是西方生物學的焦點，「解剖—生理學」是研究生物適應的學問，而在生物歧異中理出頭緒，就是分類學研究，一直是理性的最大挑戰。至於這兩個研究主題有什麼關係，就很難說了，甚至沒有人覺得這是個問題。直到十八世紀，現代的自然史觀念成立了之後，生物適應與生物歧異之間才建立了「歷史的」（同時也是因果的）關係。

所謂自然史，源自「地層是在時間中堆疊的」觀察與推論，於是不同的地層代表不同的地球史時期。而不同的地層中，包含的生物化石不同，表示不同的地史時期有不同的生物相。因此地球上的生命也有一個發展「歷史」。地球史加生命史就是自然史。

第一位將自然史有系統地整理發表的，是法國學者布方（Buffon, 1707-88）。他的《自然史》自一七四九年起出版，到一七六七年已達十五冊，他過世前又出了七冊（他身後再由他人續了八冊）。根據布方的看法，由於地球在不同的地史時期適於生物生存的條件不同，因此各個地史期有不同的生物相。換言之，布方以適應解釋歧異，而他認爲生物會適應環境，是理所當然的，用不著論證。

第一個公開以解釋適應的理論說明自然史的，是布方的弟子拉馬克（Lamarck, 1744-1829）。他的理論就是用進廢退、後天形質可以遺傳（請見本書最後一章）。最後，自然史在達爾文手裡變成研究生物演化的科學。自然史表現的是生物演化的事實，達爾文發明的「自然選擇」（natural selection，又稱「天擇」），就是解釋演化事實的理論。天擇理論不僅可以同時解釋適應與歧異，還能讓學者「做研究」。科學不只是解釋既有事實的活動，科學最重要的面相其實是實踐；任何科學理論都是研究方略，學者藉以發現、創造新的事實。

所有解釋演化事實的理論都叫演化論，可是目前只有達爾文的天擇說在理論上、實證研究上最站得住腳，因此現在天擇論、達爾文理論、達爾文演化論、演化論就成爲同義詞了。

不過，以上所述都是從「正宗」演化生物學的角度所作的觀察（或「期望」）。這兩百多年的生物演化思想史，其實頗爲曲折，甚至令人懷疑「達爾文革命」這個詞不僅不恰當，還有誤導之嫌。

因爲「演化論＝達爾文學說＝天擇理論」的等式，大概直到《物種原始論》出版百年紀念（1959）才在學術界站穩腳跟。一九七五年美國哈佛大學教授威爾森（E. O. Wilson）出版《社會生物學》，公開論說人類行爲也是演化的產物，在美國學界與民間引起軒然大波，更提醒我們演化論似乎與古典科學極爲不同，以天文學、物理學史建構的科學革命模型，很難解釋所謂的「達爾文革命」竟然那麼拖泥帶水，不乾不脆。

在西方，尤其是美國，不只民間學者仍在努力地指出達爾文的漏洞，學界裡的異議份子也不少，最有名的就是今年五月剛過世的古爾德（S. J. Gould, 1941-2002，美國哈佛大學古生物學講座教授）。他甚至在達爾文龐大的著作中爬梳證據，指斥現行教科書中關於演化論的論述過於強調天擇，反而不能呈現達爾文思想的「多元」特色。

關鍵在「天擇」（自然選擇）是否演化的唯一機制？或最重要的機制？

天擇的要義不過是：生物個體在生殖成就上有差異，而且那些差異都有適應的道理。要是任何一個個體的生殖機會或生殖成就的高低，像中彩券似的「沒什麼道理」，那就不成學問了。

本書是正宗的演化論入門書，以「生物適應的起源」為核心。作者道金斯以穩健的文筆，詳細闡釋了生物適應是任何演化理論家不可迴避的問題，而天擇說是唯一可信的理論。一些學者自命提出了足以替代天擇說的理論，或者認為天擇說無足輕重，都過不了「解釋生物適應」這一關。無論是對演化論有興趣的朋友，還是持批判觀點的人，本書都是最好的起點。

【參考資料】

一、《達爾文作品選讀》，王道還導讀、選讀、翻譯（由誠品書店出版，一九九九年）。

二、《新物種原始論》（*Almost Like a Whale*, 1999），作者 Steve Jones，王道還譯（由時報文化出版，預定二〇〇二年秋季出版）。

譯者附誌：本書承台北市古亭國中楊舒茹老師校閱一遍，改正不少缺失，特此致謝。

前言

道金斯

筆者寫作本書，是基於一個信念：我們人類在世間出現，過去都認為是祕中之祕，可是現在已經不再是祕密了，因為謎底已經揭曉了。揭謎的人是達爾文與華萊士，雖然我們會繼續在他們提出的謎底上加些註腳，來日方長。對這個深奧的問題，許多人似乎還沒有察覺他們提出的解答優雅而美妙，更令人難以置信的是，許多人甚至不覺得那是一個問題。因此我才會寫作本書。

問題在於複雜的設計。我用來寫下這些字句的電腦，內建記憶體容量達六萬四千個位元組（64k），每個位元組儲存一個英文單字。這部電腦是特意設計及費勁製造出來的產品。你用來理解我的字句的大腦，部署了上百億個神經元（即神經細胞）。這麼多神經元中，又有不知幾十億個，每個都有上千條「電線」，與其他神經元通連。還有，我們的身體由一兆個以上的細胞組成，在分子遺傳的層次上，每一個細胞都儲存了大量的數位資訊，已經精確地編過碼了，比我的電腦多了上千倍。

生物的複雜，只有生物設計的精妙可比，優雅又有效率。這種等級的複雜設計不該有個解釋嗎？要是有人不同意的話，我就放棄了。不過，重新考慮之後，我不能放棄，本書就是想讓那些還沒開眼的人欣賞一些生物複雜的奇觀。但是說明這個奇觀是個需要解釋的謎題之後，本書另一個主要目的是解釋謎底，使謎團冰釋。

解釋是個困難的藝術。你解釋一件事，有的辦法可以使讀者了解你使用的字句，有的辦法也可以使讀者打心眼兒裡覺得有那麼回事。爲了打動讀者，冷靜地鋪陳證據有時還嫌不足。你必須扮演辯護律師，使用律師的技巧。本書不是一本冷靜的科學著作。其他討論達爾文理論的書都是，其中許多論述精彩、資料宏富，本書讀者應該參考。我必須招認，本書不僅不冷靜，有些篇章我是以熱情寫作的，要是在專業的科學期刊中，這樣的熱情也許會招致非議。

當然，本書會鋪陳事實、提出論證，但是本書也想說服讀者，甚至讓讀者著迷，這是我的目標，說出來諒讀者不致以爲不佞。我希望讀者著迷的是：我們的存在，雖然是個明白的事實，卻也是個激勵心智的謎團；然而這個謎團不但已有優美的答案，而且在我們的理解範圍之內，這是多麼令人興奮的事！還有呢，我想說服讀者，達爾文的世界觀不只在此時此地是眞的，我們存在的奧祕，在已知的理論中，它是唯一在原則上能夠揭露的理論。達爾文理論因此更令人滿意。我們很可以論證：達爾文理論不只在地球上是眞的，宇宙中凡有生命之處都適用。

在一個方面，我與職業辯護律師很不一樣。律師或政客展現熱情與信仰，是拿人錢財、與人消災的表演，不見得對雇主或目標衷心信服。我沒做過這種事，以後也不會。我不一定總是對的，但是我熱切地拿眞理當回事，我絕不說我不相信是正確的事。有一次我受邀到一個大學辯論社與創造論者辯論，我還記得那次我感受到的震驚。辯論之後我們共進晚餐，我的鄰座安排的是一位年輕女士，她在辯論中代表創造論者，發表的演說還算有力。我覺得她不會是個創造論者，就請她誠實回答我爲何她會爲創造論發言。她很自在地承認她只是在磨練辯論技巧罷了，她發現爲自己不信服的立場辯護，更具挑戰性。

看來大學辯論社都這麼做，參與辯論的人爲哪一方辯護，都是指定的，而不是志願的。他們的信念在辯論中毫無地位。面對大衆演說我並不在行，我大老遠出席了，是因爲我相信我受邀辯護的論題是眞的。我發現辯論社的人只不過拿辯論題目做為玩辯論遊戲的引子，於是決心不再接受辯論社的邀請。涉及科學眞理的議題，不容虛矯辯詞。

達爾文理論比起其他科學領域的同級眞理，似乎更需要辯護，理由我並不完全淸楚。我們許多人不懂量子理論，或愛因斯坦的相對論，但我們不致因此而反對這些理論。達爾文理論則與「愛因斯坦理論」不同，批評家不管有多無知，似乎都會當作理想目標。我猜達爾文理論的麻煩是：人人都自以爲懂，莫諾①就曾經一語道破。也眞是，達爾文理論實在太簡單了；與物理學、數學比較起來，簡直老嫗能解，你說可不？說穿了，達爾文理論不過是「非隨機繁殖」，凡是遺傳變異，只要有時間累積，就會產生影響深遠的後果。

但是我們有很好的理由相信：簡易只是表象。別忘了，這理論看似簡單，卻沒人想到，直到十九世紀中葉，達爾文與華萊士才提出，距牛頓發表《原理》（*Principia*, 1687；其中包括「萬有引力定律」）近三百年，距古希臘學者埃拉托斯特尼②測量地球圓周的實驗超過兩千年。這麼簡單的觀念，怎麼會那麼久都沒有人發現，連牛頓、伽利略、笛卡兒、萊布尼茲③、休謨④、亞里斯多德這一等級的學者都錯過了？爲什麼它必須等待兩名維多利亞時代的自然學者？哲學家與數學家是怎麼了，竟然會忽略了它？這麼一個豐富的觀念，爲什麼大部分至今仍然沒有滲入通俗意識中？

有時我覺得人類的大腦是特別設計來誤解達爾文理論的，覺得它難以置信。就拿「機運」議題當例子好了，還有人將它誇張成「『盲目的』機運」。攻擊達爾文理論的人，絕大多數以不當的熱切心情擁抱這個錯誤的觀念：達爾文理論中除了隨機機運之外，一無所有。由於生命呈現的複雜性，活脫脫是「機運」的悖反，要是你認為達爾文理論相當於「機運」，那麼你當然會認為達爾文理論很容易反駁。我的任務就是要摧毀這個備受歡迎的神話：什麼達爾文理論是個「機運」理論！

我們似乎生來就不相信達爾文理論，另一個理由是：我們的大腦設計來處理的事件，與生物演化變遷過程中的典型事件，發生在截然不同的時間尺度上。我們能夠分辨的過程，花費的時間以秒、分、年計，最多以「十年」為單位。達爾文理論分析的，是累積的過程，那些過程進行得非常緩慢，得上千個或百萬個「十年」才能完成。對於可能發生的事件，我們已養成了直覺判斷，可是面對演化就不靈了，因為差了好幾個數量級。我們世故的懷疑，以及主觀機率理論，到這兒統統失靈了，因為它們是在人的一生中磨練出來的，也是為了協助人過一生而形成的，最多幾十寒暑。諷刺的是，這是拜演化之賜。我們得動員想像力，才能逃脫熟悉的時間尺度構築的牢籠，我會設法協助讀者。

我們的大腦似乎天生抗拒達爾文理論，第三個原因出在我們自己的成功經驗，我們是有創意的設計人。我們的世界充滿了工程、藝術的業績。複雜的優雅皆是深思熟慮、精心設計之象，這個觀念我們習以為常、不假思索。這大概是信仰某種超自然神祇最有力的理由，自有生民以來，絕大多數人都懷抱這個信仰。達爾文與華萊士以絕大的想像跳躍，才能超越直覺，看出複雜「設計」從太古簡樸中興起的另一條道路——你了解之後，就會認為這是條（比超自然神祇）更為可能的道路。這個想像跳躍實在太難完成了，難怪直到今天還有許多人不願嘗試。本書的主要目的，是幫助讀者完成這一跳躍。

作家自然希望自己的書影響深遠，不只是瞬息間緣起緣滅。但是每個辯護律師除了強調自身立場的永恆面相，還得回應同時代的對手觀點，不管是眞正的對手，還是表面的對手。這樣做頗有風險，因爲今日各方交戰得不可開交的論證，有些也許幾十年後就完全過時了。這個弔詭常有人舉達爾文的《物種原始論》（*Origin of Species*）爲例，第一版比第六版高明多了。因爲《物種原始論》出版後引起許多批評，達爾文覺得必須在後來的版本裡有所回應，那些批評現在看來完全過時了，於是達爾文的答辯不僅妨礙閱讀，有時還誤導讀者。儘管如此，當代流行的批評，即使我們覺得可能不過曇花一現、不値一哂，也不該縱容自己完全視而不見，因爲對批評者我們應有起碼的敬意，而且也要爲搞昏頭的讀者著想。雖然我對本書哪些篇章終將過時自有主見，但讀者與時間才是裁判。

我發現有些女性朋友認爲使用「男性」代名詞就表示有意排除女性，讓我很苦惱。要是我想排除什麼人，我想我寧願排除男人，好在我從未想過排除什麼人；但是有一次我試著使用「她」稱呼我的抽象讀者，一位女性主義者就抨擊我「紆體帀恩」（**patronizing condescension**），她認爲我應該用「他／她」或「他的／她的」。要是你對語言不關心的話，那樣做很容易，但是要是你不關心語言，就不配有讀者，無論哪個性別。我在本書回歸英文代名詞的正常規範。我也許會以「他」稱呼讀者，但是我不認爲我的讀者就是男性，法文中「桌子」是陰性詞，法國人也不會把桌子當做女性吧？事實上，我相信我經常認爲我的讀者是女性，但是那是我個人的事，我可不願讓這樣的考慮影響我使用母語的方式。

【注釋】

①譯注：莫諾（Jacques Monod），1910-1976，法國分子遺傳學家，一九六五年諾貝爾獎得主。

②譯注：埃拉托斯特尼（Eratosthenes of Cyrene），約 270-190 B.C.，希臘科學家，找出赤道與黃道的夾角約爲 23.5°，並於公元前 240年算出地球體積，首先量出地球的半徑。發明埃拉托斯特尼篩法（sieve of Eratosthenes），可找出質數。

③譯注：萊布尼茲（Leibniz），1646-1716，德國數學家、哲學家、歷史學家、物理學家，微積分發明人之一。

④譯注：休謨（David Hume），1711-1776，蘇格蘭哲學家，無神論者，著有《與自然宗教有關的對話》。

一九九六年版導言

道金斯

出版社重新發行本書，請我寫個新導言。我起先以爲這很容易。我只要列出改進本書的方式就成了；要是我今天重寫這書，必然會做許多改進。我一章一章搜尋，渴望發現錯誤、誤導、過時、不完整的地方。我眞誠地想找出那些缺陷，因爲無論科學家多麼脆弱，科學卻不是沾沾自滿的行業，而且科學透過證僞而進步的理想，可不是說著玩的。可是，不瞞你說，除了細節，本書各章沒有一個主旨我會撤銷的，痛快地公開放棄先前的論證，可以洗滌心胸，好不暢懷，我卻無由消受。

當然，這並不是說本書已無從增減一分。我信手拈來就能再寫十章，討論「演化設計」這個永遠令人興奮的題材。但是那就會是另一本書了。既然我有此意，我就將書名取做《攀登不可能的山峰》（*Climbing Mount Improbable*, 1996）。雖然這兩本書都自成一格，不妨分開讀，可是每一本都可以當作另一本的延續。這兩本書的主題不同，就像本書各章，每一章都與其他章不同，卻有共同的基調：達爾文演化論（Darwinism）與設計。

我說過，我繼續寫作達爾文演化論，並不需要馳辯，可是這太低調了些。達爾文演化論是個巨大的主題，它有許多面相，值得用更多書論述，花上一輩子寫，即使自覺圓滿如意，都寫不完。我也不是一個職業「科學作家」，「寫完」演化論後，可能轉向物理或天文學。我何必這樣做？一位歷史學者寫完一本歷史書之後，可以繼續寫下去，根本不必提出辯詞，說明自己不轉向古典學或數學的理由。一位主廚寫出另一本書，談論烹飪的某一面相，他過去沒寫過的，他認爲園藝最好留給園藝家去寫。他是對的。雖然書店裡各個題材都分配了相對的書架空間（我又唱低調了），達爾文演化論是個比烹飪或園藝大的主題。它是我的主題，它有寬敞的天地，夠我一生浸淫其中，安身立命。

達爾文演化論涵蓋所有生物——人類、動物、植物、細菌，以及地球以外的生物（假定我在本書最後一章所說的正確無誤）。我們爲什麼會存在？爲什麼我們是這副德行？達爾文演化論提供了唯一令人滿意的解釋。它是一切人文學科的基礎。我的意思並不是：歷史、文學批評、法律都必須以達爾文演化論重新模塑過。我並無此意，一點都沒有。但是所有人文創制都是大腦的產物，而大腦是演化出來的資訊處理裝置，要是我們忘了這一基本事實，就會誤解大腦的產物。要是更多醫師了解達爾文演化論，人類現在就不會面對「耐抗生素」病媒的威脅。有一位學者評論道：達爾文演化論「是科學發現的自然眞理中最驚人的」。我會加上一句，「不僅空前，而且絕後」。

本書在一九八六年出版，十年來其他的書也出版了，其中有一些我希望是我寫的，還有一些要是我重寫本書時必然會參考的。柯若寧（Helena Cronin）的《螞蟻與孔雀》（*The Ant And The Peacock*, 1991，中文版由天下文化出版）文筆優美，瑞德里（Matt Ridley）的《紅色皇后》（*The Red Queen*, 1993，中文版由時報文化出版）也同樣淸晰，任何人重寫「性擇」那一章，一定會受他們的影響。丹奈特（Daniel Dennett）的《達爾文的危險觀念》（1995）會全面影響我的歷史與哲學詮釋，他的率直風格，令人耳目一新，本書的重要章節，我若重寫的話，一定會更理直氣壯。馬克・瑞德里（Mark Ridley）教授的巨著《演化》（1993; 1996）是我與本書讀者都應隨時查考的。平克（Steve Pinker）的《語言本能》（*The Language Instinct*, 1994，中文版由商周出版）本來給了我靈感，想從演化的觀點討論語言這個題目，可是他太成功了，令我無從下手。「達爾文醫學」也一樣，可是內斯（Randolph M. Nesse）

與威廉斯（George C. Williams）的書（1994）實在太棒了，倒省了我的事（可是他們的出版商偏要用 *Why we get sick* 做書名，根本不能幫助讀者了解那是什麼書，眞是不幸。）（編按，該書名直譯是「我們爲什麼生病」，天下文化出版的中譯本書名爲《生病，生病，why》。）

第一章　不可能！

Watchmaker

要是你有一隻燕子的所有細胞，
把它們隨意組合在一起，
得到一個會飛的玩意的機率，
講得實際一點，與○無異。

The Blind

我們動物是已知宇宙中最複雜的東西。用不著說，我們知道的宇宙，比起眞正的宇宙，不過滄海一粟。在其他的行星上也許還有比我們更複雜的東西，他們有些說不定已經知道我們，也未可知。可是這不會改變我想提出的論點。複雜的東西，不管哪裡的，都需要一種特別的解釋。我們想知道它們怎麼出現的，爲什麼它們那麼複雜。我要論證的是，宇宙中的複雜東西，無論出現在任何地方，解釋可能大體而言相同；適用於我們、黑猩猩、蠕蟲、橡樹，以及外太空的怪物。另一方面，我所謂的「簡單」東西，解釋都不一樣，例如岩石、雲、河流、星系與夸克，這些都是物理學的玩意。黑猩猩、狗、蝙蝠、蟑螂、人、蟲、蒲公英、細菌與外星人，則是生物學的玩意。

差別在設計的複雜程度。生物學研究複雜的東西，那些東西讓人覺得是爲了某個目的設計出來的。物理學研究簡單的東西，它們不會讓我們覺得有「設計」可言。乍看之下，電腦、汽車之類的人造物事似乎是例外。它們很複雜，很明顯是設計出來的，然而它們不是活的，它們以金屬、塑膠構成，而不是肌肉與血液。在本書中，我會堅定地將它們視爲生物學研究的對象。

讀者也許會問：「你可以這麼做，但是它們眞的是嗎？」字詞是我們的僕人，不是主人。爲了不同的目的，我們發現以不同的意義使用字詞很方便。大多數烹飪書都把龍蝦視爲魚。動物學家對這種做法非常感冒，他們指出，把龍蝦叫做「人魚」還更公平些，因爲魚與人類的親緣關係比較近，與龍蝦的關係比較遠。說起公平與龍蝦，我知道最近法庭必須判決龍蝦是昆蟲還是「動物」，這關係到人可不可以將牠們活活丟入滾水中。以我動物學的行話來說，龍蝦當然不是昆蟲。牠們是動物，但昆蟲也是動物，人也是。對於不同的人以不同的意義使用字詞，沒有必要激動，雖然我在日常生活中遇上活煮龍蝦的人，的確激動不已。廚師與律師有他們一套使用字詞的辦法，在本書中我也有我的一套。電腦、汽車「眞的是」生物？別鑽牛角尖了！我的意思是：要是在一顆行星上發現了像電腦、汽車一樣複雜的東西，我們應當毫不猶豫地下結論：那裡有生命存在，或者曾經存在。機器是生物的直接產品；它們很複雜，是設計出來的，因爲是生物造的，它們是我們判斷生物存在的指標。化石、骨架、屍體也一樣。

我說過物理學研究簡單的東西，聽來也許很奇怪。物理學看來是門複雜的學問，因爲物理觀念我們很難理解。我們的大腦是設計來從事狩獵、採集、交配與養孩子的；我們大腦適應的世界，以中等大小的物事構成，它們在三維空間中以中庸的速度移動。我們沒有適當的「配備」，難以理解極小與極大；難以理解存在時間以兆秒（一兆分之一秒）或十億年爲單位的東西、沒有位置的粒子；我們看不見、摸不著的力與場（我們能知道它們，只因爲它們影響了我們看得見、摸得著的東西）。我們認爲物理學很複雜，因爲我們很難了解，也因爲物理書中充斥了困難的數學。但是物理學家研究的對象，仍然是基本上簡單的東西。例如，氣體或微粒構成的雲，或均勻物質的小塊如晶體，不過是重複的原子模式。至少以生物的標準來衡量，它們沒有複雜的運轉組件。即使大型的物理對象如恆星，也只有數量相當有限的組件，它們的組織多少是偶然的。物理、非生物物體的行爲非常簡單，因此可以用現有的數學語言描述，這就是物理學書裡充滿了數學的原因。

物理學的書也許很複雜，但是這些書與電腦、汽車一樣，是人類大腦的產物。一本物理書描述的物體與現象，比作者體內的一個細胞還要簡單。那位作者的身體，有一兆個那樣的細胞，分成許多類型，根據錯綜複雜的藍圖組織起來，並以精細的工程技術完成，這才成就一個能夠寫一本書的工作機器。凡是事物的極端，物理學裡的極端尺度（須彌／芥子）以及其他困難的極端，或是生物學裡的極端「複雜」，我們的大腦都不容易應付。還沒有人發明一種數學，可以描述像是物理學家這樣的物體，包括他的結構與行為，甚至連他的一個細胞都不行。我們所能做的，是找出一些通用原則，以了解生物的生理以及生物的存在。

這正是我們的起點。我們想要知道為什麼我們以及所有其他複雜的東西會存在。現在我們能夠以原則性的語言回答那個問題了，即使我們對「複雜」的細節還不能掌握。打個比方好了，我們大多數都不了解飛機的運作細節。也許建造飛機的人也不完全了解：引擎專家不了解機翼，機翼專家對引擎只有模糊的概念。機翼專家甚至不完全了解機翼，無法對機翼做精確的數學描述：他們可以預測機翼在氣流中的行為，只因為他們研究過機翼模型在風洞中的行為，或者以電腦模擬過，生物學家也可以採用這種路數了解動物。

但是，儘管我們對飛機的知識並不完備，我們都知道飛機大概經過哪些過程才出現的。首先，有人在圖板上設計出來。再由其他的人根據圖樣製造零件，然後更多的人以各種工具將零件根據設計組合起來。基本上，飛機問世的過程我們並不認為算什麼謎團，因為那是人類造的。針對某個目的從事設計，然後依據設計有系統地組裝零件，我們都知道也了解，因為我們都有一手經驗，即使只是小時候玩過樂高玩具。

那麼我們的身體呢？我們每個人都是一具機器，就像飛機，只不過更為複雜。我們也是一個熟練的工程師在圖板上設計出來，再組裝成的嗎？不是。這個答案令人驚訝，我們得到這個答案只不過一個多世紀之久。首先提出這個答案的是達爾文。當時許多人對他的解釋不願或不能理解。我小時候第一次聽說達爾文的理論時，就斷然拒絕接受。直到十九世紀下半葉，歷史上幾乎每個人都堅定地相信相反的答案——「有意識的設計者」理論。許多人現在仍然相信，也許是因爲眞正的解釋——達爾文理論，仍然不是國民教育的正規教材，驚訝吧！可以確定的是，對達爾文理論的誤解仍廣泛地流行。

本書書名中的「鐘錶匠」，是從十八世紀神學家培里（William Paley, 1743-1805）的一本著名專論採借來的。培里的《自然神學》（*Natural Theology*）出版於一八〇二年，是「設計論證」的著名範例。「設計論證」一直是最有影響力的「上帝存在」論證。《自然神學》是我非常欣賞的書，因爲培里在他的時代成功地做到了我在我的時代拚命想做的事。他有觀點想表達，他熱情地相信那個觀點，並全力清晰地闡述那個觀點，他做到了。他對生命世界的複雜特徵有適當的敬意，因此他覺得那個特徵必須有個特別的「說法」（解釋）。他唯一搞錯的（那可是個大錯！）就是他提出的「說法」。他對這個謎團的答案非常傳統，就是聖經中的「說法」，比起前輩來，他的文字更清晰、論證更服人。眞實的解釋完全不同，得等到史上最具革命性的思想家——達爾文，才大白於天下。

《自然神學》以一個著名的段落開頭：

我走在荒野上，不小心給石頭絆了一跤，要是有人問我那塊石頭怎麼會在那裡；我也許可以回答：「它一直都在那裡！」即使我知道它不是；這個答案也不容易證明是荒謬的。但是，若我在地上發現了一個鐘，要是有人問我那個鐘怎麼會在那個地方；我就不能以同樣的答案答覆了，「據我所知，它一直都在那兒。」

培里這兒分別了石頭之類的自然物體，與設計、製造出來的東西如鐘錶。他繼續說明鐘的齒輪與發條製造得如何精確，以及那些零件之間的關係多麼複雜。如果我們在荒野發現了這麼一個鐘，即使我們不知道它是怎麼出現的，它呈現的精確與複雜設計也會迫使我們下結論：

這個鐘必然有個製造者；在某時某地必然有個匠人或一群匠人，爲了某個目的（我們發現那個目的的確達成了）把它做出來；製造者知道怎麼製造鐘，並設計了它的用途。

培里堅持這個結論沒有一個理性的人會有異議，可是無神論者凝視自然作品的時候，的確有異議，因爲：

每一個巧思的徵象，每一個設計的表現，不只存在於鐘錶裡，自然作品中都有；兩者的差別，只是自然作品表現出更大的巧思，更複雜的設計，超出人工製品的程度，難以估計。

培里對生物的解剖構造做了優美、虔誠的描述，將他的論點發揮得淋漓盡致。他從人類的眼睛開始——這是個深受歡迎的例子，後來達爾文也使用了，本書中會不斷出現這個例子。培里拿眼睛與設計出來的儀器（如望遠鏡）比較，結論道：「以同樣的證據可以證明：眼睛是爲了視覺而造的，正如望遠鏡是爲了協助視覺而造的。」眼睛必然有個設計者，像望遠鏡一樣。

培里的論證出於熱情的虔敬，並以當年最好的生物學知識支持，但他的論證是錯的，精彩有餘，但完全是錯的。望遠鏡與眼睛的類比，鐘錶與生物的類比，是錯的。表象的反面才是對的，自然界唯一的鐘錶匠是物理的盲目力量，不過那些力量是以非常特殊的方式凝聚、運行的。眞正的鐘錶匠有先見：在他的心眼中，有個未來的目的，他據以設計齒輪與發條，計畫它們之間的聯繫。達爾文發現了一個盲目的、無意識的、自動的過程，所有生物的存在與顯然有目的的構造，我們現在知道都可以用這個過程解釋，就是自然選擇（**natural selection**，另一譯名是「天擇」）。天擇的心中沒有目的。天擇沒有心，也沒有心眼。天擇不爲未來打算。天擇沒有眼界，沒有先見，連視覺都沒有。要是天擇可以扮演自然界的鐘錶匠這個角色，它一定是個盲目的鐘錶匠。

這些我都會解釋，我要解釋的可多著呢。但是有一件事我不會做：我絕不輕視活「鐘錶」給培里帶來的驚奇與感動。正相反，我要舉個例子，說明我對自然的感受，儘管培里一定能更進一步發揮。說到活「鐘錶」讓我產生敬畏之情，我絕不落人後。我與培里牧師感同身受的地方，還大於我與一位現代哲學家，他是著名的無神論者，我與他在晚餐桌上討論過這個問題。我說我很難想像在一八五九年之前做個無神論者，不論什麼時代。達爾文的《物種原始論》在一八五九年出版。「休謨呢？」這位哲學家回答。「休謨怎樣解釋生物世界的複雜現象？」我問。「他沒有解釋，幹嘛需要什麼特別的解釋？」他說。

培里知道那需要一個特別的解釋；達爾文知道，我懷疑我的哲學家朋友打心眼裡也知道。不過得在這裡把這個需要講清楚的是我。至於休謨，有時有人說這位偉大的蘇格蘭哲學家在達爾文之前一世紀就把「設計論證」幹掉了。但是他眞正做了的是：批評設計論證的邏輯，認爲「以可見的自然設計做爲上帝存在的積極證據」並不恰當。對於「可見的自然設計」他並沒有提出其他的解釋，存而不論。達爾文之前的無神論者，可以用休謨的思路這麼回答：「我對複雜的生物設計，沒有解釋。我只知道上帝不是個好的解釋，因此我們必須等待，希望有人能想出一個比較好的。」

我禁不住覺得：這個立場邏輯上雖然沒有問題，卻不令人滿意，同時，儘管在達爾文之前無神論也許在邏輯上站得住腳，達爾文卻使無神論在知識上有令人滿意的可能。我希望休謨會同意我的看法，但是他的某些著作使我覺得他低估了生物設計的複雜與優美。達爾文還是個孩子的時候，就能帶他欣賞一鱗半爪，可惜達爾文到愛丁堡大學註冊那年（一八二五年），休謨已經過世四十年了。

我一直在談「複雜」、「明顯／可見的設計」，好像這些詞的意思明明可知、不假思索。在一個意義上，它們的意思的確明明可知——大多數人對於複雜都有直覺的概念。但是「複雜與設計」這些觀念是本書的核心，所以儘管我知道我們對於複雜、有明顯設計的東西有異樣的感受，我還是得以字句把那種感受描述得更精確一點。

那麼，什麼是複雜的東西？我們怎樣辨認它們？若我們說鐘錶、飛機、小蜈蚣或人是複雜的，而月亮是簡單的，那是什麼意思？談到複雜東西的必要條件，也許我們第一個想到的是：它的結構是異質的。粉紅色的牛奶布丁或牛奶凍是簡單的，意思是說要是我們把它們一切爲二，那兩半都會有同樣的內部組成：牛奶凍是均質的。汽車是異質的：車的每一部分都與其他的部分不同，不像牛奶凍。兩個半部車不能形成一輛車。經常這等於說，相對於簡單的東西，複雜的東西有許多零件，而零件不只一種。

這種異質性，或者「多零件」性質，也許是必要條件，但不是充分條件。許多東西都以許多零件組成，內部結構也是異質的，卻不夠複雜。舉例來說，白朗峰（Mont Blanc，阿爾卑斯山最高峰）由許多不同種類的岩石組成，而且它們組成的方式，使你無論在哪個地方將山劈成兩半，那兩半的內部組成都不會一樣。白朗峰結構上的異質性是牛奶凍所沒有的，但是在生物學家的眼中，它仍然不夠複雜。

爲了建立複雜的定義，讓我們嘗試另一條思路，利用機率的數學觀念。假定我們試用下列的定義：複雜的東西都有特別的組織，它的零件不可能完全憑機運組織成那樣。從一位著名的天文學家借一個類比來說吧，要是你拿到一架飛機的全部零件，然後將它們隨意堆置在一起，能組成一架能夠飛行的波音客機嗎？機率非常小。把一架飛機的零件放在一起，方式不知有幾十億種，其中只有一種，或者幾種，會成爲一架飛機。要是以人類身體的零件來玩這個遊戲的話，成功機率更小。

這個定義複雜的路數令人覺得頗有可爲，但是還是有些不足之處。有人也許會說，白朗峰要是拆成「零件」，也有幾十億種組合方式，其中只有一個會與原來的白朗峰一模一樣。那麼，飛機、人體是複雜的，而白朗峰是簡單的嗎？任何早已存在的集合物體都是獨一無二的，而且以後見之明，都是不可能的組合。舊飛機拆卸廠的零件堆是獨一無二的，沒有兩個零件堆是一樣的。要是你將拆卸下來的飛機零件成堆地丟棄，任何兩個廢零件堆一模一樣的機率，非常的低，就像你想以零件丟出一架能飛的飛機一樣。那麼我們爲什麼不說垃圾堆、白朗峰、月亮、飛機或狗一樣是複雜的，反正它們的原子排列一樣地獨一無二（重複的機率極低）？

我的腳踏車上有對號鎖，它的數字輪有四〇九六個不同的組合。每一個組合都一樣地「不可能」，意思是說：要是你隨意轉動數字輪，每一種組合出現的機率都一樣地不可能。我可以隨意轉動數字輪，然後瞪著出現的數字組合以後見之明驚呼：「這太神奇了。這個數字出現的機率只有四〇九六分之一。它居然出現了，眞是個小奇蹟。」那與將一座山的岩石組織或廢料堆中的金屬組織視爲複雜是一樣的。事實上，四〇九六個不同的組合中只有一個——一二〇七，是眞正獨一無二的，因爲只有它才能將鎖打開。這個數字獨一無二的地位不是以後見之明看出來的，它是製造鎖的工廠事先決定的。要是你隨意亂轉數字輪，第一次就轉出了一二〇七，你就可以將腳踏車偷走，那才像是個小奇蹟。要是你以銀行保險櫃試手氣，第一次就轉出了正確的號碼，那就不是小奇蹟了，因爲機率最多只有幾百萬分之一，你就能偷到一大筆財富了。

在銀行保險櫃上撞上幸運號碼，在我們的類比中，與用零件隨意堆出一架波音七四七一樣。保險櫃的數字鎖有上百萬種組合可能，其中只有一個可以把鎖打開，以後見之明來看，這個組合與其他組合一樣「不可能」。同樣地，幾百萬種組合飛機零件的方式中，只有一種（或幾種）才能飛行，以後見之明每一種都是獨一無二的（「不可能」）。事實上，能夠飛行的組合與打得開鎖的組合，都與後見之明無關。鎖的製造商決定了數字組合，然後告訴銀行經理。飛機能夠飛行，是因爲我們事先就將它設計成飛行器。要是我們見到一架飛機在天上飛行，我們可以確信它絕不是以零件隨意投擲組合成的，因爲我們知道金屬零件的任意組合物能夠飛行的機率實在太低了。

再談白朗峰，要是你設想過白朗峰所有岩石的組合方式，的確，其中只有一種會是我們所知道的白朗峰。但是我們知道的白朗峰也是以後見之明定義的。岩石堆積在一起我們就叫做山，而堆積岩石的方式不知有多少種，每一座山都有可能叫做白朗峰。我們知道的這座白朗峰沒有什麼特殊之處，它沒有事先指定的規格，與能夠飛行的飛機毫無相當之處，與保險櫃打開的鎖（大批金錢因而滾出）也毫無相當之處。

也許你會問：生物體有什麼與能夠飛行的飛機相當？與保險櫃打開的鎖（大批金錢因而滾出）相當？好問題。有時簡直完全相當。燕子就會飛。我們已經說過了，飛行器可不容易隨意丟出來。要是你有一隻燕子的所有細胞，把它們隨意組合在一起，得到一個會飛的玩意的機率，講得實際一點，與〇無異。不是所有的生物都會飛，但是它們有其他的本領，一樣地「不可能」，也一樣地可以事先指定。鯨豚不會飛，但是牠們會游泳，而且牠們游泳與燕子飛行一樣有效率。拿一頭鯨魚的細胞隨意組合起來，得到一個會游泳的玩意，機率已經很小了，更不要說像鯨魚一樣快速、有效的海裡遊龍了。

說到這裡，也許有個鷹眼哲學家要開始碎碎唸什麼「循環論證」了（對了，老鷹的眼睛可是十分銳利的，你也不可能以晶狀體和感光細胞隨意組合成一隻老鷹的眼睛）。燕子會飛，但是不會游泳；鯨魚會游泳但是不會飛行。由於有後見之明，我們可以判斷一個隨機組合是否是個成功的飛行器或者游泳器。要是我們同意事先不指定功能，一開始只是死命地任意組合零件。搞不好隨意的細胞堆會是一隻有效率的地道動物（地道機），像鼹鼠；或一隻爬樹動物，如猴子。它也許善於迎風滑翔，或緊抓著油污的破布，或繞著逐漸縮小的圈子走路，直到它消失為止。可能的事多著呢。然而，可能嗎？

要是眞有那麼多可能，我的虛擬哲學家就有點道理了。要是無論你如何任意拋擲物質，以後見之明來說，成就的集合體經常可以描述成「有一技之長」的話，那麼你說我舉燕子、鯨魚做例子根本無效就是眞的了。但是生物學家對於什麼算是「有一技之長」可以說得更為具體。我們認出某個東西是動物或植物，最低限度這個東西應該成功地過某種生活（更精確地說，它或它的同類得活得夠長，以便生殖）。不錯，生活的方式有許多種：飛行、游泳、在林間穿梭等等。但是，不管生活方式有多少種，找死的方式更多（或者說「不算活著」）。你也許可以隨意組合細胞，一遍又一遍，玩它個幾十億年，卻沒有組成任何名堂，無論天上飛的、水裡游的、土裡鑽的、地上跑的都沒有，或者會幹任何事（即使幹得不好），我們可以勉強解釋成它在設法生存。

這個論證到這裡已經很長、甚至太長了，現在該提醒大家我們是怎麼開始這個論證的。我們想找尋定義「複雜」的精確方式。有些東西我們認爲複雜，怎樣才能說得更精確一些？我們想找出人、鼴鼠、蚯蚓、飛機、鐘錶的共同之處，以及它們與牛奶凍、白朗峰、月亮不同的地方。我們得到的答案是：複雜的東西有某種性質，不但事先就可以確定它的規格，而且極不可能純以機運造就。就生物而言，那種事先就可以確定規格的性質（以某種意義來說）是「先進」；或者是某一特定能力（如飛行）「十分先進」，連航空工程師都可能讚賞；或者是某種包羅較廣的能力，例如避免死亡，或透過生殖傳播基因。

避免死亡是必須努力才能達到的目標。要是「隨它去」的話（那也是死亡後的狀態），身體就會朝向回復與環境平衡的狀態發展。要是你測量活的生物身體的某些量，例如溫度、酸度、含水量、或電位，你通常會發現它們與周遭環境的量有顯著差異。舉例來說，我們的體溫通常比環境的溫度高，在寒冷氣候中，身體必須費很大勁才能維持這個溫度差。我們死後，身體就停止幹活，溫度差開始消失，最後體溫與環境一致。不是所有的動物都同樣地努力避免體溫與環境的溫度平衡，但是所有動物都會幹某種相當的活兒。舉例來說，在乾燥的地區，動物植物都得努力維持細胞中的水含量，對抗水的自然傾向——從溼度高的地方流向溼度低的地方。不成功就成仁，這可是生死交關之事。更廣泛地說，要是生物不主動努力防止水分從體內散失，他們到頭來就會與環境融合，不再是自主的存有物。那是他們死後發生的事。

非生物不會這麼幹活兒，人工機器除外——我們已經同意把它們視爲榮譽生物。非生物接受那些使它們與環境平衡的力量，任憑擺布。白朗峰已經存在了很長時間，我知道，它也許還會繼續存在一陣子，但是它不會努力活著。岩石要是受重力的影響而躺在某處，它就躺在那兒。它什麼都不必做，就能繼續躺在那兒。白朗峰現在存在，會繼續存在，直到風雨歲月磨蝕了它，或讓地震震垮。它不會採取措施修補磨蝕、龜裂，或者震垮後再復原，生物的身體就會。白朗峰只是服從物理學的例行定律。

這種說法等於否認生物服從物理定律嗎？當然不是。沒有理由認爲物理定律在生物界就不靈了。物理學的基本力量，無可匹敵，任何超自然力都不成，「生命力」也不成。事實是這樣的，如果你想利用物理學定律（以天眞的方式）了解整個生物身體的行爲，你不會得到什麼成果。身體是個複雜的東西，由許多零件組成，想了解身體的行爲，你必須把物理學應用到身體的零件上，而不是整個身體。整個身體的行爲是零件互動的結果。

以運動定律爲例。要是你將一隻死鳥拋向空中，牠在空氣中的軌跡，會是一個優美的拋物線，與物理學教科書所描述的完全一樣，然後牠會掉落地面，停留在那兒不動。牠的行爲與一個具有特定質量、風阻的固體沒有兩樣。但是要是你將一隻活鳥拋入空中，牠就不會循著拋物線落到地面上。牠會飛走，也許不會踏上當地的土地一步。理由是：牠有肌肉，幹起活來就能抵禦地心引力與其他影響整個身體的物理力量。在牠肌肉的每個細胞中，物理定律都靈光得很。

結果是：肌肉運動翅膀，使鳥能在空中活動。這隻鳥沒有違反地心引力。牠不斷受到地心引力向下拉扯的力量，但是牠的翅膀努力幹活兒（牠的肌肉服從物理定律），抗拒地心引力使牠的身體停留在空中。要是我們天眞得將一隻活鳥看作一塊具有特定質量、風阻（而沒有特定結構）的固體，我們就會認爲這隻鳥違反了物理定律。我們得記住這隻鳥身體裡有許多零件，各自服從物理定律，才能了解整個身體的行爲。當然，這不是生物獨有的本領。所有人造機器都有這個本領，任何複雜、多組件的東西都有這個潛力。

這讓我回到最後一個題目，以結束這富有哲學氣息的第一章——什麼叫做解釋？我們已經討論過什麼叫做複雜的東西。但是，要是我們想知道一個複雜的機器或生物體如何運作，什麼樣的解釋才令我們滿意？答案我們在上一段已經提過了。要是我們想了解一架機器或生物體的運作，我們就從零件下手，追問它們如何互動。要是有個複雜的東西我們還不了解，我們可以從我們已經了解的簡單零件下手。

要是我問一個工程師：蒸汽引擎如何運轉？對於令我滿意的答案，我有一個相當淸楚的概念，知道一般而言它該是什麼樣的。我與朱里安・赫胥黎①一樣，要是這個工程師說：「機動力」，我不覺得受用。要是他開始繼續大談什麼「整體大於部分的總和」，我就會打斷他：「別說那個了，告訴我它如何運轉。」我想聽的是：這具蒸汽機的各個零件如何互動導致整個蒸汽機的行爲。一開始我會接受以非常大的零件做單位的解釋，那些零件的內部構造與行爲也許非常複雜，還不能解釋。一開始就令人滿意的解釋，使用的單位也許是「燃燒室」、「鍋爐」、「汽缸」、「活塞」、「蒸汽閥」。工程師一開始不必解釋它們每個是怎麼運轉的，只要說出它們的功能就可以了。我會暫時接受，不追問它們怎麼會有那些功能。知道了每個零件是做什麼的，我就能了解它們如何互動，造成整個引擎的運轉。

當然，然後我會隨意詢問每個零件的功能從何而來。我先接受蒸汽閥是調節蒸汽量用的，這個知識幫助我了解整個引擎的行爲，現在我回過頭來對蒸汽閥十分好奇。在零件中有個層級結構。我們解釋任何階層的零件的行爲，都以那個零件的組件爲起點，弄清楚各組件的功能，暫時不問那些功能的來由。我們將層級結構揭開，一層層揭掉，直到那些組件簡單得我們不再覺得（就日常生活需要而言）需要解釋爲止。舉例來說（這也許對也許不對），我們大多數人都不認爲鐵棒的性質是個問題，我們接受它做爲複雜機器的解釋單位，只要那些機器有鐵棒。

當然，物理學家不會認爲鐵棒是理所當然的玩意。他們會問：爲什麼鐵棒是堅硬的？然後繼續從事揭露零件層級的工作，直到基本粒子與夸克的層次。但是我們大多數人都覺得人生苦短，就不追隨他們了。複雜的組織中，解釋任何一個層次，通常向下揭開一、兩個層次就能令人滿意了，不必窮究。汽車的行爲以汽缸、化油器、火星塞就能解釋。沒錯，這些零件每個都在一個解釋金字塔的塔尖上，下面還有許多層零件與解釋。但是，要是你問我汽車是怎麼運轉的，而我從牛頓定律與熱力學定律講起，你會認爲我太虛矯了，要是我從基本粒子談起的話，鐵定是在矇人。汽車的行爲，追根究柢，得用基本粒子的互動解釋，這絕無疑問。但是，以活塞、汽缸、火星塞的互動解釋，最爲實用。

電腦的行爲可以用半導體電子閘門之間的互動解釋，接下來，這些半導體電子閘門的行爲，物理學家以更低階層的零件解釋。但是，就大多數目的而言，要是你想從上述層次了解整個電腦的行爲，根本浪費時間。電腦裡有太多電子閘門，它們之間的互動更難以數計。令人滿意的解釋只能容納很小數目的互動，數量小我們的大腦才能有效處理。要是我們想了解電腦的運轉，我們偏愛的是以六個主要組件（記憶體、中央處理器、輔助儲存體如磁碟機、控制元件、輸入／輸出控制元件）爲基礎的解釋，就是這個道理。了解這六個主要組件的互動之後，我們也許會想知道它們的內部組織。只有專門的工程師才可能深入AND閘與NOR閘的層次，只有物理學家才會繼續深入，到達追問電子在半導體中如何運作的層次。

對那些喜愛什麼「主義」之類的詞的人來說，我這種了解事物運作原理的路數，最俏皮的名字也許是「層級化約主義」(hierarchical reductionism)。要是你讀時髦的知識份子雜誌，你也許已經注意到了：「化約主義」是那種只有反對它的人才會使用的詞，就像罪（sin）一樣。在某些圈子裡，你說自己是「化約主義者」，會教人覺得你承認你吃了嬰兒。但是，沒有人吃過嬰兒，也沒有人眞的是值得反對的「化約主義者」。莫須有的「化約主義者」——就是人人反對，但只在他們的想像中存在的那種人——直接以最小的構成零件解釋複雜的東西，根據這個神話的某個極端版本，他甚至認爲零件的總和等於複雜的整體。

另一方面，層級化約主義者對於任何一個組織階層上的複雜實體，只以下一層的實體解釋；那些實體本身也可能非常複雜，必須以組成零件的互動解釋；就這樣化約下去。用不著說，適用於較高階層的解釋種類，與適用於低階層的解釋種類非常不同，可是神祕的食嬰化約主義者據說反對這種看法。這正是以化油器解釋汽車而不以夸克的關鍵。但是層級化約主義者相信化油器可以用更小的零件解釋……，更小的零件最終要以最小的基本粒子解釋。以這個意義而言，所謂化約主義不過是個代名詞，指的是了解東西如何運轉的眞誠慾望。

這一節我們以一個問題開場：對於複雜的東西，什麼樣的解釋才令我們滿意？前面的討論從機制下手：這東西如何運轉？我們的結論是：複雜東西的行爲應該以組件的互動來解釋，而組件可以分析成有序的層級結構。但是另一種問題是：複雜的東西如何出現的？這個問題是本書的核心，我不打算在這裡多做演繹。我只想提一點：適用於了解機制的一般原則，也適用於這個問題。複雜的東西就是我們不覺得它們的存在是不需要解釋的東西，因爲「那太不可能了」。它們不會因爲一個偶發事件就出現了。我們解釋它們的存在，是把它們當作一個演變過程的結果，最初是比較簡單的東西，在太古時代就存在了，因爲它們實在太簡單了，偶然的因素就足以創造出來，然後漸進、累積、逐步的演變過程就開始了。

前面已經討論過，我們不能用「大步化約論」（以夸克解釋電腦）解釋機制，而應該以一系列規模比較小的步驟從事，就是從高層逐級揭露各層的組件互動模式；我們也不能說複雜的東西是以「一步登天」的模式出現的。我們還是必須訴諸一系列小的步驟，這一次它們是以時間序列安排的。

牛津大學的物理化學家艾金斯（Peter W. Atkins）寫過一本優美的書《創造》（*The Creation*, 1981），他一開始就寫道：

我將帶你的心靈出外旅遊。這是一趟理解之旅，我們會造訪空間的邊緣、時間的邊緣、理解的邊緣。在旅途中，我會論證：沒有不能了解的東西；沒有不能解釋的東西；每個東西都極爲簡單……宇宙大部分都不需要解釋。例如大象。一旦分子學會競爭，學會以自己爲模版創造其他分子，大象、以及像大象的東西，就會在適當的時候，出現在郊外，漫步。

艾金斯假定：一旦適當的物理條件就緒，複雜東西的演化（本書的主題）就是不可避免的。他問道：爲了使宇宙，以及後來的大象與其他複雜東西，有一天必然會出現，最小的必要物理條件是什麼？一個非常懶惰的創造者至少該做什麼設計？從一個物理科學家的觀點來看，答案是創造者可以無限的懶惰。爲了了解萬物的生成，我們必須假設的基本原始單位，要不是○（空無，根據某些物理學家），就是（根據其他的物理學家）極爲簡單的玩意，簡單到不值得麻煩祂老人家。

艾金斯說大象與複雜的東西不需要任何解釋。但是那是因爲他是物理科學家，將生物學家的演化論視爲理所當然。他並不眞的認爲大象不需要解釋；而是他很滿意生物學家可以解釋大象，生物學家也可以把一些物理學的事實當作理所當然。因此，他的任務是爲我們生物學家辯護，證明我們將那些事實視爲理所當然是正當的。他做得很成功。我的立場與他的互補。我是一個生物學家，我將物理學事實、簡單世界的事實視爲理所當然。要是物理學家對於那些簡單事實是否已經了解透徹了還沒有共識，那不是我的問題。我的任務是以物理學家已經了解的（或正在研究的）簡單東西解釋大象、以及複雜東西的世界。物理學家的問題，是終極起源與終極自然律的問題。生物學家的問題是「複雜」。生物學家嘗試以比較簡單的東西解釋複雜東西的機制與起源。當他觸及可以放心地移交物理學家接手的簡單實體，就會認爲他的任務已了。

我知道我對複雜物體的刻畫（在一個不是以後見之明定義的方向上「發生機率幾乎等於○的物事」），也許看來個人色彩太過濃厚。我將物理學說成研究「簡單」的學問也一樣。要是你偏好某個其他定義「複雜」的方式，我不在意，我願意與你討論。我在意的是：不論我們把我稱之為「複雜」的性質叫做什麼，它都是一個重要的性質，需要費工夫解釋。它是生物物體的特徵，並將生物物體與物理物體區別開來。我們提出的解釋絕不能與物理定律牴觸。我們的解釋會利用物理定律，也只會利用物理定律。但是我們運用物理定律的方式很特別，物理學教科書中一般都不會討論到。那個特別的方式就是達爾文的方式。我會在第三章以「累積選擇」這個名目介紹它的精義。

現在我要追隨培里，強調我們想解釋的問題的重要性、生物複雜的巨大程度、以及生物設計的優美簡潔。第二章要舉一個特別的例子做廣泛的討論，那就是蝙蝠的「雷達」，在培里之後很久才發現的。這裡我放了一張眼睛的圖（圖一），上面還有兩幅局部放大圖——培里想必會愛死了電子顯微鏡。圖一上方，是眼睛的解剖圖，顯示眼睛是一個光學儀器。眼睛與照相機十分相似，那是不用說的。虹膜負責調節瞳孔。晶狀體負責調整焦距，它其實是一個複合透鏡系統的一部分。調整焦距的方式是改變晶狀體的形狀，以睫狀肌達成這個目的——看近處的東西，睫狀肌就收縮，使晶狀體變厚，表面弧度增大。（變色龍的眼睛調整焦距的方式是向前或向後移動晶狀體，和照相機一樣。）影像投射在眼球後面的視網膜上，視網膜有好幾層感光細胞。

圖一的中間是視網膜切片的放大圖。光線由左方進入。感光細胞不是光線撞見的第一件物事，它們位於視網膜內面（接近眼球表面），背向光線。這個奇怪的安排後面還會提到。光線首先撞及的，事實上是神經節細胞層，神經節細胞構成感光細胞與大腦之間的「電子界面」。實際上，神經節細胞負責將資訊以複雜的方式先處理過，再傳送到大腦，在某些方面「界面」這個詞不能表達出這個功能。「衛星電腦」也許是個比較恰當的名稱。神經節細胞的傳出神經纖維在視網膜表面延伸，一直到「盲點」，它們在「盲點」鑽透視網膜，形成輸

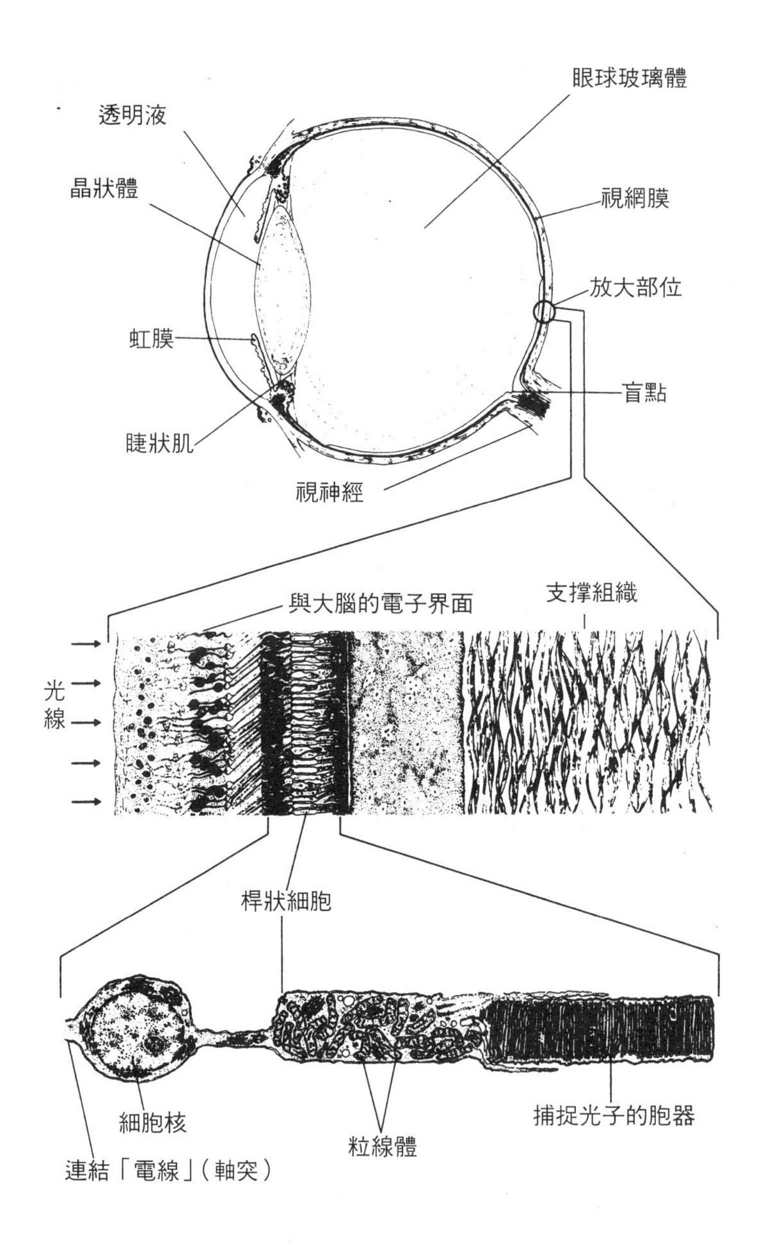
眼球玻璃體
透明液
晶狀體
視網膜
放大部位
虹膜
盲點
睫狀肌
視神經
與大腦的電子界面
支撐組織
光線
桿狀細胞
細胞核
捕捉光子的胞器
粒線體
連結「電線」(軸突)

圖一

往大腦的主要幹線——視神經。「電子界面」中有三百萬個神經節細胞，它們蒐集到的資訊來自一億兩千五百萬個感光細胞。

圖一的下方是一個放大的感光細胞，也就是桿狀細胞。你觀看這個細胞的精細結構的時候，千萬記住：同等複雜的玩意每個視網膜都有一億兩千五百萬個。而且同等的「複雜」在每個身體裡都重複一兆次。一億兩千五百萬這個數字，約等於高品質雜誌照片解析度的五千倍。圖上桿狀細胞的右側是一疊質膜圓盤，其中包括光敏色素，這疊圓盤是實際的集光結構。它們的堆疊組織，提升了捕捉光子的效率。第一個圓盤沒有捕捉到的光子，也許第二個會捕捉到，第二個沒有……，也許第三個……。結果，有些眼睛可以偵測到一個單獨的光子。攝影家可以買到的速度最快、最敏感的底片，偵測一個點光源，需要的光子是眼睛的二十五倍。

桿狀細胞的中段有許多粒線體。粒線體不只感光細胞有，大多數細胞都有，每一個都可說是一座化學工廠，可以處理七百種不同的化學物質，主要產品是可以利用的能源。圖上桿狀細胞的左側圓球是細胞核。所有動物與植物細胞都有細胞核。每個細胞核都有一個以數位編碼的資料庫，資訊量比一套《大英百科全書》（共三十冊）還大。這只是一個細胞呢！還記得身體有多少（攜帶同樣數量資訊的）細胞嗎？

圖一下方的桿狀細胞是一個單獨的細胞。人的身體大約有十兆個細胞。當你享受一塊牛排的時候，你毀掉的資訊量相當於一千億套《大英百科全書》。

【注釋】

①譯注：朱里安・赫胥黎（Julian Huxley），1887-1975，英國生物學家，湯瑪士・赫胥黎之孫。研究領域廣泛，包括動物荷爾蒙、生理學、生態學、動物行爲學，著有《新分類學》、《演化：新綜合論》。朱里安・赫胥黎也是重要的科學教育家。

第二章 良好的設計

Watchmaker

這些蝙蝠像微型間諜飛機，
到處都是精巧的裝備。
牠們的大腦是製作精細的套裝微電子儀器，
能夠即時解讀回聲的世界。

The Blind

自然選擇（天擇）是盲目的鐘錶匠，說它盲目，是因爲它並不向前看、不規劃結果、眼中沒有目標。然而自然選擇的結果活生生地在我們眼前，都像是出自大師級的鐘錶匠之手，令我們驚艷，在我們心中產生設計與規劃的幻象，令我們難以釋然。本書的目的是以令讀者滿意的方式解決這個弔詭，本章的目的是讓讀者進一步體驗設計幻象的力量。我們要研究一個特定的例子，我們的結論會是：說起設計的複雜與美妙，培里甚至連邊都沒有沾到。

要是一個活的生物體或器官具有某些特質，我們懷疑出自一個聰明、博聞的工程師之手，使它能夠達成某個合宜的目標，例如飛行、游泳、觀看、進食、生殖，或提升比較一般的生物功能，使體內基因的生存、複製機會增加，我們就會說它有良好的設計。沒有必要假定生物的身體或器官符合工程師心目中的最佳設計。任舉一個例子，往往可以發現一個工程師的最佳表現會給另一個工程師的最佳表現超越，技術史上更不乏晚出轉精的例子。但是，一個東西若是爲了某個目的設計出來的，任何工程師都認得出來，即使設計得很糟，通常他只需觀察那東西的結構，就能想出它的目的。

第一章裡我討論的大多是這個問題的哲學面相。這一章我要討論一個特定的實際例子，我相信每個工程師都會覺得這是個教人開眼界的例子，就是蝙蝠的聲納（雷達）。我每一個論點，都以一個生物機器面臨的問題開場；然後討論一位明智的工程師可能提出的解決方案；最後說明「自然」實際採用的方案。當然，我舉這個例子只是用來說明：要是蝙蝠能讓工程師覺得開眼，那麼類似的生物設計就多不勝數了。

蝙蝠有個問題：如何在黑暗中找路，知所趨避？牠們在夜間獵食，無法利用陽光尋找獵物，避開障礙。你也許會說：如果這叫問題，也是牠自找的，幹嘛不在白天狩獵，改變習慣不就結了？但是白日營生已經有其他生物競爭得你死我活了，例如鳥類。因爲夜裡的活計尙有缺，而白天的活計已僧多粥少，所以天擇青睞那些成功地在夜裡幹營生的蝙蝠。看官，夜裡營生這活計也許是咱們哺乳類祖上傳下的。想當年恐龍獨霸陸地，日間活計全是牠家天下，咱們祖輩能活下來，也許全因爲牠們發現夜裡的餬口之道。要不是六千五百萬年前所有恐龍神祕地遭天譴滅了，咱祖爺爺還見不得清平世界、朗朗乾坤呢。哺乳類那時起才大量進占晝間活計的區位。

閒話休說，且回到蝙蝠，牠們有個工程難題：如何在沒有光的條件下找路、找獵物？今天，蝙蝠不是唯一必須面對這個問題的生物群。很明顯地，蝙蝠獵食的昆蟲也在夜間活動，也必須設法找路。深海魚與鯨豚在光線薄弱或沒有光線的環境活動，即使在白晝，陽光也無法穿透水層。在渾濁的水中生活的魚與鯨豚也看不見，因爲光線給水中的污泥粒子阻擋或散射掉了。許多現代動物都生活在難以利用視覺的環境中，甚至不可能利用視覺。

好了，爲了在黑暗中活動、獵食，工程師會考慮哪些解決方案？他首先想到的也許是製造光，使用燈籠或探照燈。螢火蟲與一些魚類（通常有細菌協助）能夠製造光自用，但這個過程似乎要消耗很大的能量。螢火蟲用自己發的光吸引異性。這不需要太多能量：在夜裡，雄性的微小光點雌性老遠就看見了，因爲牠的眼睛直接曝露給光源。以光線照明找路，需要的能量就大多了，因爲眼睛必須偵測從光源四周的物件反射回來的少量光線。因此要是想以頭燈照亮路徑的話，光源必須非常亮，比起用做信號的光源亮得多才成。總之，除了人類，沒有動物會以自備光源照路，不清楚是不是爲了太耗費能源的緣故，可能的例外是某些奇怪的深海魚。

工程師還有什麼點子？也許他會想到盲人。有時盲人似乎有一種不可思議的感覺，知道前面路上有障礙。這種感覺還有個名字，叫做「面視」（facial vision），因爲根據有些盲胞的描述，它像是臉上的觸感。有一篇報導說一個全盲的男孩能夠憑著「面視」騎著三輪車在住家四周行進，速度還不賴。實驗顯示：事實上「面視」與觸感或面龐無關，雖然這感覺也許可以讓人覺得臉龐上有什麼，就像有人截肢後仍然覺得已經不存在的手臂（或腳）非常疼痛（叫做幻肢）。

原來「面視」的感覺是從耳朵進去的。其實盲胞是利用回聲，感覺到前面有障礙物，聲源是自己的腳步聲或其他聲音，不過他們並不知道。發現這個事實之前，工程師已經建造過利用這個原理的儀器，例如從船上測量海底深度。這個技術發明之後，兵工人員利用它偵查潛艇就是遲早的事了。二次世界大戰中敵對雙方都依賴「聲納」，以及類似的技術──雷達。雷達利用的是無線電「回聲」。

當年研發聲納與雷達的工程師，並不知道蝙蝠（或者應該說蝙蝠受到的天擇）早在千萬年以前就發展了同樣的系統。現在全世界都知道了，蝙蝠的「雷達」在偵測、導航上的非凡表現，令工程師讚嘆不已。就技術而言，談論蝙蝠的「雷達」並不正確，因爲牠們使用的不是無線電波，其實是聲納。但是描述雷達與聲納的數學理論非常相似，而且我們對蝙蝠的本領所做的科學研究，主要基於雷達的理論。發現蝙蝠使用聲納的科學家，主要是美國動物學家葛瑞芬①。葛瑞芬鑄造了「回聲定位」（echolocation）這個詞，雷達與聲納通用，不管是動物身上的還是人工儀器。實際上，這個詞似乎多用來指涉動物聲納。

說起蝙蝠，要是以為牠們都一樣那就錯了。打個比方，狗、獅、鼬、熊、土狼、貓熊、水獺都是（哺乳綱）食肉目動物，難道都一樣？所有蝙蝠都屬於翼手目，超過八百個物種，不同的蝙蝠群以完全不同的方式運用聲納，而且牠們的聲納似乎是分別獨立「發明」的，當年英國、德國、美國也是各自發展出雷達的。舊世界的熱帶水果蝙蝠視力不錯，牠們大多以目視飛行。不過有一兩種水果蝙蝠能夠在完全黑暗中飛行，例如埃及水果蝙蝠（*Rousetus aegyptiacus*）。可是牠們使用的聲納，比溫帶蝙蝠的簡陋得多。埃及水果蝙蝠飛行時會咂舌頭發聲，聲音很大且有韻律，牠們以回聲決定飛行航道。牠們的咂舌聲，我們聽得到一部分，因此不算「超音波」。

理論上，聲音的調子愈高，聲納愈準確。這是因為低調的聲音波長比較長，而長波的解析度差，無法分辨距離較近的物事。因此，若其他條件都一樣，以回聲導引的飛彈，理想上應發出調子高的聲音。眞的，大多數蝙蝠都利用調子非常高的聲音，由於調子太高了，我們聽不見——這就是超音波。埃及水果蝙蝠的視力很好，牠們的「回聲定位」技術並不精密，因為只用來輔助視覺而已。

體型較小的蝙蝠似乎是高科技「回聲定位」機器。牠們的眼睛非常小，大部分物種根本看不見什麼東西。牠們生活在回聲的世界中，也許牠們的大腦以回聲建構類似視覺影像的東西，儘管我們幾乎不可能想像那些「回聲影像」會是什麼樣的玩意。牠們發出的「噪音」不只是剛好超過人類的聽力範圍而已，簡直像超級「狗哨」。許多物種能夠發出沒有人聽見過甚至想像的高音。好在我們聽不見，因爲那些聲音實在太強大了，要是我們聽得見一定覺得震耳欲聾，無法入睡。

這些蝙蝠像微型間諜飛機，到處都是精巧的裝備。牠們的大腦是製作精細的套裝微電子儀器，配備精心編製的程式，能夠即時解讀回聲的世界。牠們的面孔往往變形成我們覺得猙獰的模樣，可是只要你懂得欣賞，就會發現那是以巧思打造的超音波發射儀。

雖然我們不能直接聽見這些蝙蝠的超音波脈衝，可是利用「翻譯機」或「蝙蝠探測器」我們還是可以得到一些資訊，了解狀況。這具儀器以特製的超音波麥克風（擴音器）接收脈衝，再將脈衝轉換成聽得見的滴答聲或聲調，我們戴上耳機就聽得見。要是我們拿一具「蝙蝠探測器」到郊外蝙蝠覓食的地方，一有蝙蝠發射脈衝，我們就能聽見，雖然我們不知道那些脈衝「聽起來」像什麼。如果當地出沒的是鼠耳蝠（*Myotis*，**常見的小蝙蝠，身體是褐色的，台灣至少有四種**），而且一隻蝙蝠正在做例行巡航的話，我們會聽到頻率每秒十次的滴答聲。那大約是標準電傳打字機的速率，或者布藍輕機槍②的速率。

我們可以假定鼠耳蝠的世界，影像每一秒鐘更新十次。而我們的視覺影像，只要我們眼睛張著，似乎一直連續不斷地更新。要是我們想體會生活在間歇更新的世界影像中，大概是怎麼回事，可以在夜間使用頻閃觀測器（stroboscope）。有時迪斯可舞廳也會使用這種玩意兒，效果十分驚人。一個熱情的舞者，看起來就像一系列凍結的優美姿態。當然，頻閃愈快，影像就愈符合正常的「連續」視覺。鼠耳蝠巡航時的頻閃視覺——每秒對周遭環境「探樣」十次，足以應付一般狀況，但若想捕捉一個球或昆蟲的話，就免談了。

這只是鼠耳蝠的巡航採樣率。牠一旦偵查到一隻昆蟲，進入攔截航道了，「蝙蝠採測器」的滴答頻率就會急速上升。最後牠鎖定移動目標並逐漸接近時，最高頻率可達每秒兩百個脈衝比機槍還快。用頻閃觀測器模擬的話，我們必須將閃光的速度調到交流電頻率的兩倍，要是使用日光燈管的話，我們的眼睛不會察覺閃光。換言之，在這樣的視覺世界中，我們的正常視覺功能一點都不受妨礙，甚至打壁球、乒乓球都不成問題。要是你能夠想像蝙蝠大腦建構的影像世界可與我們的視覺影像類比，單以脈衝率這個變數而論，似乎就可以推論蝙蝠的回聲影像，也許與我們的視覺影像至少一樣詳盡與「連續」（流暢）。當然，要是不如我們的視覺影像詳盡，也許必須用其他的理由解釋。

要是蝙蝠必要時可以將採樣頻率提升到每秒兩百，為什麼牠們不一直以這個頻率採樣？很明顯，牠們的「頻閃觀測器」上有個控制「鈕」，為什麼牠們不一直將它轉到「最大」的刻度？牠們對世界的知覺一直保持最靈敏的狀態，隨時可以應付緊急狀況，有什麼不好呢？一個理由是：這些高頻率只適用於較近的目標。要是一個脈衝緊跟著前一個脈衝，從遠方目標反彈回來的「回聲」就會混跡一氣，無從分辨。即使不為了這個理由，一直保持最高脈衝頻率也太不「經濟」了。

發出超高頻超音波要付出的代價是：能量、耗損（發聲器官與接收器官），也許還有計算成本。大腦要是每秒必須處理兩百個不同的回聲，大概就沒有思考（計算）其他事物的餘裕了。甚至每秒十個脈衝的緩慢頻率都可能很耗能，但是比起每秒兩百的頻率要省多了。蝙蝠當然可以提高聲納的靈敏度，可是要付出這麼多代價，所得不抵所失。要是牠四周除了自己別無其他移動物體，世界在連續的十分之一秒中一直維持老樣子，就沒有必要做更為密集的採樣。要是牠四周出現了另一個移動物體，特別是正以渾身解數擺脫追獵的昆蟲，提升採樣頻率帶來的好處就可能超過代價。當然，本段考慮的代價與好處都是虛擬的，但是這樣的考慮幾乎必然是實情。

工程師一旦著手設計一具高效率的聲納或雷達，為了要將脈衝頻率提升到最高，很快就會面臨一個問題。頻率必須很高的原因是：聲音廣播出去後，「波前」(Wavefront)一路上就像一個不斷膨脹的球。聲音的強度分布在這個球的球面上，也可以說，在球面上「稀釋」了。任何球的表面積都與半徑的平方成正比。由於球不斷膨脹，球面上任一點的聲音強度就會降低，降低的幅度與聲源距離（半徑）的平方成比例。這就是說，聲音廣播出去後，很快就沈寂了。蝙蝠的聲波也一樣。

這稀釋了的聲音一旦撞上了一個物體，就說是個蒼蠅好了，就反彈回去。現在輪到這彈回的聲音「稀釋」了，它的波前也是個不斷膨脹的球。反彈聲波的強度與蒼蠅距離的平方成反比。等到蝙蝠收到回聲時，它的強度（比起原來發出的聲音）降低的程度不只和蝙蝠與蒼蠅距離的平方成正比，而是那個距離的平方的平方（四次方）。也就是說，回聲實在非常微弱。這個聲音稀釋的問題，部分解決之道是透過類似喇叭筒的裝置增強聲音，但是蝙蝠得先確定目標的方向。總之，要是蝙蝠想偵測遠方目標，牠發出的聲音必須很大，牠的耳朵也必須對微弱的回聲非常敏感。蝙蝠發出的聲音有時的確很大，我們已經說過了，牠們的耳朵非常靈敏。

好了，這就是設計蝙蝠機器的工程師遭遇的問題：麥克風（或耳朵）果真非常靈敏的話，就會給自己發出的超音波傷到。降低發出聲音的強度不是辦法，因爲那麼做之後，回聲就難以偵測了。爲了偵測極爲微弱的回聲，提升麥克風（耳朵）的靈敏度也不是辦法，那只會使牠更受自己發出的聲音（雖然強度已經降低了）的傷害！這個進退兩難的局面是發出的聲音與回聲之間的巨大差異造成的，而這個差異是無情的物理學定律規定的，無計迴避。

還有別的辦法嗎？第二次世界大戰時設計雷達的工程師也遭遇過同樣的問題，他們想出了一個辦法，叫做「發射／接收」雷達。雷達訊號是以必要的強度發射出去的，而且強度可能會傷害爲了接收微弱訊號而設計的天線。「發射／接收」雷達在發射訊號時，會關掉接收天線，然後再打開天線接收反射波。

蝙蝠早就發展出「發射／接收」控制電路技術了，也許在我們祖先從樹上下到地面生活之前的幾百萬年吧。它是這樣運作的：蝙蝠的耳朵和我們的耳朵一樣，聲波由鼓膜經過三塊聽小骨傳遞給髮細胞（它們的傳入神經纖維組成聽覺神經）。這三塊聽小骨就是鎚骨、砧骨、鐙骨，這是解剖學家依據它們的形狀取的名。順便提一下，這三塊聽小骨的組裝方式，完全符合立體聲音響工程師考慮的「阻抗匹配」（**impedance-matching**），不過我們不準備在這裡討論。

我們要討論的是：有些蝙蝠的鐙骨與鎚骨有發育良好的肌肉相連。收縮這些肌肉就能降低聽小骨傳送聲波的效率，就好像用大拇指按在麥克風的震動膜上，麥克風就失靈了。蝙蝠可以用這些肌肉把耳朵暫時「關掉」。每個脈衝發出之前，它收縮這些肌肉，關掉耳朵，使耳朵不至於受自己發出的強大脈衝傷害。然後放鬆這些肌肉，使耳朵及時恢復靈敏，捕捉回聲。這個「發射／接收」系統的運作，以精密地掌控時間爲前提。皺鼻蝠（與鼠耳蝠不同科）收縮／放鬆開關肌肉，每秒可達五十次，與機槍似的超音波脈衝放射完全同步。眞是時間掌控的絕技！

第一次世界大戰的戰鬥機也使用了類似的絕技。那時的戰鬥機配有機槍，機槍的槍口對準正前方，可是那不只是敵機／目標的方向，螺旋槳也在槍口。因此螺旋槳的轉速與機槍發射速度必須精密同步，使槍子兒始終只從漿葉之間射出，不然一開槍就擊毀了漿葉，就把自己打下來啦。

工程師會碰上的下一個問題，是這樣的：如果聲納想以發射聲音與接收回音之間的時間差測量目標的距離（埃及水果蝙蝠似乎採用這個方法），發射的聲音就必須短而促。聲音拉得太長的話，回聲反彈回來的時候可能還沒消歇，即使聽小骨讓肌肉束縛住了，不太靈敏，都會混入回聲，妨礙偵測。理想上，蝙蝠發射的聲波脈衝似乎應該極爲短促。但是聲音愈短促，蘊含的能量愈不足以使回聲易於偵測。看來又是一個難以兩全的局面，物理定律眞不饒人。機靈的工程師也許能想到兩個解決方案，事實上當年設計雷達的工程師眞的想到了。至於選擇哪一個，視目的而定：想偵測目標的距離，還是目標的速度？第一個方案雷達工程師叫做「啁啾雷達」。

我們可以將雷達訊號想成一個脈衝系列，但是每個脈衝都有一個所謂的載波頻率，相當於聲波或超音波脈衝的「調子」。我們已經說過，蝙蝠發出的聲音，脈衝重複率在每秒幾十次至幾百次之間。每一個脈衝的載波頻率是每秒幾萬至幾十萬週期。換言之，每個脈衝都是調子很高的「尖叫」。雷達脈衝也是同樣的無線電波「尖叫」，載波頻率很高。

「啁啾雷達」的特徵是：送出的每個脈衝載波頻率都不固定，而是陡然拔高或拔低一個八音程。要是以聲音來想像的話，每次雷達發射，都像是放送陡然拔起的狼嗥。「啁啾雷達」的優點是：聲音反彈回來時即使原先的聲音仍未消歇也沒關係。反彈聲與原始聲不會混淆，因爲任何一刻偵查到的反彈聲反映的都是「啁啾」（狼嗥）中的先前部分，與仍未消歇的部分調子有別。

人類雷達設計者充分利用了這一巧妙的技術。蝙蝠呢？也「發現」了這個技術嗎？答案是：事實上，許多蝙蝠的確會發出陡然降低的叫聲，每一聲降低的幅度通常等於一個八音程。這些「狼嗥」工程師稱爲「調頻」（FM）音，似乎非常適合用來利用「啁啾雷達」技術。不過，目前的證據顯示蝙蝠的確利用了這個技術，但不是爲了分別原先的聲音與回聲，而是更難以捉摸的任務——分辨先後的回聲。

蝙蝠生活在回聲的世界中，近的物體、遠的物體、不遠不近的物體都有回聲；蝙蝠必須分辨它們。要是牠發出的是陡然降低的狼嗥「啁啾」，憑著回聲的調子就可以分別遠近不同的物體。同時接收到的回聲，從遠方物體反彈回來的，源自狼嗥中比較「老」（初始）的部分，所以調子較高。因此同時接收到好幾個回音的蝙蝠，根據一個簡單的原則就能分辨物體的遠近：回音調子愈高，物體愈遠。

第二個工程師可能想到的巧妙點子，是都卜勒頻移③，測量移動物體的速度這一招特別管用。都卜勒頻移或許也可以叫做「救護車效應」，因爲大家都有過這樣的經驗：救護車經過我們面前之後，警報器的調子就突然下降了，這就是都卜勒頻移現象。只要音源（或光源或其他波的波源）與接收聲音的一方有相對運動，就會發生都卜勒頻移。固定不動的音源與移動的聽者我們最容易想像。假定一座工廠屋頂上的警報器響了，不斷發出單調的嗚聲。警報聲一波波向四方廣播，我們看不見波，因爲它們是氣壓波。要是看得見的話，它們應該像是一圈圈向外擴散的同心圓，我們丟一個石頭到平靜的水塘中，就可以看見的那種圈圈漣漪。請想像丟進水塘的不只一塊石頭，而是一系列石頭，所以同心圓中心不斷放射出同樣強度的波。要是我們在水塘中一個固定的位置繫泊一艘玩具小船，水波不斷通過這艘船的船底，船身隨之上下升降。船身升降的頻率，相當於聲波的調子。現在假定這艘船起錨朝向波心方向駛去，船身繼續在一圈圈波前衝擊下不斷上下顚簸。但是這時船身上下起伏的頻率會升高。另一方面，等到它穿過波心繼續前進，船身上下起伏的頻率就明顯降低了。

同樣地，要是我們騎著摩托車迅速經過警報器響個不停的工廠，在逼近工廠時我們聽見的警報調子較高：事實上，比起坐著不動，我們的耳朵灌入了速率較快的聲波。同樣的論證可以說明：摩托車一通過工廠，警報的調子聽來就突然降下了。要是我們停下來不動，警報聲的調子就不會變高或變低，而是在兩個都卜勒頻移調之間。我們可以據此推論：要是我們知道警報聲實際的調子，理論上就可能算出我們接近或背離音源的速度，只要比較我們聽到的調子與已知的眞正調子即可。

同樣的原理也適用音源移動、聽者不動的情況，「救護車效應」就是一例。據說都卜勒④當年雇用銅管樂隊演示這個效應，讓樂隊在行進中的火車露天車皮上演奏，火車急駛而過，觀衆驚疑不置。我不知道這個故事是不是眞的。都卜勒效應的關鍵是相對運動速度，至於是聽者經過音源還是音源經過聽者倒無妨。要是兩列火車以時速兩百公里正面錯車，車上乘客可以聽見極爲誇張的都卜勒效應——另一列車的鳴聲從尖銳高亢的呼號「崩潰」成一種綿長的嗚咽，因爲聽者與音源的相對時速達四百公里。

交通警察用來抓超速車輛的雷達，就是利用都卜勒效應的儀器。一具靜置的儀器向路上發射雷達信號，雷達波從逼近的車輛上彈回，由接收器記錄下來。車子的速度愈快，反彈信號頻率的都卜勒頻移愈大。比較發射信號與反彈信號的頻率，警察的儀器就能自動計算出車速。要是警察可以利用這個技術抓路上的神行太保，我們敢指望蝙蝠也用它測量昆蟲獵物的速度嗎？

答案是：沒錯。科學家早就知道馬蹄蝙蝠（一種小型蝙蝠）發出悠長、單調的「噓聲」，而不是短促或聲調急降的「狼嚎」似的聲音。我說那「噓聲」悠長，是以蝙蝠的標準來說的，實際長度不超過十分之一秒。而且每一個「噓聲」結束時往往雜以一聲「狼嚎」，我們後面會討論到。

首先，想像一隻馬蹄蝙蝠一面飛向一個靜物（如一棵樹），一面發出一個連續的低沈超音波。由於牠朝向這棵樹飛行，所以超音波波前會加速撞及這棵樹。要是我們在樹上隱藏一個麥克風，可以「聽見」那因爲都卜勒效應而調子拉高的聲音。樹上當然沒有麥克風，但是從樹上反彈回來的回聲，的確會因爲都卜勒效應而讓調子拉高了。現在的狀況是：反彈聲波的波前朝飛近的蝙蝠推進，也就是說蝙蝠仍繼續朝樹迅速飛去。因此蝙蝠接收到的回聲，調子會給都卜勒效應再度放大。蝙蝠（或牠大腦配備的計算機）比較牠發出的聲音與回聲的調子，理論上，就能算出自己的飛行速度。這並不能告訴牠那棵樹離牠有多遠，但也許仍然是非常有用的資訊。

如果反彈回聲的物體不是樹之類的靜物，而是移動的昆蟲，都卜勒效應的結果就變得非常複雜，但是蝙蝠仍能算出牠與目標的相對運動速度，這正是像獵食蝙蝠一樣的尖端導向飛彈所需要的資訊。實際上有些蝙蝠耍的把戲更有意思，不只發出悠長、單調的「噓聲」，然後測量回聲的聲調。牠們仔細調整「噓聲」的調子，使回聲經過都卜勒效應後也保持「單調」。牠們迅速朝一個移動中的昆蟲飛去，不斷改變「噓聲」的調子，使回聲一直保持固定的調子。牠們耍這個巧妙的把戲，爲的是將回聲頻率鎖定在耳朵最靈敏的範圍內，方便偵測，別忘了，回聲非常微弱。牠們只要掌握「噓聲」的調子，就能得到做都卜勒計算必要的資訊（因爲回聲是一樣的）。

我不知道人造儀器——雷達或聲納，是否利用過這個巧妙的點子。但是在這個領域理，大多數巧妙的點子似乎都是蝙蝠先發展的，因此這個問題我不介意站在人類這一邊：我打賭人造儀器利用過這個點子。

用不著說，都卜勒技術與「啁啾雷達」技術非常不同，適用於不同的特殊目的。有些蝙蝠群充分利用其中一種，其他群利用另一種。有些似乎想魚與熊掌兼得，在悠長、單調的「噓聲」結尾處（有時在開頭處）加上一個調頻「狼嚎」。馬蹄蝙蝠另外還有一個本事值得注意：牠們的耳殼可以快速輪流前後活動，其他蝙蝠都不行。可想而知，耳朵的收聽面相對於目標的迅速活動，會影響都卜勒效應，而那些影響可以產生更多有用的資訊。耳殼收聽面迎向目標的時候，朝向目標的運動速度表面上會增加；耳殼背向目標時，速度表面上會降低。蝙蝠的大腦「知道」每隻耳朵收聽面的方向，因此原則上可以做必要的計算，取得有用的資訊。

蝙蝠面臨的問題，也許最難解決的就是遭到其他蝙蝠叫聲的無心干擾。科學家以人工超音波「襲擊」蝙蝠，發現很難讓牠們偏離既有航向，覺得非常驚訝。以後見之明來看，這個結果事先也許可以預見。蝙蝠必然早就解決這個干擾問題了。許多蝙蝠生活在洞穴中，而且數量龐大，想來洞裡必然交織著超音波與回聲的「鬼哭神號」，震耳欲聾，可是蝙蝠可以在漆黑的洞裡迅速飛掠，不會撞牆，也不會互撞。牠們只追蹤自己的回聲，不受其他蝙蝠叫聲、回聲的誤導，有何祕訣？工程師想到的第一個方案也許是某種頻率碼：也許每隻蝙蝠都使用自己的「私人」頻率，就像每個無線電台使用的頻率都不同。在某一程度內，這也許是實情，但是這不會是蝙蝠解決方案的全貌。

蝙蝠不會彼此干擾的祕密我們還不完全淸楚，但是科學家以人工干擾實驗發現了一條有趣的線索。原來要是你將牠們發出的叫聲耽擱一些時間才反射回去，有些蝙蝠就會受騙。換言之，以牠們自己的叫聲騙牠們。要是小心控制假回聲的播放時間，蝙蝠甚至還可能想降落在不存在的岩架上。我認爲這顯示：蝙蝠也和人一樣，藉著一個「晶狀體」觀看世界，只不過蝙蝠的晶狀體是回聲。

看起來蝙蝠利用的也許是我們可以稱爲「『陌生』濾鏡」的東西。蝙蝠每一聲叫聲的回聲，牠都用來建構一張世界圖像，這張圖像的意義指涉到根據先前回聲建構的世界圖像。一隻蝙蝠的大腦要是聽到了其他蝙蝠叫聲的回聲，並想解讀它的意義，可是發現它難以融入先前建構的圖像，就會決定這回聲沒有意義。這就好像世界中的物體突然無厘頭地移動了。

眞實世界中物體不會那麼「瘋狂」，因此大腦將這個回聲「濾掉」，當作背景雜音，不會產生什麼不良影響。要是它自己叫聲的回聲科學家做過手腳，設法耽擱一些時間或者加速，仍會有意義，因爲假回聲與先前建構的世界圖像對得上號。「『陌生』濾鏡」接受假回聲，因爲就先前回聲的脈絡而言，假回聲頗可信。假回聲的世界中，物體移動的位置似乎很小，在眞實的世界中物體那樣移動是可能的，也是可期盼的。蝙蝠大腦的工作假設是：任何一個回聲脈衝描繪的世界，要不與先前得到的世界圖像一樣，要不就只有一點差異；例如牠正在追蹤的蟲子已經移動了一小段距離。

美國紐約大學哲學教授納葛（Thomas Nagel, 1937-）寫過一篇很有名的論文，叫做〈當一隻蝙蝠是怎麼回事?〉（1974）這篇論文與蝙蝠關係不大，主要是討論一個哲學問題：如何想像做一個我們本來就不是的玩意?不過，納葛這位哲學家認爲蝙蝠是個特別有說服力的例子，是因爲蝙蝠依賴回聲過活，我們尤其難以體會牠們的經驗，我們似乎生活在不同的世界裡。如果你想體驗當蝙蝠的滋味，就走進一個山洞，大叫或以兩個湯匙互擊，然後仔細測量需要多久才聽見回聲，再計算你距牆有多遠，我們幾乎可以肯定這樣做絕對不成。

上面用來體驗蝙蝠生活的辦法，並不比下面這個體會彩色視覺的辦法高明：用一具儀器測量進入眼睛的光線波長，要是波長較長，你看見的是紅色，要是波長短，看見的就是藍色。我們叫做紅色的光，波長比較長，藍色光的波長短，正巧是個物理事實。不同波長的光啓動了我們視網膜上對紅色敏感與對藍色敏感的感光細胞。但是我們對顏色的主觀感覺中根本沒有波長觀念的蹤跡。看見紅光或藍光的感覺，不會告訴我們哪種光的波長比較長。要是波長很重要（通常不會），我們只需記住就成了，或者（像我一樣）查參考書。同樣地，蝙蝠以我們所說的回聲知覺到一隻昆蟲的下落，但是牠絕不會想到隔了多久才收到回聲這類勞什子，就像我們知覺到紅色或藍色也不會想到什麼波長。

眞的呢，要是我得嘗試這不可能的任務（想像「當一隻蝙蝠是怎麼回事？」），我會猜牠們的回聲定位也許就像我們以眼睛觀看世界一樣。我們是非常依賴視覺的動物，因此我們無法了解觀看是多麼複雜的官能。物體「就在那裡」，我們認爲我們「看見」它們「就在那裡」。但是我懷疑我們的知覺印象，其實是大腦中一個複雜的計算機模型，它是根據外界來的資訊建構出來的，但是那些資訊都在大腦裡轉換成可以利用的形式了。外界光線的波長差異，在我們大腦的計算機模型裡註册成顏色的差異。形狀與其他的特徵也以同樣的方式註册，就是以容易處理的形式註册。

「看見」的感覺，對我們來說與「聽見」的感覺截然不同，但是這絕不是光線與聲音的物理差異直接造成的。追根究柢，光線與聲音由不同的感官翻譯成同類的神經衝動。從一個神經衝動的物理特徵，無法分辨它傳遞的是光、聲、還是氣味。「看見」的感覺與「聽見」的感覺、「聞到」的感覺非常不同，是因爲大腦發現以不同類型的模型分別註册視覺、聽覺和嗅覺世界的特徵比較方便。因爲我們心中對於視覺資訊與聽覺資訊使用的方式不同、目的也不同，難怪「看見」與「聽見」的感覺不同。那不是因爲光線與聲音有物理差異。

但是蝙蝠使用聲音資訊，與我們使用視覺資訊，是爲了達成同類的目的。牠們利用聲音感知物體在三維空間中的位置，並連續更新這種資訊，我們利用光線的目的也一樣。因此蝙蝠需要的內建計算機模型，必須適合處理「物體在三維空間中不斷變動位置」的情況，也就是適合「再現」那種情況。

我的論點是：動物的主觀經驗採用的形式，是牠們內建計算機模型的一個性質。在演化過程中，那個模型的設計原則與「是否適合產生有用的內部再現」有關，與外界來的物理刺激無關。蝙蝠與我們需要同類的內建模型，再現物體在三維空間中的位置。不錯，蝙蝠利用回聲建構牠們的內建模型，我們利用光線，可是這與內建模型的性質不相干。別忘了：那些外來資訊在進入大腦前已經給翻譯成同類的神經衝動。

因此，我的臆測是：蝙蝠「看見」世界的方式與我們的大體相同，即使牠們以非常不同的物理媒體將外在世界翻譯成神經衝動——牠們用超音波，而我們用光線。蝙蝠甚至也能利用我們叫做顏色的感覺達成牠們的目的，例如用來再現外在世界的差異，那些差異與波長毫無關係，可是對蝙蝠有用，就像顏色對我們有用一般。也許雄蝙蝠的身體表面有某種微細的肌理，因此反彈的回聲讓雌蝙蝠知覺起來飽含「色彩」，功能上與雄性天堂鳥用以吸引異性的「彩妝嫁衣」一樣。我說的並不是什麼意義模糊的隱喻。雌蝙蝠知覺到一隻雄蝙蝠時，牠心中湧現的主觀感覺搞不好眞的是艷麗的紅色：與我見到南美火鶴產生的感覺一樣。或者，至少可說那隻雌蝙蝠對男友的感覺與我對火鶴的視覺感覺，即使有差異，也相當於我對火鶴的視覺感覺和火鶴彼此的視覺感覺之間的差異，絕不會更多。

葛瑞芬說過一個故事，那是一九四〇年，他與哈佛同學佳藍波（Robert Galambos, 1914-）首次在一個會議中對一群動物學家發表他們的新發現：蝙蝠利用回聲定位法飛行。所有的學者都非常驚訝。一位著名的科學家不但不信，還非常憤慨他雙手抓住佳藍波的肩頭，一面搖撼，一面抱怨，說我們提出的看法實在太出人意表，難道我們眞的相信！雷達與聲納仍然是極爲機密的軍事技術，是電子工程技術的最新成就，蝙蝠怎麼可能也懂？即使只暗示蝙蝠有稍微類似的本領，大多數人都覺得不可能，甚至反感。

同情這位著名的懷疑者，很容易。他不願相信，其實也是人性的表現。俗語說得好：人就是人。正因爲我們的感官施展不出蝙蝠的本領，我們才難以置信。因爲我們只能透過人工儀器、數學計算了解蝙蝠的作爲，才會覺得這種小動物的腦袋居然有這等本事，實在難以想像。然而爲了解釋視覺原理，必須使用同樣複雜而困難的數學計算，而且沒有人懷疑過小動物也看得見這個世界。我們懷疑蝙蝠的本事，只洩露了我們的雙重標準，原因不過是：我們看得見，可是無法以回音定位。

我能夠想像：在某個其他的世界有個會議正在進行，出席的都是博學之士，可是他們是全盲、像似蝙蝠的生物。會中有位學者提出了一份報告，令他們非常震驚：一種叫做人類的動物能夠利用「光」在空間中活動！出席學者都知道「光」是新近發現的一種無聲輻射線，「光」的研發仍然是最高軍事機密計畫。除此之外，人類只不過一種寒傖的動物，他們幾乎全聾（好吧，人類勉強可以聽，甚至能發出沈悶、緩慢、而低沈的咆哮聲，但是他們只能利用聲音做非常原始的事，例如彼此通訊；他們似乎連最龐大的物體都不會用聲音偵查）。

不過他們有一種高度特化的感官叫做「眼睛」的，可以利用「光」線。太陽是主要的光源，而人類居然能利用太陽光線撞擊物體反彈的複雜「反射光」。他們配備了一種巧妙的裝置，叫做「晶狀體」的，形狀似乎是以數學計算設計出來的，所以這些無聲光線通過時會彎曲，使得外界物體與叫做「視網膜」的細胞層上的「影像」，有一對一的映射關係。這些視網膜細胞能以一種神祕的方式將光變成「聽得見」（你也許可以這麼說），並將資訊傳遞到大腦。我們的數學家已經證明：理論上，透過非常複雜的數學計算，利用這些光線在空間中安全地活動是可能的，就像我們日常使用超音波一樣有效——在某些方面，甚至更有效！但是，誰想得到寒磣的人類居然會做這些計算！

蝙蝠利用回聲定位只是一個例子，我還有上千個例子可以舉出來，說明我對良好設計的想法。動物看來都像是精通理論又有實務經驗的巧手物理學家或工程師設計出來的，但是蝙蝠不可能像物理學家一樣知道或了解相關的理論。我們應該拿蝙蝠與警察使用的雷達測速儀做類比，而不是設計那個儀器的人。設計警用雷達測速儀的人了解都卜勒效應的理論，他能用數學方程式表現出他理解的程度，並將那些方程式清楚地在白紙上列出來。設計者的知識表現在儀器設計中，但是儀器本身並不了解自己的運作原理。儀器包含電子組件，它們以電線連結後就會自動比較兩個雷達頻率，並將結果轉化成方便的單位——以公里為單位的時速。這些計算很複雜，但是以一個小盒子裝入現代電子組件，將它們以電線適當地連結之後，就做得出來。當然，一個精密的、有意識的大腦必須做組裝、連線的工作，或者至少設計線路圖，但是有意識的大腦不涉入這個盒子分分秒秒的運轉。

我們有豐富的電子技術經驗，所以無意識的機器表現出一些行為，好像它了解複雜數學觀念一般，我們不會覺得不可思議。生物機器的運行是同類型的例子。一隻蝙蝠好比一具機器，牠的內部電路使牠的上肢（兩翼）肌肉能夠帶牠去捕捉昆蟲，就像一枚無意識的導彈能夠向一架飛機直奔而去。到目前爲止，我們源自技術的直覺是正確的。但是我們的技術經驗也讓我們期望：凡是複雜的機器一定是有意識的、有目的的設計者想出來的。就生物機器而言，錯的是這第二個直覺。就生物機器而言，「設計者」是無意識的自然選擇（天擇），也就是盲目的鐘錶匠。

我希望這些蝙蝠故事能讓讀者肅然起敬，像我一樣，我相信培里也會。我的目標在一個方面與培里的完全一樣。我不想讓讀者低估自然的驚人作品，以及爲了解釋它們我們必須面對的問題。蝙蝠的回聲定位本領，雖然培里在世時（十八、十九世紀之間）世人仍不知，與任何他舉的例子一樣，也能支持他的論證。培里舉了許多例子，將他的論點發揮得淋漓盡致。他歷數身體各種構造，從頭到腳，每一部位、每一構造細節，證明它們可以與一個製作精美的鐘的內部機件比美。

在許多方面，我願意做同樣的事，因爲精彩的故事可說的太多了，而我又喜歡說故事。但是其實用不著多舉例子。一兩個就夠了。用來解釋蝙蝠在空間中穿梭的假說，生命世界任何現象都適合用它來解釋，培里舉出了許多例子，要是任何一個他的解釋錯了，再多的例子也是枉然。他的假說是：生物鐘錶是一位鐘錶匠大師設計、製造出來的。我們的現代假說是：這工作是天擇在漸進的演化過程中完成的。

今天的神學家不再像培里那麼直截了當了。他們不會指著複雜的生物機制，說它們是一

位創造者設計的，一眼就可以看出來，像鐘錶一樣。有個趨勢倒是很清楚，他們會指著那些複雜的生物機制，說：「難以相信」這等複雜與完美會以天擇機制演化出來。每次我讀到這樣的評論，我都覺得作者只是夫子自道——只有他自己不信吧！

一九八五年英格蘭伯明罕主教芒特菲（Hugh Montefiore）出版了一本書，書名是《神的可能性》（*Probability of God*），書裡舉了許多「難以相信」的例子，有一章我就算出三十五個。本章剩下的篇幅裡我的例子都出自這書，因爲這書是一位著名、博學的神學家使自然神學契合時代的努力，行文懇切而誠實。

對的，你沒看錯，我說的是「誠實」。芒特菲主教與他的一些同事不同，他不怕說出：上帝是否存在的問題是個攸關事實的問題。他絕不使用不老實的遁辭，例如「基督信仰是一種生活方式。上帝存在的問題已經取消了：這個問題是實在論幻象創造的幻覺」。他書裡也有物理學與宇宙論的章節，由於不是我的本行，我不擬妄加評論，不過我認爲他似乎引用了眞正的物理學家做爲依據。要是生物學的章節他也這樣做，會有多好！不幸他引用的是柯思特勒、霍耶、賴特雷太勒、巴柏⑤。芒特菲主教相信演化，但是無法相信天擇能恰當地解釋演化過程（部分原因是他與許多人一樣，完全誤解了天擇，以爲天擇是「隨機的」、「沒有意義的」。）

他非常倚賴一個我們或許可以稱之爲「我就是不能相信！」的論證（the Argument from Personal Incredulity）。在書中的一章，我們發現下列的語句（以他的行文順序列舉）：

> ……似乎無法以達爾文的理論解釋……並不容易解釋……難以了解……不容易理解……同樣難以解釋……我發現它不容易理解……我發現不容易了解……我發現難以理解……這樣解釋似乎行不通……我看不出怎麼……以新達爾文主義解釋動物行爲的許多複雜表現似乎不

恰當……要說這種行為僅以天擇為機制演化出來，實在不易理解……這是不可能的……這麼複雜的器官怎麼可能演化出來……不容易明白……很難理解……

「我就是不能相信！」這個論證其實是非常脆弱的，達爾文已經評論過了。在一些例子中，這個論證的基礎只不過是無知而已。舉例來說，我們的主教覺得難以理解的事實，有一個是北極熊的白色皮毛。

至於保護色，並不總是容易以新達爾文主義的前提解釋。要是北極熊在北極圈內是獨霸的物種，牠們何必演化出白色皮毛做為保護色呢？

這一段應該翻譯成：

我這個人，從來沒到過北極，從來沒見過野地裡的北極熊，只受過古典文學與神學訓練，就坐在我這書房裡憑我的腦袋在想，到現在想破腦袋也想不出一個理由可以回答：北極熊的白色皮毛有什麼好處？

在這個例子裡，我們的主教假定：只有獵食獸的對象才需要保護色。他沒有想到：獵食獸要是能隱蔽身形，不讓捕獵對象發現，也有絕大利益。北極熊會潛近在冰上休息的海豹。要是海豹老遠就可以看見北極熊，牠就溜了。我懷疑，要是主教想像得到一頭深色大灰熊在雪地裡潛近海豹群的景象，他一定立刻就看出答案了。

原來北極熊論證這麼容易就拆解了！但這不是我眞正想談的。一個奇妙的生物現象，即使世上最傑出的權威都無法解釋，也不見得是「無法解釋的」。許多神祕現象幾個世紀都無法解釋，最後都眞相大白。主教舉出的三十五個例子，不論有什麼價值，大多數現代生物學家都不會覺得以天擇論解釋有什麼困難，儘管不是每一個都像白色北極熊一樣容易解釋。但是我們不是在測驗人類的巧思。即使眞的發現了一個我們無法解釋的例子，我們也不該從「我們無力回答」這個事實，引伸出任何浮誇的結論。達爾文對這一點已說得很清楚。

「我就是不能相信！」這個論證還有比較嚴肅的版本，就是不以無知或欠缺巧思爲基礎的版本。一個版本是直接利用「奇觀」這個詞的極端意義。我們每個人面對高度複雜的機制，心中都不由得興起「奇觀」的感覺，例如蝙蝠的回聲定位裝備。「奇觀」論證的潛台詞是：任何東西只要稱得上「奇觀」，就不可能是天擇的產物，這是自明的事，不容推諉。主教讚許地引用了班尼特（G. Bennett）論蜘蛛網的文句：

> 任何人觀察過蜘蛛織網許多小時後，都不可能不懷疑：難道現在的蜘蛛，或牠們的祖先會是蜘蛛網的建築師？或者那可能是隨機變異一步一步地造成的？就好像擁有複雜而精確比例的巴特農神殿（Parthenon，位於希臘雅典）是以小塊大理石堆起來的，那太荒謬了！

怎麼不可能！那正是我的堅定信念，而且我有些觀察蜘蛛與蜘蛛網的經驗。

主教繼續談人類的眼睛，並以賣弄的語氣問道：「這麼複雜的器官怎麼可能演化（出

來）？」言下之意，沒有人能答覆這個問題。這不是論證，只不過彰顯自己不信而已。對於達爾文稱爲極端完美、複雜的器官，我們直覺上認爲難以置信，有兩個原因。第一，我們對於演化過程擁有的浩瀚時間，沒有直覺的掌握。大多數對天擇有疑慮的人，都能接受小型變異，例如自從工業革命以來，許多種蛾演化出較深的顏色。但是，接受了這個事實之後，他們就指出這種變異是多麼的小。正如主教所強調的，深色的蛾並不是新的物種。我同意這是很小的變化，與眼睛（或者回聲定位）的演化比較起來算不得什麼。但是，我們也應注意另一個事實：那些變化只花了蛾一百年。一百年對我們來說似乎很長，因爲人生不滿百！但是對地質學家來說，他平常測量的時段都是一百年的一千倍（十萬年）。

眼睛不會留下化石，所以我們不知道我們這種眼睛花了多少時間才從一無所有演化成目前的複雜、完美程度，但是時間尺度以億年計，殆無疑問。拿家犬做個比較吧，想想人類在極短的時間內透過遺傳選擇造就的變化。在幾百年之內，最多幾千年吧，我們已經從狼培育出了北京犬、牛頭犬、吉娃娃與聖伯納犬。是啊，但是牠們仍然是狗（家犬），不是嗎？牠們還沒有變成不同種類的動物！也許你會這麼說。對，如果玩文字遊戲能令你覺得舒服些，你就管牠們都叫做狗吧。

但是請想想涉及的時間。我們不妨以平常散步的一步，代表家犬從狼演化成各種品種所花的全部時間。那麼，你要散步多遠才能遇見露西（Lucy）與她的族人呢？（即三百五十萬年前，以兩足直立的體態在非洲活動的早期人類祖先。）答案是：大約三．二公里。要走多遠才能回到生命演化的源頭？答案是：你必須從倫敦跋涉到巴格達。想想從狼演變成吉娃娃所涉及的變化量，然後乘以從倫敦走到巴格達所需要的步數。於是你在眞正的自然演化中可以期待的變化量，就有了一個直覺的概念。

我們對於複雜器官的演化，例如人類的眼睛、蝙蝠的耳朵，我們很自然就覺得難以置信，第二個原因是我們直覺地應用機率理論。芒特菲主教引用雷文（C. E. Raven，業餘自然學者）論布穀鳥的文章。這些鳥在其他鳥的巢裡下蛋，那些鳥不知情地做了養父母。就像許多生物適應一樣，布穀鳥的適應不只一個特徵，而有好幾個。布穀鳥過的寄生生活，是好幾個不同事實輻輳在一起形成的。舉例來說，母鳥會在其他鳥的巢裡下蛋，孵化的幼雛會將養父母的親生子女擠出巢去。這兩個習慣使布穀鳥能夠成功地過寄生生活。雷文繼續寫道：

我會讓各位明白：這一系列條件，每一個都是整體順利運作的關鍵。可是每一個條件，本身毫無用處。整體的完美運行必須所有條件同時就緒。這麼一系列條件是隨機事件組合起來的？我已經說過了，機率實在太低了。

比起只是喃喃唸著「太不可思議了！太難以置信了！」，這種論證在原則上更值得我們尊重。對任何提議，測量它在統計上的機率，是評估它可信與否的正當程序。絕不蓋你，這個方法本書就使用了好幾次。但是你得用得對。雷文的論證有兩個錯誤。第一、他混淆了天擇與「隨機性」，這是個流行的錯誤，但是我必須說，這個錯誤令人氣惱。突變是隨機的；天擇卻是隨機的反面。第二、「每一個條件本身毫無用處」的看法根本就不對。「整體的完美運行必須所有條件同時就緒」？不對！「每一個條件都是整體順利運作的關鍵」？不對！眼睛、耳朵、回聲定位系統、布穀鳥寄生生活模式等等，即使一開始是簡單、原始、準備不足的，都比沒有好。沒有眼睛的話，你就是瞎子。有半隻眼睛的話，即使你還不能將獵食獸的影像置入焦點，至少可以偵查到它大概的行動方向。而這份資訊可能足以決生死、判陰陽。以下兩章，我會更詳細地再度討論這些議題。

【注釋】

① 譯注：葛瑞芬（Donald Griffin，1915-），一九四二年哈佛大學博士。

② 譯注：布藍輕機槍（Bren gun），二次世界大戰中最好的輕機槍，英國以捷克輕機槍改良成的，一九三七年開始生產。

③ 譯注：都卜勒頻移（Doppler shift），或稱都卜勒效應，任何波動假如波源與觀測者之間有相對運動，則觀測者測得的頻率與波長便會起變化（相對於二者互相靜止而言）。若波源與觀測者互相接近，則頻率觀測值會升高，波長觀測值會降低；反之則頻率觀測值會降低，波長觀測值會升高。

④ 譯注：都卜勒（Christian Johann Doppler），1803-1853，奧地利物理學家，一八四二年發現都卜勒效應。

⑤ 譯注：柯思特勒（Arthur Koestler），1905-83，匈牙利小說家，著有《日中昏暗》（*Darkness at Noon*），講在史達林黑暗時代的情形；霍耶（Fred Hoyle），1915-2001，英國天文物理學家，一九四八年提出穩態說。霍耶是第一個把加莫夫的學說命名爲「大霹靂」的科學家，這個名字當初帶有蔑視的意味；賴特雷太勒（Gordon Rattray-Taylor），已過世，科普作家；巴柏（Karl Popper），1902-1994，生於奧地利的英國科學哲學家，著有《科學發現之邏輯》，提出可證僞性可當作科學方法的界定準則，而非可證實性。

第三章　累進變化

Watchmaker

若由「單步驟」選擇造成，就是一蹴而就的。
在「累積」選擇中，選擇結果會「繁衍」；
一次篩選的結果會成為下一次篩選的原料，
如此反覆地篩選下去。

The Blind

生物不可能全憑偶然因素出現在世上，因爲生物的「設計」既複雜又優美，我們已經討論了。那麼它們是怎麼出現的呢？答案是：它們源自一個累積的過程，逐步從非常簡單的開始，變化成今日的模樣。地球上生命演化的起點是太古時期的某些實體，它們因爲實在太簡單了，只因偶然的機緣就在世上出現了。這是達爾文提出的答案。演化是個逐步、漸變的過程，每一步驟，相對於前一步驟，都非常簡單，跨出去全憑機緣。但是整串連續步驟卻不是隨機過程，從終點產物的複雜程度就可以看出，相形之下，起點的素樸模樣反而令人驚訝。引導這個累積過程的是「非隨機存活」。本章的主旨是：這一累積選擇的力量本質上是個非隨機過程。

要是你到滿布卵石的海灘散步，一定會注意到卵石的散布不是毫無章法的。通常小卵石集中的區域沿著海灘一路上都有，並不連續，較大的卵石集中在不同的區域，錯落其間。那些卵石已經分類、安排、挑選過了。生活在海岸附近的人類部落，看見海灘上卵石的分布，也許會覺得驚疑不置，認爲那是「世上有過分類、安排」的證據，也許還會想出一個神話解釋，「話說天上有一位巨靈，心思有條不紊、講究秩序，卵石就是祂安排的……。」

對這樣的迷信觀念我們也許會展露高傲的微笑，向「土人」解釋：那種看來經過安排的現象，其實是物理學的盲目力量完成的，以海灘上的卵石分布而言，海浪是肇因。海浪沒有目的，也沒有意圖，沒有井然的心，甚至根本沒有心。海浪起勁地衝擊海灘，將卵石拋向前方，不同大小的卵石，以不同的方式反應海浪的力量，落在或遠或近的區域裡。於是一個沒有經過心靈計畫的小型秩序就從混沌中出現了。

有些系統會自動創造出非隨機現象，海浪與卵石就構成了一個簡單的例子。世上到處是這樣的系統。最簡單的例子我想是個洞。只有比洞口小的東西才會掉進去。也就是說，要是你在洞口上隨意堆放一堆東西，並出力隨機地搖晃、推擠它們，過了一段時間後，洞口上與洞口下的東西就會出現非隨機分布。洞口下的空間裡，東西比洞口小，洞口上則是比洞口大的東西。不消說，人類老早就懂得利用這個簡單的原理創造非隨機分類了，我們叫做篩子的東西不就是嗎？（譯按，唐．李洞．喜鸞公自蜀歸詩：掃石月盈帚，濾泉花滿篩。）

太陽系很穩定，是繞日的行星、彗星、與小行星碎塊組成的，這種行星公轉恆星的系統在宇宙中似乎不少，我們的只是其中之一。這種系統中，行星愈接近恆星，公轉速度就得愈快，不然無法對抗恆星的引力、停留在穩定的軌道上。任何一條軌道，只有一個速度能使行星（或彗星、小行星）穩定公轉而不脫逸。要是它以其他速度繞行，不是脫離軌道衝向太空深處，就是墜毀在恆星表面上，或進入另一條軌道。要是我們觀察太陽系的行星，瞧！好傢伙！它們每一個都以恰好的速度在恰好的軌道上穩定地公轉。難道是神意設計的奇蹟？不是，只不過是另一個自然「篩子」罷了。很明顯，我們見到的所有繞日行星必須以特定速度繞行太陽，不然就無法穩定地停留在它們目前的軌道中，我們就不會看見它們在那裡了。同樣明顯的是，這不能當作證據，說行星軌道是「有意識的設計」。

這種從混沌中「篩」出的簡單秩序，不足以解釋我們在生物界觀察到的大量非隨機秩序。門都沒有。還記得號碼鎖的例子嗎？可以簡單地「篩」出的秩序，約略相當於只要撥對一個號碼就能打開的鎖：很容易憑巧勁兒就打開了。我們在生物系統中見到的「非隨機」現象，相當於一個巨大的號碼鎖，必須轉不知多少次、輸入多少正確的數字才打得開。就拿血紅素（紅血球中攜帶氧氣的分子）來說好了。將組成血紅素的所有胺基酸全拿在手邊，隨意把它們組合起來，想憑巧勁兒就組成血紅素分子，你可知需要多大的運氣？大到不可思議。著名的美國科學作家艾西莫夫（Issac Asimov, 1920-92）與其他人就以這個例子有力地論證生物界的秩序不可能是機運的產物。

血紅素分子是四條胺基酸鏈絞在一起構成的。我們只拿其中一條來討論。這條鏈包括一百四十六個胺基酸。生物體內的胺基酸有二十種。以這二十種胺基酸組成一條一百四十六個胺基酸的鏈，可能的組成方式是個大得難以想像的數字，艾西莫夫叫它做「血紅素數字」。它很容易計算，但是不可能寫給你看。這一百四十六個胺基酸組成的鏈，第一個可能是二十種胺基酸中的任何一種。第二個也一樣。因此頭兩個胺基酸的可能組合就有二〇×二〇種，就是四〇〇種。這條鏈頭三個胺基酸的可能組合方式是二〇×二〇×二〇，就是八〇〇〇種。整條胺基酸鏈的可能組合方式，就是二〇自乘一四六次（二〇的一四六次方）。這是個令人頭昏的大數字。一百萬是一後面跟著六個〇。一兆是一後面跟著十二個〇。我們正在計算的數字——「血紅素數字」，接近一後面跟著一九〇個〇。這就是我們需要的運氣：在這麼多「可能」中，瞎搞出一個血紅素來。

然而，就人體的複雜性而言，血紅素分子只是九牛一毛而已。光憑單純的篩選根本無從創造出生物體內的大量秩序。生物秩序的發展過程，篩選是核心成分，但是篩選無法說明生物秩序，差得遠呢。為了解釋這一點，我必須分別「單步驟」選擇與「累積」選擇。在這一章裡到現在為止，我們討論過的簡單篩子都是「單步驟」選擇的例子。生物組織是「累積」選擇的產物。

「單步驟」選擇與「累積」選擇的根本差異是這樣的。任何實體的秩序，例如卵石或其他東西，若由「單步驟」選擇造成，就是一蹴而就的。在「累積」選擇中，選擇結果會「繁衍」；或以其他的方式，一次篩選的結果成為下一次篩選的原料，下一次篩選的結果，又是下下一次篩選的原料……，如此反覆篩選下去。實體必須經過許多連續「世代」的篩選。一個世代經過篩選後，就是下一個世代的起點，如此這般每個世代都經過篩選。「繁衍」、「世代」兩個詞通常用在生物身上，我們採借它們是很自然的，因爲生物是「累積選擇」的主要例子。也許實際上生物是唯一的例子。但是目前我會暫時擱置這個議題。

天上的雲經過風的隨機捏揉、切割，有時看來會像我們熟悉的物事。有一張流傳很廣的照片，顯示耶穌的面龐在雲中凝視世人，那是一位小飛機駕駛拍的。我們都看過讓我們想起什麼的雲，像是海馬，或一張微笑的面孔。這種相似是「單步驟選擇」造成的，換言之，「如有雷同，純屬巧合。」因此並不令人驚艷。夜空中的星座，要是你拿它們的名字對號入座的話，也不會感到驚艷，就像星象家的預言一樣，不信的話，告訴我天蠍、獅子、牡羊什麼的在哪裡？

生物適應就不同了，總令人覺得不可思議。而生物適應是「累積選擇」的產物。一隻蟲與一片葉子的相似程度，或一隻螳螂與一叢粉紅花的相似程度，我們會以不可思議、詭異、壯觀等詞來描述。一朵像黃鼠狼的雲，並不能讓我們目不轉睛，連提醒身邊的友人都不值得。此外，那朵雲究竟像什麼，我們也很容易改變心意。《哈姆雷特》第三幕第二景就有一段對話：

哈姆雷特（王子）：你看見天邊那朵雲嗎？像頭駱駝的？

波羅紐斯（首席國政顧問）：很大的那一朵？眞像駱駝，沒錯。

哈姆雷特：我覺得像一隻黃鼠狼。

波羅紐斯：它像隻拱起背的黃鼠狼。

哈姆雷特：或像一頭鯨魚？

波羅紐斯：很像一頭鯨魚。

有人說過（我忘了誰是第一個），給猴子一架打字機，讓牠在上面隨意亂敲，只要時間足夠，整套莎士比亞作品都能打出來。當然，關鍵在「只要時間足夠」。讓我們對這隻猴子面臨的任務做些限制。假定我們只期望牠打出一個短句子，而不是整套莎翁作品，就說是「我覺得像一隻黃鼠狼」好了，我們給牠的打字機也是簡化的，只有二十六個大寫字母鍵，外加一個空白鍵。這隻猴子需要多少時間才打得出這一個短句子？

莎士比亞寫這個句子，使用了二十三個字母，其中穿插了五個空位。我們假定猴子不斷地嘗試，每次都敲二十八次鍵。一旦敲出了正確的句子，實驗就結束。要是不正確，牠就得繼續嘗試。我不認得任何猴子，好在我有個女兒，才十一個月大，對隨意亂搞很有經驗，我告訴她我想找猴子做的實驗後，她就迫不及待地想扮演那隻猴子，在電腦上隨意敲打。由於她另有要務，我只好寫了一個程式，模擬一個隨意敲鍵的孩子，或猴子。這個程式就這樣不斷製造產品——將隨機敲到的二十八個鍵在銀幕上顯示出來（或列印）。要花多少時間才能敲出「我覺得像一隻黃鼠狼」呢？

想想所有可能敲出來的字母串共有多少——每串是任意按二十八個鍵的結果。我們必須做的計算與前面做過的血紅素分子一樣，結果也是同樣大的數字。敲第一個鍵時，有二十七種選擇（不分別空白鍵與字母鍵），敲到正確字母的機率是二十七分之一。頭兩個鍵都碰巧正確的機會是二十七分之一乘以二十七分之一，等於七百二十九分之一，因爲第二個鍵敲對的機率，與第一個鍵相同，可是頭兩個鍵都要正確的話，得在第一個鍵敲對了之後才算第二個鍵。這個句子全部二十八個字母都正確的機率，因此是二十七分之一的二十八次方，就是二十七分之一自乘二十八次。結果是一個非常小的數字，難以想像的小，以分數表現的話，分子是一，分母是一後面跟著四十個○。說得委婉些，這個句子要花很久才敲得出來，什麼《莎士比亞全集》就算了吧。

隨機變異中的「單步驟選擇」已經談得夠多了，讓我們回頭談談「累積選擇」。「累積選擇」會更有效率嗎？效率能提升多少？答案是：有效率多了，即使我們開始覺得這是一個很有效率的過程，也可能低估了，但是只要你仔細再想想，就會發現驚人的效率幾乎是必然的結果。我們要再度使用電腦替代猴子，但是會對程式做一個關鍵的修改。一開始這個程式會隨機按二十八次鍵，然後就從這一個隨機字母序列「繁殖」下去。電腦不斷複製這個字母序列，但是複製過程容許某個程度的隨機變異——「突變」。電腦會檢查這些複製出來的「子序列」，從其中選出最接近標的序列（哈姆雷特的那句話）的一個，不論相似的程度多麼薄弱。

第一個這樣選出來的「子序列」與標的序列實在不怎麼像。但是這個程序會重複下去，電腦開始複製這個贏家，並容許同樣程度的隨機變異，並選出一個新的贏家。如此這般一代又一代，十「代」、二十「代」之後的贏家，可能仍然必須憑信心才能看出它們與標的「很像」。但是，到了三十「代」，相像就不再是想像的產物了。到了四十「代」，銀幕上出現的字母序列，只有一個字母是錯的。正確的結果在第四十三「代」產生。

第二次重跑這個程式，正確的結果在第六十四「代」產生。第三次重跑，第四十一「代」就產生正確的結果了。

電腦實際花了多少時間繁衍出符合標的的那一代，並不重要。如果你眞的想知道，電腦第一次完成整個程序，是在我出去吃午餐的時候，大約半個小時。（電腦玩家也許會認爲這實在慢得蹊蹺。原因是我的程式是用**BASIC**寫的，這種語言在電腦程式語言家族中相當「幼齒」。我改用**Pascal**語言重寫這個程式後，十一秒就完成了一回合。）電腦做這種事比猴子快一些，但是速度的差異其實不大。眞正重要的時間差異，是「累積選擇」需要的時間與「單步驟選擇」需要的時間。

同一部電腦，以同樣的速度，執行「單步驟選擇」程序的話，要花的時間是：一後面加三十個〇，單位是年。（一後面加十二個〇是一兆。）學者估計的宇宙年齡大約是一百億年（一後面加十個〇）。我們不必細究一後面加三十個〇等於宇宙年齡的多少倍，比較適當的說法是：與猴子或電腦要花的巨量時間比起來，宇宙的年齡實在微不足道——在我們這種粗略的計算方式必須容忍的誤差範圍之內。但是同一部以隨機方式按鍵的電腦，只要加入「累積選擇」的條件，達成同樣的任務所需的時間，我們人類等閒就能了解——在十一秒與吃一頓午餐所費的時間之間。

現在我們可以看出：「累積選擇」（這個過程中，每一次改進，不論多麼微小，都是未來的基礎）與「單步驟選擇」（每一次「嘗試」都是新鮮的，與過去的「經驗」無關）的差別可大了。要是演化進步必須依賴「單步驟選擇」，絕對一事無成，搞不出什麼名堂。不過，要是自然的盲目力量能夠以某種方式設定「累積選擇」的必要條件，就可能造成奇異、瑰麗的結果。事實上那正是我們這個行星上發生的事，我們人類即使算不上最奇異、最教人驚訝的結果，也是最近的結果。

教人驚訝的反而是：類似上舉「血紅素數字」的例子，卻一直給用來反駁達爾文的理論。那些這麼做的人，往往在本行中是專家，像是天文學或什麼的，他們似乎眞誠地相信達爾文理論純以機率（巧勁兒）──「單步驟選擇」，解釋生物的組織。「達爾文式的演化是『隨機的』」這個信念，不只是不眞實而已，它根本與眞相相反。在達爾文演化論中，「巧勁兒」只扮演次要的角色，最重要的角色是「累積選擇」，它根本就是「非」隨機的。

天上的雲無法進入「累積選擇」的過程。某種特定形態的雲不能透過某種機制生產與自身相似的子女。如果有這種機制，如果雲像黃鼠狼或駱駝一樣，能夠繁衍模樣大致相似的世系，「累積選擇」就有機會發生。當然，有時雲朵的確會分裂、形成「子女」，但那還不足以讓「累積選擇」發生。累積選擇的必要條件是任何一朵雲的「子女」應該與「父母」相似，不像「族群」中的其他「老爹」。這個差別極爲緊要，最近有些哲學家對天擇理論發生了興趣，可是他們有些人很明顯地誤解了這一點。還有一個必要條件是：任何一朵雲生存、繁衍複本的機率，與它的形態有關。也許在某個遙遠的星系中，這些條件都發生了，而且經過了數以百萬年計的時光，結果是一種娉娉裊裊的生命形式，只是壽命短暫。這個題材也許可以寫成一部很棒的科幻小說，題目我都想好了，就叫《白雲記》吧；但是就我們所想討論的問題來說，電腦模型是比較容易掌握的，像猴子／莎士比亞模型一樣。

雖然猴子／莎士比亞模型用來解釋「累積選擇」與「單步驟選擇」的差別很有用，它卻在重要的面相上誤導了我們。其中之一是：在選擇繁衍的過程中，每個世代各突變個體都以它與最終理想標的（「我覺得像一隻黃鼠狼」）的相似程度判生判死。生物不是那樣。演化沒有長期目標，沒有長程標的，也沒有最終的完美模樣做爲選擇的判準，儘管虛榮心讓我們對於「人類是演化的最終目標」這種荒謬的觀念，覺得挺受用的。在現實中，選擇的判準永遠是短期的，不是單純的存活，更爲一般地說，就是成功的生殖率。要是在很久很久之後，以後見之明看來，生命史像是朝向某個目標前進，而且也達成了那個目標，那也是許多世代經過短期選擇後的附帶結果。「鐘錶匠」──能夠累積變異的自然選擇，看不見未來，沒有長期目標。

我們可以改變先前的電腦模型，將這一點也考慮進去。在其他方面我們也可以使模型更逼近眞實。字母與文字是人類特有的玩意，我們何不讓電腦畫圖？說不定我們甚至可以看見類似動物的形狀在電腦中演化，演化機制是在突變的形狀中做累積選擇。我們一開始不會在電腦中灌進特定的動物照片，免得電腦有成見。它們得完全以累積選擇打造──累積選擇在隨機突變中運作的結果。

實際上每個動物的形態都是胚胎發育建構的。演化會發生，是因爲連續的各世代每一個胚胎發育都發生了微小差異。這些差異是因爲控制發育的基因發生了變化（即突變，這就是我前面說過的整個過程中的小角色──隨機因素）。因此我們的電腦模型也該有些特徵，相當於胚胎發育與能夠突變的基因。設計這樣的電腦模型，有許多方式。我選了一個，並爲它寫了一個程式。現在我要描述這個電腦模型，因爲它能給我們一些啓發。要是你對電腦沒有什麼概念，只要記住電腦是機器，會服從命令幹活兒，可是結果往往出人意表。程式就是給電腦的指令單子。

胚胎發育是個非常複雜的過程，無法在小型電腦上逼眞地模擬。我們必須以一種簡化的玩意做類比。我們必須找到一個簡單的畫圖規則，電腦很容易照辦，然後它也可以在「基因」的影響下發生變化。我們要選擇什麼樣的畫圖規則呢？電腦科學教科書經常以一個簡單的「樹木發育」程序，說明所謂「遞迴」程式設計法（recursive programming）的威力。一開始電腦畫出一條垂直線。然後這條線分出兩條枝杈。每一條枝杈再分出兩條小枝杈。每條小枝杈再分出兩條小小枝杈，……。這是個「遞迴」過程，整棵樹因爲繼續在局部應用同一條規則（以這個例子而言，就是「分枝規則」）而不斷地發育。無論樹木發育到多大，同一條分枝規則繼續施用於所有新生枝條的尖端。（譯按，在數學中，「遞迴」函數即是自身反覆的函數。遞迴函數最簡單的例子就是：若 $n>0, f(1)=1$，那麼 $f(n+1)=f(n)+1$ 就是一個遞迴函數，即自然數 1, 2, 3, 4,…。）

「遞迴」的「深度」指枝杈分枝的「次數」；就是一條樹枝長出後，可以繼續以同樣的方式分枝多少次。這個次數程式中可以事先規定，次數一滿，新生枝頭就停止分枝了。次頁的圖二顯示了「深度」對「遞迴」結果的影響。比較「深」的遞迴樹是個頗爲複雜的圖案，但是你仍可以看出那是同一條分枝規則創造出來的。當然，眞正的樹就是這樣分枝的。一棵橡樹或蘋果樹的分枝模式看來很複雜，其實不然。基本的分枝規則非常相似。因爲同一條規則不斷地施用於整棵樹的生長尖端——主幹分出主枝，主枝分出小枝，小枝分出小小枝等等，樹才長得又大又繁茂。

大體而言，動植物的胚胎發育過程也可以比喻成遞迴分枝。我並不是說動物的胚胎看來像發育中的樹。它們一點也不像。但是所有胚胎的發育都以細胞分裂進行。細胞總是分裂成兩個子細胞。基因最終會影響身體，可是受它們直接影響的是身體的局部細胞，以及那些細胞的分裂模式。動物的基因組從來不是「宏偉的設計圖」，或整個身體的「藍圖」什麼的。我們下面會討論，基因比較像食譜，而不像藍圖；而且不是整個胚胎的食譜，而是每個細胞，或胚胎某個區域一小撮細胞，只要分裂就必須遵循的食譜。

我並不否認胚胎以及日後的成年個體，有一個大尺度的形態可言。但是，發育中的身體逐漸成形，每個組成細胞都盡了棉薄之力（所以整體的形態是「細胞層次事件」的後果），

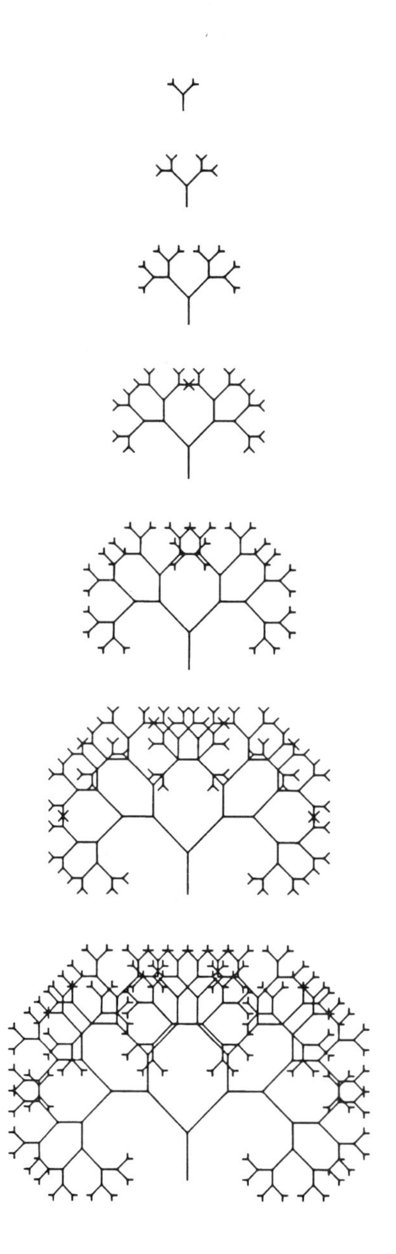

圖二

而每個細胞的局部影響力主要透過「一分為二」的過程施展。樹杈分枝與細胞分裂以同樣的模式影響全身。基因影響這些局部事件，才影響到全身。換言之，基因的終極對象是全身，可是卻從基層——細胞——幹起。

總之，用來畫樹的簡單分枝規則，看起來像是模擬胚胎發育的理想工具。我就把它寫成一個很小的程式，取名為「發育」，預備將來植入一個大程式中——「演化」。為了編寫「演化」這個程式，我們得先討論基因。在我們的電腦模型中，「基因」的角色與功能如何呈現？在生物體內，基因做兩件事：影響發育以及進入未來的世代。動、植物的基因組，基因數目多達幾萬個，但是我們在電腦模型中，只設置九個。每個基因在電腦中都以數字代表，這個數字就是它的「值」。某一個基因的「值」可能是正四，或負七。

這些基因如何影響發育呢？它們能做的可多了。不過萬變不離其宗：它們會對「發育」程式（樹木發育的規則）產生微小的、可以計量的影響。舉例來說，某個基因也許會影響椏杈的角度，另一個基因會影響某一特定枝杈的長度。另一種基因一定會做的事，是影響遞迴的深度——就是連續分枝的次數。我讓「基因九」負責這個功能。因此圖二的「七棵樹」可以視為七個有親緣關係的生物個體，彼此間除了「基因九」之外，其他的基因完全相同。

我不想一一詳談其他八個基因的功能。次頁的圖三透露了一些訊息，你可以據以推測每個基因大體而言能做哪一類的事（功能）。圖三正中的樹是基本形，圖二中也出現過。有八棵樹環繞著基本形。這八棵樹與中央的基本形只有一個基因的差異，也就是說，這八棵樹是因為基本形的一個基因發生了突變而產生的。例如基本形的右側，是「基因五」的原始值因為突變而成了加一的結果。要是擺圖三的空間夠大，我會畫出十八棵突變形環繞著基本形。因為總共有九個基因，每個基因每次突變都有兩個方向：升一級（原始值加一），或降一級（原始值減一）。因此基本形環繞著十八個突變形，就窮盡了所有單步驟突變的可能結果。

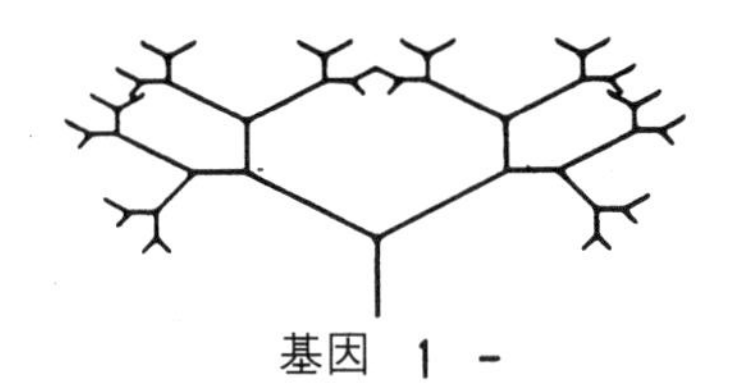
基因 1 -

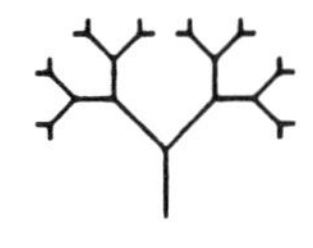
基因 9 -

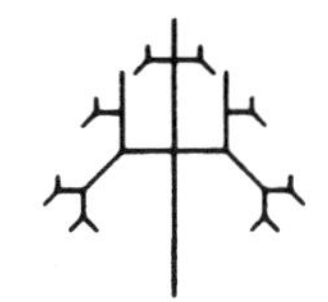
基因 1 +

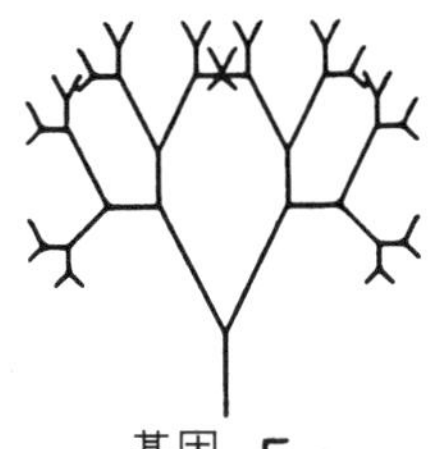
基因 5 -

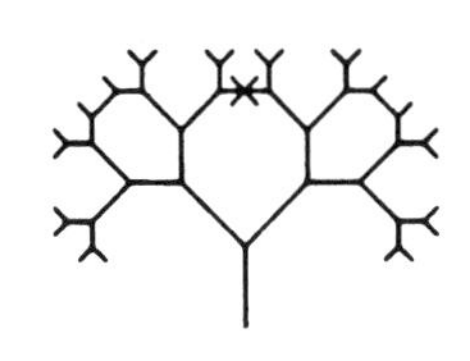
基本形

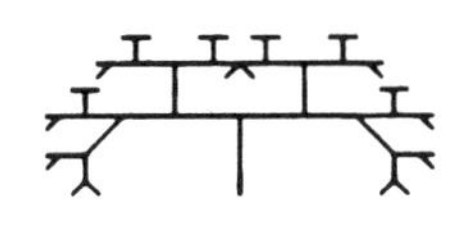
基因 5 +

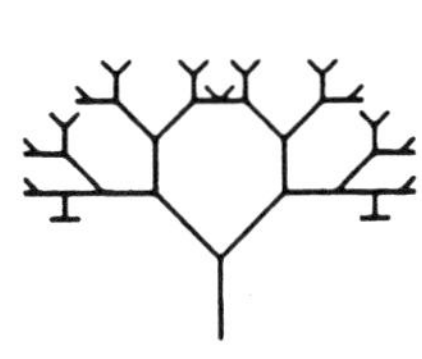
基因 7 -

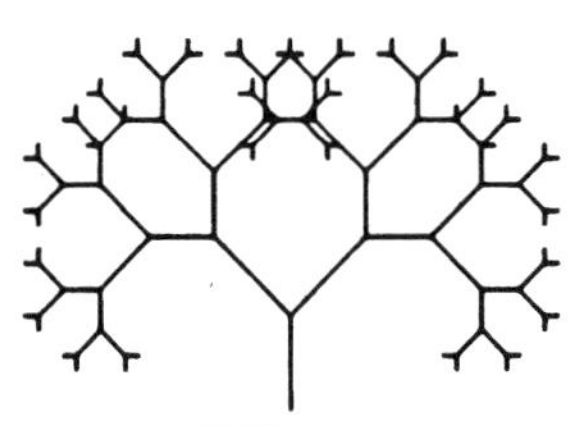
基因 9 +

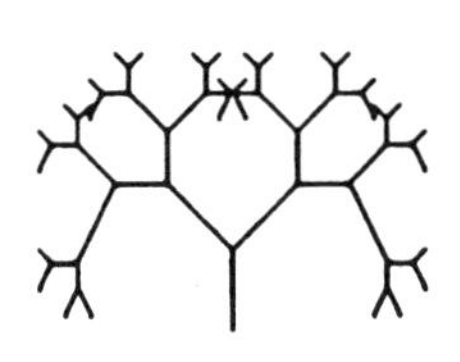
基因 7 +

圖三

這些樹每一棵都有獨有的「基因式」——九個基因的數值。我沒有把圖三每棵樹的「基因式」寫出來，因爲基因式本身對各位不會有任何意義。眞正的基因也一樣。基因是合成蛋白質的「食譜」，蛋白質直接參與各種生理過程，換言之，基因必須「翻譯」成胚胎的發育規則，才能造成觀察得到的結果。同樣地，在電腦模型中，九個基因的數值只有在翻譯成枝杈模式的發育規則時，才對我們有意義。要是兩個個體只有一個基因有差異，比較這兩個個體的身體，對於這個基因的功能就能有個大致的理解。例如圖三中間那一列，對於「基因五」的功能就透露了有用的訊息。

這也是正宗的遺傳學方法。遺傳學家通常不知道基因影響胚胎發育的方式。他們也不知道任何動物的完整基因式。（**譯按，即使細胞核DNA的全部鹼基序列都清楚了，也未必找到完整的基因組。**）但是兩個成年個體若已知只有一個基因有差異，遺傳學家比較它們的身體就可以觀察到那個基因的作用。當然，實況更爲複雜，因爲基因的功能有複雜的互動，整體無法簡化成「所有基因的總和」。電腦裡的樹也一樣。下面我會舉出一些圖案，讀者會發現：支配它們發育的基因，作用方式與生物的基因非常相像。

讀者想必已注意到我的枝杈模式圖全是左右對稱的。這是我強加在「發育」（程式）過程的限制。這樣做部分原因是爲了美感，以及精簡基因的數量（如果基因不能在左右兩側產生鏡像效果，那麼每一側都得有基因控制）。此外，我想演化出類似動物的形狀，而大多數動物的身體都是左右對稱的。爲了同樣的理由，從現在起，我不再管這些玩意叫「樹」，我會管它們叫「身體」或「生物形」（biomorphs）。「生物形」是我師兄莫里斯①創造的詞，他的超現實主義繪畫中有些玩意他叫做生物形，因爲它們的形狀模糊地類似動物。那些畫在我鍾愛的事物中有非常特別的地位，因爲其中一幅上了我第一本書的封面。莫里斯宣稱那些生物形在他心裡演化，它們演化的來龍去脈可以在他一系列畫作中尋繹。

閒話休說，言歸正傳，且說電腦生物形，先前我們說到一圈十八個可能的突變形，圖三可以見到八個。由於這一圈裡每個突變形都與中央的生物形只差一個突變步驟，因此把它們視爲中央基本形的子女，是很自然的。於是在我們的電腦模型中，「生殖」就有了著落。我們寫一個小程式再現這種生殖過程，題名「生殖」，然後像「發育」一樣，將它塞入較大的「演化」程式中。

關於「生殖」，有兩點值得注意。第一、不涉及性別；生殖是無性的。因此我將生物形想像成女性，因爲實行無性生殖的物種（例如蚜蟲）幾乎總是女體。第二、我規定一次只有一個基因能夠突變。孩子與母親的差異，限於九個基因中的一個；此外，突變僅限於在母親基因的原始值上加（或減）一。這些只是我任意強加的約定；即使另換一組約定，我們的模型仍然能恰當地模擬生物界的實況。

我們的模型倒是有一個特徵，不能視爲任意的約定，而是一個生物學基本原理的化身。每個孩子的形狀不是直接源自母親的形狀。每個孩子的形狀都是它九個基因的值（影響枝杈角度、距離等等）決定的。每個孩子的基因都來自母親。這正是生物界的實況。身體不會代代遺傳；基因會。基因在身體中，影響身體的胚胎發育。那些基因或者遺傳到下一個世代，或者不。基因的性質不會因爲參與過建構身體的過程而發生變化，可是它們遺傳到下一世代的機會卻可能受身體的影響。成功的身體協助基因進入下一世代，失敗的身體則否。

所以在我們的電腦模型中，我要仔細地分別發育與生殖，將他們寫成兩個不同的小程式。「生殖」將基因值傳遞給「發育」，基因值透過「發育」影響發育規則，此外「生殖」與「發育」互不相干。必須特別強調的是：「發育」不會將基因值回傳給「生殖」，要是會的話，就與所謂「拉馬克主義」（**Lamarckism**）無異了。（請見第十一章）

好了，我們已經寫好兩個程式模組了，叫做「發育」與「生殖」。「生殖」使基因世代相傳，在遺傳過程中基因可能會突變。在每個世代中，「發育」取得「生殖」提供的基因，並將它們逐步翻譯成樹木枝杈，最後在電腦螢幕上展示出一個（生物形）身體的圖案。現在我們可以在一個叫做「演化」的大程式中將這兩個模組組合起來。

「演化」基本上是一個無窮重複的「生殖」過程。在每個世代裡，「生殖」從上一世代取得基因，遺傳到下一世代，但是往往不是原封不動地遺傳下去，有些基因會發生微小的隨機差錯——突變。一次突變不過是在基因既有的值上加一或減一，而且突變的基因是隨機選出的。這就是說，即使每一世代的變化，從量方面說非常微小，經過許多世代後，後裔與始祖之間就會因爲累積的突變而有巨大的遺傳差異。但是，雖然突變是隨機的，世代累積起來的變化卻不是隨機的。每個世代與母親的差異沒有一定的方向（隨機），但是母親的兒女中哪一個有機會將體內的基因遺傳到下一代，不是隨機的。這是達爾文天擇的功能。自然選擇（天擇）的憑準不是基因，而是身體——基因經由「發育」影響過它的形狀。

每個世代，基因除了複製、遺傳（經由「生殖」）之外，還參與「發育」——這個程式依據事先規定好的嚴格規則，將適當的身體圖案畫在銀幕上。每個世代會有「一窩兒女」（下一世代的各個成員）展示在銀幕上。它們都是同一個母親的突變兒女，每個與母親只有一個基因的差異。這麼高的突變率，是電腦模型最不像生物的地方。實際上，眞正基因的突變率往往小於百萬分之一。我讓電腦模型表現高突變率，是爲了讓銀幕上的圖案方便我們的眼睛，人才沒有耐心爲一個突變等上一百萬個世代呢。

在這個故事中，人眼扮演了積極的角色。我們的眼睛會做選擇。我們掃視銀幕上的那「一窩兒女」，選出一個繁殖。當選的就成爲母親，生出自己的「一窩兒女」，一起展示在銀幕上。我們的眼睛在這兒做的，與在繁殖名犬、異卉的脈絡中所做的完全一樣。換言之，我們的模型活脫是一個人擇（artificial selection）模型，而不是天擇。「成功」的憑準不是存活的直接憑準，在眞正的天擇中才是。在眞正的天擇中，要是一個身體擁有存活的本錢，體內的基因也會存活，因爲基因在身體裡。因此，能存活的基因通常是讓身體有存活本錢的基因，兩者的關係如影隨形。

在電腦模型中，另一方面，選擇憑準不是存活，而是迎合我們口味的潛力。這可不一定非是閒閒美代子的無厘頭口味，因爲我們可以下決心針對某個特定性質持續不斷地選下去，例如「類似垂柳的樹形」。不過，我從經驗中知道，人類選擇者往往口味不專、見異思遷。其實，在這一方面某些種類的天擇也未遑謙讓。

我們從螢幕上這一窩裡選出一個繁衍下一代，就按鍵讓電腦知道。中選的個體將體內基因交給「生殖」，新的世代就開始繁衍了。這個過程可以不斷地反覆，就像實際的演化一樣。生物形的每個世代與前後世代，差異只有一個基因的一個突變步驟。但是一百個世代後，突變累積了一百個，模樣的變化就說不準了。而經過這一百個突變，模樣可變的地方太多了。

我寫好「演化」程式，第一次跑的時候，做夢都想不到變化可以大到那個程度。讓我驚

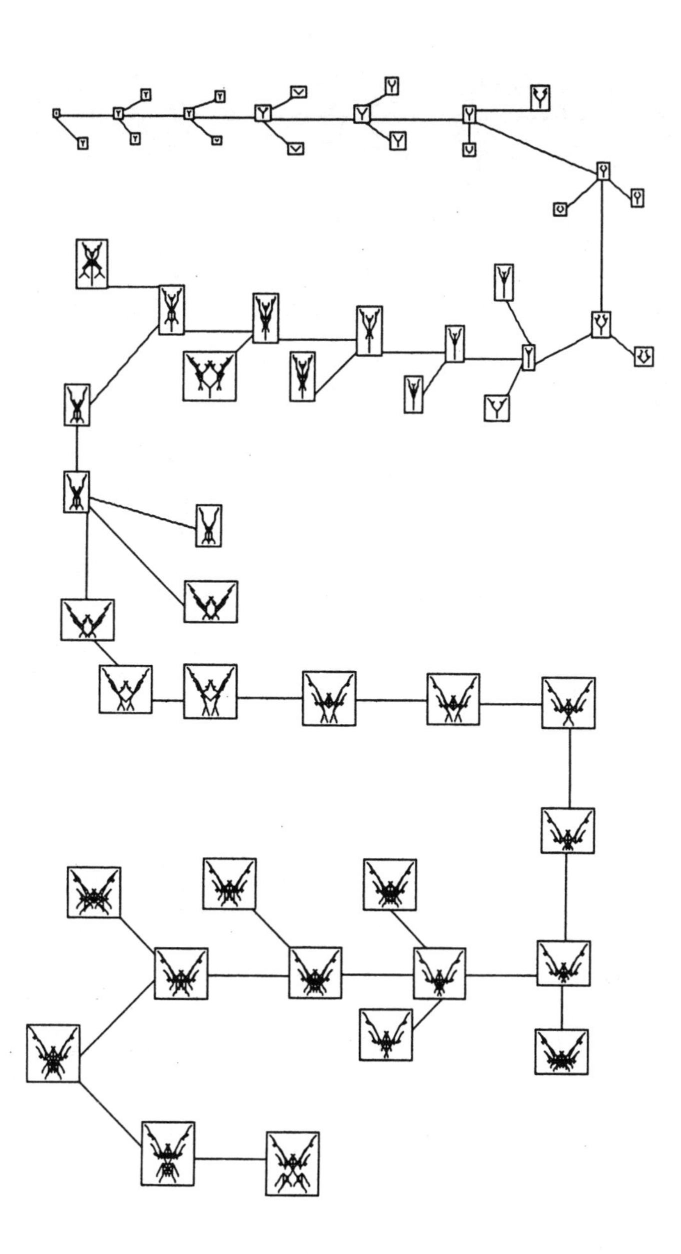

圖四

訝的主要是：生物形很快就看來不像樹了。基本的二分分枝結構一直沒變，但是很容易讓彼此交錯、再交錯的線段遮掩住，造成密實的顏色塊（印表機只能印出黑色與白色）。圖四的演化史只包括了二十九個世代而已。始祖只是一個渺小的傢伙，一個實心墨點——英文用的句點。雖然這老小子的身體只是一個墨點，像個太古濃湯中的細菌，它體內卻有分枝發育的潛力，能夠發育成圖三中央的基本形：它體內「基因九」的值是〇（意思是分枝〇次），所以才只是一個點。圖四中所有「生物」都源自「點始祖」，但是為了不讓這一頁看來擁擠不堪，我沒有把它所有的苗裔都印出來。每一世代除了成功的那一位，只印出一位至兩位失敗的姊妹。所以圖四只代表一個演化世系的主幹，在我的美感引導下演化。主幹每一個演化階段圖上都有。

讓我們簡短地回顧圖四的頭幾個世系。墨點在第二代變成一根Y形樹杈。在下兩代這根樹杈變大了。然後兩根枝杈有了弧度，整根樹杈像是製作精良的彈弓。第七代，兩根枝杈的弧度加大了，幾乎互相碰觸。第八代，樹杈變得更大了，有弧度的枝杈每根都新增了一對小枝杈。第九代，這些小枝杈消失了，彈弓的柄變長了。第十代，看來像一朵花的剖面；帶弧的主枝杈像合圍著一根中央枝或「柱頭」的花瓣。第十一代，同樣的花形，只是更大、更複雜些。

我不再這樣敘述了。你看圖就行了，一直看到第二十九代。請注意每一代的姊妹之間只有微小的差異，它們與母親的差異同樣地小。由於它們每一代都與母親有微小差異，因此我們預期它們與外祖母（和外孫）的差異會稍大一點，與外曾祖母（外曾孫）的差異更大一點。這就是累積演化的要義——即使我們提升了突變率，讓演化以不切實際的速率向前狂奔。因為演化速度快得不符實際，所以圖四看來像物種的系譜，而不是個體的系譜，但是原則（累積演化）是一樣的。

當初我編寫這個程式，除了各式各樣類似樹的形狀，完全沒有想到它會演化出其他的東西。我期待見到垂柳、黎巴嫩杉、隆巴地楊樹（Lombardy poplars）、海草，也許還有鹿角。我身為生物學家的直覺，加上二十年編寫電腦程式的經驗，以及最狂野的夢境，都不足以讓我產生足夠的心理準備，實際在銀幕上出現的圖案令人出乎意料。在枝杈模式的演化過程中，我不記得什麼時候腦海裡突然浮現一個念頭：何不試試演化出類似昆蟲的圖案！就這麼著，這個無厘頭點子驅使我一代又一代地挑出任何一個看來像似昆蟲的孩子繁衍下去。相似的程度逐步演化，不可思議的感覺也在心頭逐步滋長。

讀者可以在圖四下方看見最終的產物。我承認，它們有八隻腳，像蜘蛛而不是六足的昆蟲，即便如此，你看它們多像昆蟲啊！我第一次看見這些精緻的電腦創造物在我眼前出現，欣喜雀躍，難以自已，直到現在仍然無法平復。我記得當時心中響起了宣示勝利的「查拉圖斯特拉如是說」起始和絃（李察・史特勞斯一八九六年的作品；一九六八年出品的電影「二〇〇一年：太空漫遊」主題曲）。我無心進食，那天晚上，我一闔眼，「我的」昆蟲就蜂擁而出。

市面上有些電腦遊戲會令玩家產生幻覺，以為自己正在一座地下迷宮中漫遊，這座迷宮非常複雜，但是地理布局明確，在其中玩家會遇見惡龍、半人半牛獸，以及其他神話主角的對手。在這些遊戲中，怪物的數量其實不多。它們全是程式師設計的，迷宮的地理布局也是。在演化遊戲中，無論是虛擬的還是真實的，玩家（或觀察者）在道路不斷分叉的迷宮中神遊，但是可能路徑的數量幾乎是無限的，而且一路上遇到的怪物都不是設計出來的，都是事先不可預測的。我在閉塞的生物形世界中漫遊，一路上遇見了精靈蝦、阿茲特克神殿、哥德式教堂的窗子、袋鼠的畫，有一次還碰上一幅「漫畫」，我居然認得，是牛津大學教授魏金斯（Davis Wiggins，邏輯講座教授，二〇〇〇年退休）！可惜我忘了「蒐集」起來，空留

燕尾
戴帽子的人
登月小艇
精密天平
石蠶
蠍子
貓的搖籃
樹蛙
悍婦
交叉的軍刀
蜂花
有殼的頭足類
昆蟲
狐狸
吊燈
跳蜘蛛
蝙蝠

圖五

回憶。

圖五是我收藏的一部分，全是以相同的方式「培育」出來的。我要強調：這些形狀不是藝術家的創作。它們沒有經過任何加工、修飾。它們全都在電腦裡演化，由電腦畫出來的。人類眼睛的角色，只限於「選擇」——在隨機突變的兒女中挑出一個繁殖，許多世代後，就可以觀察到累積演化的結果。

現在我們手裡有了一個切合實際情況的演化模型了，盲目敲打鍵盤的猴子沒得比。但是生物形模型仍然有所不足。它為我們演示了累積選擇的威力，類似生物的形狀（「生物形」）得以產生幾乎無限的變異，但是這個模型依賴人擇而非天擇。人眼在做選擇。我們可以擺脫人眼，讓電腦根據符合生物界實情的憑準自行選擇嗎？不過這事比預想的困難多了，值得我花一些時間向大家解釋。

要是所有動物的基因組你都一目了然，想選出一個特定的基因式就太容易了。但是天擇並不直接揀選基因，它揀選的是「基因對身體的影響」，就是學者所說的「表型（表現型）效應」（phenotypic effects）。我們的眼睛擅長挑選「表型效應」，家犬、牲口以及家鴿，人類已培育出了許多品種就是明證，要是讀者不嫌棄，不妨把圖五也當做一件證據。為了讓電腦直接選擇「表型效應」，我們得寫一個非常複雜的「模式辨識」程式。市面上的確有這種「模式辨識」程式，電腦用來「閱讀」印刷文字，甚至手寫文字。但是這種程式是尖端軟體，高手才會設計，而且大型、高速電腦才跑得動。不過，即使這種程式我會寫，我的 64k 電腦跑得動，我也懶得動它們的腦筋。「模式辨識」這種工作，還是眼睛與大腦合夥來做比較妥當，畢竟大腦是個擁有一百億神經元的電腦！

讓電腦選擇模糊的一般特徵倒不太難，例如高瘦、短胖，甚至玲瓏有致的曲線、鋒芒、洛可可式的裝飾紋。一個辦法是寫個程式讓電腦記住人類在歷史上青睞過的性質（著眼於它們的「類別」），然後電腦繼續以同樣的憑準挑選未來的世代。但是這算不上模擬天擇。請記住：自然不需要計算能力就能選擇，除了少數例外，例如雌孔雀選擇雄孔雀。在自然中，通常的選擇媒介作風直接、赤裸、又簡單。它是一部陰森的收割機。當然，存活的理由並不單純，難怪天擇能夠創造出極為複雜的動物、植物。但是死亡卻是粗陋、簡單的。在自然界，在眾表現型中做選擇，只要透過「非隨機死亡」就成了。表現型一旦選出，也等於選了它體內的基因。

若要電腦以有意思的方式模擬天擇，我們就該忘記洛可可式的裝飾紋與所有以視覺定義的特徵。我們應該致力於模擬「非隨機死亡」。在電腦裡，生物形應與一虛擬的惡劣環境對抗。它們是否經得起環境的折騰，應與它們的形狀有因果關連。理想上，惡劣的環境應包括其他的生物形——獵食者、獵物、寄生蟲、競爭者，大家都在物競天擇，自求多福。舉例來說，獵物與獵食者之間的鬥爭，勝負與它們的形狀特徵有因果關連。換言之，有些獵物由於體型的特徵，易於逃過遭獵殺的命運。

可是什麼樣的體型特徵能協助個體逃過劫數，或讓個體易遭劫數，不應由程式設計師事先決定。那些判生判死的憑準應該是結果，就像生物形的演化一樣，我們憑後見之明才能發覺。於是符合實情的演化劇就可以在電腦裡上演了，因為條件已經齊備，一場不斷增強的「軍備競賽」（請見第七章）即將發動，至於結局，我不敢臆測。不幸，我的程式設計本領還不足以建構這麼一個虛擬演化世界。

什麼人有這種本領呢？我想電玩店裡「外星人入侵」之類的嘈雜、庸俗動作電玩你一定早已熟悉了，發展那些電玩的程式師就有這種本領。這些程式都在模擬想像的世界。在那個虛擬世界中，有地理情境，通常以三維空間呈現，也有快速移動的時間維度。其中有些物件在虛擬的三維空間中嗡嗡穿梭，在令人難以忍受的嘈雜聲中彼此相撞、相互射擊、互相吞噬。那個虛擬世界甚至逼眞到操弄控制器的玩家都以爲身歷其境，情不自勝。我認爲這種程式設計最高段的產品，就是訓練飛行員或太空船駕駛員的虛擬機了。但是與我們想要模擬的世界與情況相比，這些程式就太小兒科了。我們得模擬一個完整的生態系，獵物與獵食動物在其中演化，然後發展成愈演愈烈的軍備競賽！不過，這是做得到的。要是程式設計高手有意試試身手，與我合作接受挑戰，請與我連絡。

儘管模擬「軍備競賽」目前似乎是不可能的任務，還是有一些簡單得多的事可做，我就打算暑假試試看。我會在花園裡找個陰涼的地方，擺上一部電腦。螢幕要用彩色的。我手邊有個「生物形」程式，其中有幾個基因專門控制色彩，運作的方式就像其他九個控制形狀的基因一樣。我會隨便挑一個看來簡潔、鮮艷的生物形做起點。然後電腦就展示出它的突變子女，整個螢幕上都是，有的顏色不同，有的形狀不同，有的顏色、形狀都不同。我相信蜜蜂、蝴蝶、或其他昆蟲會「造訪」螢幕，牠們「撞擊」螢幕上特定生物形的位置，就表示牠們「看上」了它，「選擇」了它。等到昆蟲訪客超過一定數量之後，電腦就清理螢幕，以最受青睞的那個生物形代表第二世代，繁衍下一世代。於是螢幕上就出現了新一代的突變子女。

我鑾指望經過許多許多世代後，野外的昆蟲能讓花朶在電腦裡演化出來。果眞的話，電腦花朶遭受的天擇壓力與野外的花朶完全一樣——顯花植物的演化驅力正是昆蟲。我的指望可不是一廂情願，事實上昆蟲經常停留在女士衣服上的鮮艷處，科學家也系統地做過實驗，研究昆蟲的色彩癖好。另一個更令人興奮的可能，是野生昆蟲讓類似昆蟲的形狀演化出來。這也有先例可援，絕非我瞎想：蜜蜂就是蜂蘭（*Ophrys apifera*）演化的推手。蜂蘭看來像似蜂后，引誘雄蜂與它交配，藉以傳播花粉。蜂蘭今日的形態是它世代受到雄蜂垂青的累積結果。想像一下，要是圖五中的「蜂花」是彩色的，你會不會以爲它是蜜蜂？

我悲觀的主要理由是：昆蟲的視覺與我們的很不一樣。映像管螢幕是爲人眼設計的，而不是昆蟲的眼睛。因此，雖然我們與蜜蜂殊途同歸，都將蜂蘭看作形似蜂后的東西，蜜蜂可能根本看不見映像管螢幕上的圖像。蜜蜂也許只能看見六百二十五條掃描線而已。不過，這個實驗仍然值得做。我想本書出版時，我就知道答案了。

常聽人說：電腦輸出的結果，不會比你輸入的多。這個說法還有其他的版本，像是：電腦只能做你叫它做的事；因此電腦絕無創意。這些陳腔濫調的確是眞的，可是又當不得眞，這好有一比：莎士比亞一輩子寫過的「字」，也不過是他第一位老師教他寫的那些玩意，不是嗎？電腦跑的「演化」程式是我寫的，可是圖五上的那些圖形都不是我事先構想的。壓根兒我就沒想到它們會出現，因此我認爲說它們「突現」②，挺實際的。沒錯，它們的演化以我的選擇做嚮導，但是每一階段我只能在一小撮隨機突變的樣本中做選擇，我的選擇談不上「策略」，只能說投機、善變、短視。對生物形會演化成什麼模樣，我心無定見，天擇也沒有。

關於這一點，要是你聽我說過一個故事，管保你印象更深刻。話說有一回，我的確試過在跑「演化」程式之前就預設了一個終極目標。不過我必須先來個坦白從寬。即使我不坦白，我想你也猜得到。圖四的演化史是事後重建的。裡面的「昆蟲」不是我第一次見到的那些。當初它們出現在螢幕上，我心頭響起了勝利的號角，可是我無法記錄它們的基因式。它們就在眼前，在螢幕上，而我無法掌握它們，無法解開它們的基因式。我不願把電腦關掉，一直在絞腦汁，希望想出什麼辦法來將它們的基因式記錄下來，結果枉費心機。它們的基因埋藏在內部深處，就像眞實生物的基因。我可以用印表機將它們的軀殼印出來，但是我失去了它們的基因。我立即修改了程式，以後的生物形都能留下基因式供日後查考，可是往者已矣，無從挽回。

於是我開始設法將它們找回來。既然它們演化出來過，難道不能再演化一次？記憶中的和絃縈繞心頭，「我的」昆蟲也揮之不去。我在生物形的國度裡四處漫遊，不知見過多少奇異的生物與物事，無奈過盡千帆皆不是，我沒找到它們。我知道它們必然在什麼地方。我知道它們的演化起點——始祖的基因式。我有它們的「畫影圖形」。我甚至連它們歷代祖先的形貌都有紀錄。可是我不知道它們的基因式。

也許你以爲重建它們的演化路徑很容易，事實不然。理由是：演化世代要是到達某個數目，即使只涉及九個基因，可能的演化系譜也是個天文數字。好幾次我遇上似乎可算「我的」昆蟲的祖先，可是不管我怎麼小心在意地選，以後的演化總不免步入歧途。最後，我在生物形國度裡的演化漫遊總算有了眉目——我又逮著了它們。那種勝利的心情，不亞於我第一次見到昆蟲在螢幕上演化出來。我至今仍不淸楚它們是否就是讓我心中響起「查拉圖斯特拉如是說」起始和絃的那些，還是它們只是趨同演化（見下一章）的產物，只不過形似而已。不過我已經很滿意了。這一次不會再出錯了：我把它們的基因式記了下來，現在我隨時可以讓「昆蟲」演化了。

我承認這個故事有些地方我誇張了一些，但是我有深意。我希望讀者明白的是：即使程式是我寫的，電腦按照指令亦步亦趨行事，螢幕上演化出的動物也不是我規劃的，我很清楚它們的「祖先」是什麼模樣，可是我見到它們時，自己也萬分驚訝。我完全不能控制演化，即便我想讓某個「演化史」重演過一遍，依然無法得逞。好在那些「昆蟲」的祖先每個世代我都列印過，留下了完整的圖像紀錄，然而即使有圖為憑，整個過程仍困難而沈悶。程式師不能控制或預測電腦圖像的演化過程，你覺得困惑嗎？難不成電腦裡有什麼我們難以理解甚至神祕的玩意在搞鬼？當然不是。眞實生物的演化也不涉及什麼神祕玩意。電腦模型可以幫助我們解決這個謎團，並對眞實的演化過程產生有所認識。

我先交代一下，解決謎團的論證大致是這樣的：有一個數目固定的生物形集合，每一個生物形都在一個數學空間中占據一個獨特的位置。它們的位置是永久的，只要知道基因式就能立刻找到它們；而且每個生物形與四周的緊鄰都只有一個基因的差異。因爲我已知道我的「昆蟲」的基因式，我可以隨意複製它們，也可以讓電腦從任何一個生物形朝向它們演化。你第一次以「人擇」演化出新玩意的時候，會覺得那是一個創造的過程。也的確是。但是你實際在做的，只是在「找尋」它們因爲從一個數學意義來說，它們已經在生物形國度的基因空間中各就其位了。我說這的確是個創造的過程，理由是：尋找任何一個特定的生物形極爲困難，只因爲生物形的國度非常非常大，居民幾乎有無限多。在其中，漫無目的、毫無章法地搜尋根本不可行。你必須採取某種比較有效的（有創意的）搜尋策略。

有些人天眞地以爲，會下棋的電腦是暗中試過所有可能的棋步後才落子的。要是他們輸給電腦，這種想法可以令他們好過一點，但是他們的想法完全錯了。棋局的可能棋步，數量實在太大了：在這麼大的搜尋空間中使闖空門的伎倆無異大海撈針。寫一個成功的下棋程式，祕訣在找出有效的搜尋捷徑。累積選擇，無論是電腦模型的人擇，還是眞實世界裡的天擇，是個有效的搜尋方式，它的結果看來就像是有創意的智慧設計出來的。畢竟培里的設計論證著眼的就是那一點。

就技術而言，我們在電腦上玩的生物形遊戲，不過是從早已在數學空間就位的玩意中，搜尋覺得悅目的個體。整個過程讓人覺得像是從事藝術創作。在一個很小的空間中搜尋的話，其中不過小貓三四隻，通常不會覺得像是在創作什麼。孩子玩的找東西遊戲不令人覺得有創意。隨意瞎闖就想找到目標，通常只有在搜尋空間很小的時候才行得通。空間增大後，搜尋方式就得有點章法；空間愈大，章法愈得講究。一旦空間大到一定的程度，有效的搜尋方式就與眞正的創意無從分別了。

電腦生物形模型把這些論點展示得十分清楚，它們在人類的創造過程（例如構思贏得棋賽的策略）與天擇（盲目鐘錶匠）的演化創造之間，構成一座有教育意義的橋樑。爲了了解這一點，我們必須將「生物形國度」發展成一個數學「空間」，四面八方充滿了形態有差異的生物形，它們有秩序地分布排列，各安其位，等待造訪。圖五的十七個生物形，並沒有什麼特殊的安排。但是它們在生物形國度中，都有自己的獨特位置，由基因式決定，四周也圍繞著特定的鄰居。在生物形國度中，它們彼此間都有明確的空間關係。那是什麼意思？空間位置會有什麼意義？

我們談的空間是基因空間。每個動物都在基因空間中有自己的位置。在基因空間中，鄰居都是基因式只差一個基因的個體。圖三中央是基本形，周圍的生物形是它在基因空間中十

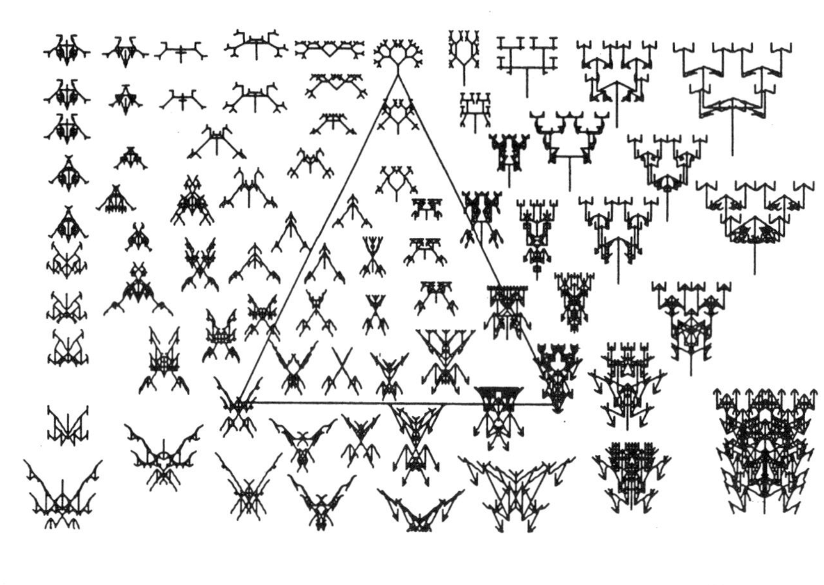
圖六

八個近鄰裡的八個。那十八個近鄰都是它可能生產的子女，它也可能是它們的子女，這都是我們的電腦模型容許的。由那些近鄰向外跨出一步，中央生物形的鄰居就達到三百二十四個（18×18，暫且忽略「朝向祖先方向」的突變）。再跨出一步，鄰居的數量就增加到五千八百三十二個（18×18×18），包括可能的曾祖／曾孫，表／堂兄弟姊妹等等。

爲什麼要談基因空間呢？我們會得到什麼結論呢？答案是：基因空間可以幫助我們了解演化是一個漸進、累積的過程。根據電腦模型的規則，每一個世代只能在基因空間中移動一步。自始祖起經過二十九個世代，落腳的位置不可能距始祖二十九步以上。每一部演化史都是基因空間中一個特定的路徑，或叫「軌跡」。舉例來說，圖四所記錄的演化史就是基因空間中一個特定的蜿蜒軌跡，連結一個點與一隻昆蟲，中間經過了二十八個世代。我以比喻的方式說我在生物形國度裡「漫遊」，指的就是這個。

本來我想將這個基因空間以一張圖畫來呈

現。我遭到的問題是：圖畫是二維空間。生物形居住的基因空間不是二維空間。它甚至不是三維空間，而是九維空間！（一談到數學，千萬記住別害怕。數學沒那麼可怕，儘管有時數學家會教你覺得數學難得不得了。每一次數學難著我了，我都會想起電機工程大師湯普森（Silvanus Thompson, 1851-1916）在《樂意微積分》（*Calculus Made Easy*）中的箴言：「要是一個傻子會做，每個傻子都會。」）

要是我們能夠畫出九個維度，就能以每個維度對應一個生物形基因組的基因。每個特定動物的位置，就說蠍子或蝙蝠或昆蟲好了，都能在基因空間中以它的基因式定位。演化變化就是在這九維空間中一步一腳印地創造出來的。兩個動物的遺傳差異，從一個演化成另一個所需的時間，以及演化的困難程度，都可以用它們在這九維空間中的距離來表示。

可是我們沒有辦法畫出九維。我想找一個辦法來湊合，就是用一張二維的圖（平面圖）來表達在（九維）基因空間中從一點移動到另一點的感覺。有許多辦法都能達到這個目的，我挑了一個我叫做「三角形」的。請看圖六。三角形以任意挑出的三個生物形為頂點。頂上那個是基本樹形，左邊是「我的」昆蟲中的一個，右邊的沒有名字但是我覺得它很好看。它們每一個都有獨特的基因式，與所有生物形一樣，基因式決定了它們在（九維）基因空間中的位置。

這三角形在一個（二維）平面上，這個平面是（九維）基因空間的一個切面（一個傻子會做的，每個傻子都會）。這個平面就像一片插入一個果凍的平板玻璃。玻璃表面上畫著一個三角形，以及憑基因式剛好位於玻璃面上的生物形。「憑基因式」是什麼意思？這就要談談位於三角形三個頂點上的生物形了。我們管它們叫「錨地」。

記得嗎？我們談基因空間中的「距離」，指的是遺傳上相似的個體是「近」鄰，遺傳上相異的個體是「遠」親。在這一個特定平面上，三個「錨地」是計算所有距離的參考點。這

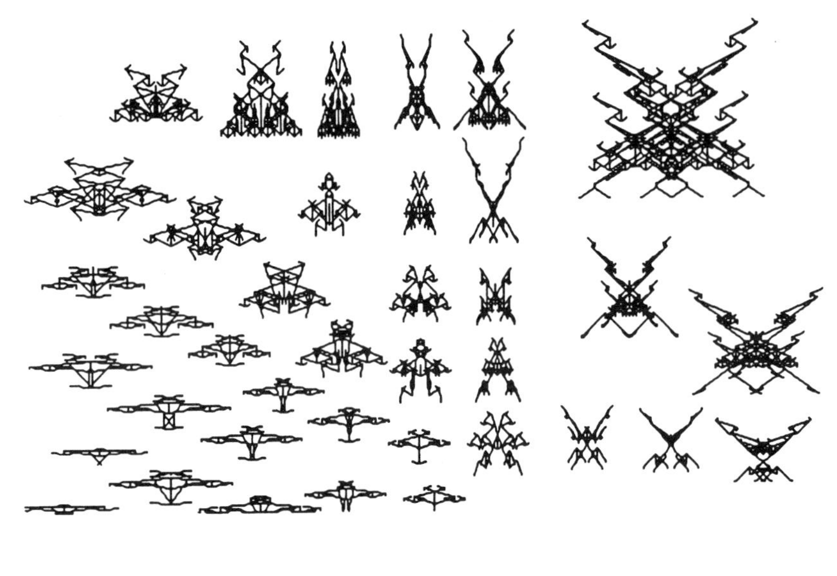

圖七

片玻璃上的任一點，無論在三角形之內還是之外，基因式的計算方式都是求得三個「錨地」生物形基因式的「加權平均數」。我想你已經猜到「加權」是怎麼做的。就是以那個點到三個「錨地」的距離來加權的，精確地說，是它與三個「錨地」的接近程度。因此，那個點愈接近昆蟲就愈像昆蟲。要是你向樹的方向看去，就會看見生物形的昆蟲模樣逐漸消失，反而愈來愈像樹。當你的視線停留在三角形的中心，那兒見到的動物都因爲三個「錨地」的影響表現出不同程度的「遺傳夾纏」。

但是以上的說明對三個「錨地」生物形頗有抬舉過當之嫌。電腦的確利用它們計算平面上任一點的基因式，無可否認。但是，在這個平面上任取三點都能完成這個任務，算出相同的數值。因此圖七中，我就不畫出三角形了。

圖七與圖六是同樣的圖，只是另一個平面罷了。同一隻昆蟲仍是三個「錨地」之一，只是這會兒它在右手邊。其他兩個「錨地」是「悍婦」（二次世界大戰期間的英國海軍飛機）與蜂花，圖五上都有。在這個平面上，你也會

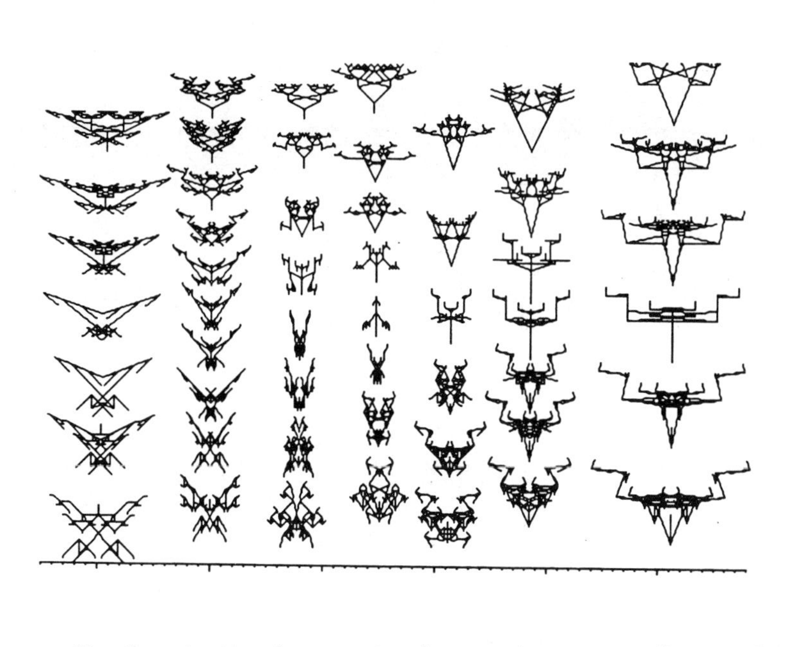
圖八

注意到：近鄰比遠親看來相似得多。例如「悍婦」就位於一中隊類似機種之間，它們正以編隊飛行。由於昆蟲位於兩個平面上，你可以想像兩個平面相交，其間有一夾角。

我們的方法因爲除去了三角形而有所改進，因爲三角形岔開了我們的注意力。三角形過度凸顯了處於「錨地」位置的三個生物形。不過我們的方法還得進一步改進。圖六與圖七中，空間距離代表遺傳距離，但是比例都扭曲了。縱座標的比例尺與橫座標比例尺未必對應。爲了修正，我們必須愼選當作「錨地」的生物形，使它們彼此的遺傳距離都相等。

圖八就是修正後的結果。三角形同樣沒有畫上。三個「錨地」是圖五中的蠍子，同樣的昆蟲（又來了），以及頂上說不出名堂的一個玩意。這三個生物形彼此相距三十個突變（遺傳距離）。換言之，任何一個都可以演化成另外兩個，一樣地容易。任何一個要演化成另外一個，至少要需要三十個遺傳步驟。

圖八下緣的標尺，標上了遺傳距離的單位——基因。它可以看作一把遺傳尺。這把尺不

只能用在水平方向。你可以將它向任何方向傾斜，測量平面上任一點與另一點的遺傳距離，以及所需的最低演化時間（讓人懊惱的是：在圖八的平面上，這並不確實，因爲列印的印表機會扭曲比例，但是由於扭曲的比例很輕微，不値得計較。不過，要是你使用圖八的標尺，記住：你得到的讀數並不精確）。

這些切入九維基因空間的二維平面，讓我們多少可以體會「在生物形國度中漫遊」的意思。若要更實際些，你得記住演化並不局限在一個平面上。在眞正的演化旅途上，你隨時可能從一個平面掉到另一個平面上，例如從圖六的平面掉到圖七的平面上（在那隻「昆蟲」附近，因爲兩個平面在那裡相交）。

我說過圖八的「遺傳尺」讓我們能夠計算一點演化到另一點需要的最短時間。就我們的模型而言，這是正確的，因爲我們的模型內建了嚴格的演化規則，但是我想強調的是「最短」這個形容詞。由於昆蟲與蠍子相距三十個基因單位，從昆蟲演化成蠍子只要三十個世代，要是一步都不錯的話。可是「一步都不錯」談何容易，你得知道目標的基因式，想出前進的路徑，並有「按表操課」的能力。這些機會（知道目標的基因式，想出前進的路徑），在生物演化中完全不存在。

現在我們可以用生物形模型討論先前以「猴子敲出莎士比亞作品」建立的論點了，那就是：漸進、逐步的變化是演化的關鍵，純機運事件不是。首先我們要改變圖八下方的標尺單位。距離不再是「（演化過程中）必須改變的基因數目」，而是「（完全憑機運）一次就能跳躍過該距離的機率」。爲了方便討論，我們得先軟化一條電腦模型的內建規則，最後讀者會了解爲什麼我一開始要設計那條規則。那條規則是：子女與父母的差異只限於一個基因。每一次只有一個基因可以突變，而且這個基因的「值」只准加一或減一。這條規則軟化後，突變基因的數目不限，突變值也不限。這樣軟化，實際上的確太過分了，因爲這等於突變值可以是正負無限之間的任意值。要是我們以個位數限定基因的突變值，例如正負九之間，就能恰當地契合我想推演的論點了。

那條規則適當地軟化後，理論上生物形每個世代可能發生的變化，可以是九個基因的任意組合。還有，每個基因的突變值也有許多可能，只要是個位數就可以了。這有什麼意思呢？是這樣的，理論上這麼一來演化就是可以跳躍的：任何世代都可能在生物形國度中從一點跳到另一點。不只是一個平面上的另一點，而是整個九維超空間中的另一點。舉例來說，要是你想從昆蟲一步就演化成圖五中的狐狸，辦法如下：在基因一至九的值上加上下列數值，-2, 2, 2,-2,2,0,-4,-1,1。但是由於我們談的是隨機跳躍，每一次生物形國度中所有的點都有同樣的機會成爲目標。因此任何一個特定的點（例如狐狸），果眞天降鴻運成爲目標的機率，就很容易計算了。那就是超空間中所有生物形的總數。你一定已經看出來了，我們又要做天文數字的計算了。我們這次有九個基因，每個基因有十九個可能的值（從負九到正九），因此一次跳躍的可能目標有十九的九次方個。總數是半兆，就是五千億。與艾西莫夫的「血紅素數字」比起來寒傖得很，但是我還是認爲它是個「大數字」。要是你開始時是個昆蟲，像個白癡跳蚤一樣跳個五千億下，至少有一次你會跳成狐狸。

這對我們了解眞正的演化有什麼幫助呢？這個模型再一次讓我們體認到「漸進、逐步變化」的重要。有些演化學者不認爲演化需要這種「漸變假定」（**gradualism**）。生物形模型讓我們結結實實地了解「漸進、逐步變化」很重要的理由。說起演化，我們預期那隻昆蟲會跳到它周遭近鄰的位置，而不會一躍就到達狐狸或蠍子的位置。爲什麼？且聽我分解。隨機跳躍果眞發生過，從昆蟲跳到蠍子當然可能。它跳到近鄰的位置一樣可能。它跳到國中任何一個生物形的位置都一樣可能。但是現在問題來了，既然國裡生物形的總數達五千億個，而跳到任一個位置的機率與其他位置的機率完全一樣，於是跳到任何一個特定位置的機率就小到可以忽略的地步。

請注意，假定生物形國裡流行著一股非隨機「選擇壓力」，對我們可沒有幫助。即使國王設立大獎，頒給任何一跳就跳到蠍子位置的幸運兒，也無濟於事。機率仍是五千億分之一（與零相差多少？）。但是，要是你不跳，而是走，一次一步，每一次你恰巧朝正確方向跨出一步的話，就會得到一個小硬幣做爲獎勵，你短時間內就能到達蠍子的位置。最快也要三十步（世代），你不一定那麼快，可是要不了太多時間，是可以肯定的。理論上，跳躍能讓你很快就奪得大獎——一蹴而就。正因爲一蹴而就的機率太低，一步一腳印地前進，每一步都奠基於先前的成就，是唯一的可行之道。

前面幾段的基調很容易引起誤會，我非得消毒不可。我舉的例子是從昆蟲演化到蠍子，好像演化是針對某個遙遠目標（例如蠍子）前進的過程。這個問題我們已經討論過，演化從來不是個有目標的過程。但是如果所謂目標就是「任何能增進生存機會的條件」，我的論證仍然有效。如果一個動物有子女，它至少有本事活到成年。它的突變子女可能本事更大。但是如果子女的突變規模很大，遺傳空間中的親子距離拉得很開，子女因此擁有更大本領的機率有多大呢？答案是：很低，非常低。

至於理由，我們在討論生物形模型時已經討論過了。要是突變的規模很大，可能的跳躍目標就會是個天文數字。而我們在第一章討論過，因爲死掉的方法比活著的方法多得多，在遺傳空間中隨機長距蹦跳，顯然是穩健的找死之道。在遺傳空間中即使短距蹦跳，都很可能闖入鬼門關。但是跳越的距離愈短，死亡的機率愈低，改善本領的機率愈高。我們會在另一章回到這個主題。

那就是我想從生物形模型捻出的教訓。我希望讀者不會覺得太抽象。另有一個數學空間，充斥了有血有肉的動物，每個都由幾十億個細胞組成，每個細胞都包含幾萬個基因。這不是生物形空間，而是真正的基因空間。地球上生存過的真實動物，比起理論上可能生存的動物，數量簡直微不足道。這些真實動物都是基因空間中演化路徑的產物，真實的演化路徑數量很少。動物空間中大多數理論路徑都產生不可能生存的怪物。真實動物分布在理論怪物之間，這兒一些、那兒一些，在基因超空間中每個都有自己獨特的位置。每個真實動物周遭的一小撮鄰居位置，大部分從沒有給真實動物塡充過，但是有一些有，是它的祖先、苗裔、旁支親族。

在這個巨大的數學空間中，人類、鬣狗、變形蟲與土豚、扁蟲（如渦蟲）與烏賊、多多鳥與恐龍都有特定位置。要是我們有高明的基因工程技術，理論上我們就可以在動物空間中任意移動。我們就能在基因迷宮中逍遙自在，從任何一點出發都能找到抵達多多鳥（幾百年前滅絕）、霸王龍（中生代之末滅絕）與三葉蟲（古生代之末滅絕）的路徑（也就是重新創造牠們）。我們必須知道的，不過是哪些基因必須修理，染色體哪些片段要複製、顚倒、或者「刪掉」。我不大相信我們會有那麼完整的知識來幹這檔事，但是這些令人著迷的滅絕動物，是那個巨大基因超空間中的永久居民，牠們躲在自己的私密角落裡，只要我們有正確的知識，懂得在迷宮中如何找路，就能發現他們。我們甚至還可能以人擇讓鴿子演化成多多鳥的複本，不過我們得活上一百萬年才能完成這個實驗。但是現實世界的遺憾，可以用想像力彌補。像我一樣沒受過專業數學訓練的人，電腦是想像力的有力盟友。電腦就像數學，想像力不僅因而飛翔，也因而自律自制。

【注釋】

①譯注：莫里斯（Desmond Morris），1928-，一九五四年牛津大學動物學博士。他的《裸猿》（*The Naked Ape*, 1967）當年一出版就轟動，中文譯本有兩個，一是純文學出版社的《裸猿》（民國六十年出版，略有刪節），一是拾穗出版社的《無毛猿》。不過這書在一九七〇年代就過時了。

②譯注：突現（emergence），無法以組成單元預測的系統現象。

第四章

動物空間

Watchmaker

演化從來不是從〇開始的故事，
它必然從現成的東西開始。
以鰩魚的祖先來說，
牠的演化起點必然是類似鯊魚的軟骨魚。

The Blind

眼睛由許多環環相扣的零件組成，構造複雜，設計精妙，難怪培里喜歡拿眼睛做例子，要說它當初並不起眼，經過一系列逐步變化後才形成的，許多人都難以相信，我們第二章已經說過了。現在我們要利用上一章以生物形模型凸顯過的論點，再度討論這個問題。請回答下列兩個問題：

一、人類的眼睛會不會是無中生有、一步登天的結果？

二、人類的眼睛會不會直接源自與它稍有不同的物事X？

問題一的答案很明顯：不會。著毋庸議。答案「會」的贏面，低到難以想像的地步。那等於在基因超空間中奮力一躍，不僅得穿越太虛，還得落點準確。機會渺茫。問題二的答案一樣地明顯：會。不過現代眼睛與它的直接前驅X差異必須很小。換言之，它們在充滿所有可能構造的空間中必須非常接近。要是問題二明白指出了眼睛與那個X的差異程度，因此答案是「不會」的話，我們只需縮小眼睛與X的差異程度，再問一遍問題二就成了。遲早我們會發現一個適當的差異程度，使問題二的答案變成明確的「會」。

X的定義是：很像人類眼睛的東西，正因爲非常相像，只要經過一個變化步驟，就可能變成人類的眼睛。如果你心中有個X的形像，而你覺得人類的眼睛不大可能直接由它演變出來，那只表示你弄錯了X。你可以在心中調整X的形像，讓它逐漸愈來愈像人的眼睛，直到你發現一個你認爲可能直接演變成人類眼睛的X。必然有一個X令你覺得可能，即使你對「可能」的判斷比我的更爲審慎或什麼的。

好了，X找到了，問題二的答案是肯定的，現在我們要針對X問同樣的問題。我們以同樣的邏輯得到同樣的結論：X可能直接由一個稍微不同的X'演變而來，只要一個變化步驟就夠了。很明顯地，我們可以再由X'逆推到X"，如此這般一直逆推下去。等到一長串X都找到了，我們就可以討論人類眼睛從某個頗爲不同的物事演化出來的過程了。只要我們以小步前進，想在「動物空間」中走上很長一段距離，就不會是「不可能的任務」了。於是我們現在可以回答第三個問題了。

三、從現代人類眼睛逆推，經過一系列X，可以達到沒有眼睛的狀態嗎？

我認爲答案很清楚，當然「可以」，只要這個X系列很長很長就成了。也許一千個X你就覺得夠多了，但是如果你需要更多步驟才覺得整個演變平順而自然，不妨假定X有一萬個。要是一萬個還是不夠，十萬個又何妨？當然，時間是個限制因素，你無法無限上綱，要多少X有多少X，因爲每一世代只有一個X。所以這個問題就變成：有足夠的時間繁衍足夠的連續世代嗎？我們無法精確回答究竟需要多少世代。我們確實知道的是：地質時間很長很長。你知道有多長嗎？這麼說好了，我們人類與地球生命始祖的世代距離，數以「億」計，怎麼樣？心中有了譜了吧。就算只有一億個X吧，有什麼東西不能透過一億個微小的變化步驟變成人眼睛的！

到目前爲止，我們以一個多少有點抽象的推論，得到眼睛可以無中生有的結論，因爲我們可以想像一系列X，相鄰的彼此相似，很容易互相演變，可是只要這個系列夠長，X夠多，從沒有眼睛到完美的眼睛就是一個可能而且可以想像的過程。但是我們還沒有證明這一系列X的確可能存在。我們還有兩個問題得回答。

四、我們假定有一系列X可以代表眼睛無中生有的過程，那麼相鄰的X是不是憑隨機突

變就能產生呢？

這其實是胚胎學的問題而不是遺傳學的；它與那個讓伯明罕主教芒特菲（請見第二章）等人擔心的問題完全不同。突變必須能夠改變既有的胚胎發育過程。有些類型的胚胎發育過程很容易朝某些方向變異，其他方向則不易發生變異，這都是可以討論的。我會在第十一章回到這個論題，這兒我只想再度強調小變異與大變異的分別。你假定的變異愈小，X'與X''的差異就愈小，因爲基因突變使胚胎發生那種變化的可能性就愈高。

上一章我們討論過了，從統計學的角度來說，任何特定的大規模突變本質上就比小型突變來得不可能。不論問題四會引發什麼樣的議題，我們至少可以確定任何相鄰X之間的差異愈小，議題就愈沒什麼大不了。我的感覺是：導致眼睛出現的那個演化系列中，要是相鄰X的差異小得可以，那麼必要的突變幾乎必然會發生。畢竟，我們一直討論的都是既有胚胎發育過程的微小量變。記住，無論每一世代的胚胎有多複雜，每個突變造成的變化都可能是微小而單純的。

我們得回答的最後一個問題是：

五、我們假定有一系列X可以代表眼睛從無到有的過程，可是每一個X都能發揮功能，協助主子生存與生殖嗎？

奇怪得很，有些人認爲這個問題的答案是「不能」，而且簡直不必用大腦想就知道。例如希欽（Francis Hitching）在《長頸鹿的脖子》（*The Neck of the Giraffe or Where Darwin Went Wrong*, 1982）裡就持這種論調。基本上相同的字句幾乎任何一本「耶和華見證人」（出版

《守望台》、《警醒》等刊物的教派，發源於美國）的出版品裡都可以讀到，但由於《長頸鹿的脖子》是由一家有名的出版社出版的，因此我以這本書爲例。《長頸鹿的脖子》包含了大量的錯誤，出版前只消請一位生物學研究所的畢業生，甚至主修生物的大學畢業生看一遍，隨手就能挑出。請看希欽的論證：

眼睛要發揮功能，至少得經過下列步驟，彼此完美的協調呼應（同時還有許多其他步驟在進行，但是以下的敘述即使高度簡化了實況，也足以暴露達爾文理論的問題）。眼睛必須乾淨、溼潤，由淚腺與活動眼瞼的互動負責，眼瞼上的睫毛還有過濾陽光的功能。然後光線通過眼球表面一片透明的保護層（角膜），再由晶狀體聚焦後投射到眼球後方的視網膜上。那裡的一億三千萬個感光細胞（桿狀細胞與錐狀細胞）接收到光線後，以光化學反應將光線轉換成電流脈衝。每秒大約有十億個電流脈衝傳入大腦，整個過程仍不十分清楚；大腦接收到訊息後就會採取適當的行動。

用不著說，這整個過程只要任一環節出了些許差錯，就不會形成認得出來的視像，例如角膜不透明，瞳孔沒有擴張，晶狀體混濁（白內障），聚焦機制出毛病等等。眼睛是個功能體，要嘛運轉良好，要嘛就不運轉。因此眼睛怎麼可能以達爾文所說的緩慢、穩定、無限個微小的改善步驟演化？晶狀體與視網膜彼此依賴、缺一不可，它們得同步演化，可是那不但涉及成千上萬個幸運突變，它們還得湊巧同時發生，你說可能嗎？一隻看不見的眼睛能協助主子存活嗎？

這個論證我們應該好好討論，因爲經常有人使用，我猜那是因爲大家都願意相信它的結論。希欽說：「只要任一環節出了些許差錯，就不會形成認得出來的視像，例如，聚焦機制出毛病。」你覺得呢？我打賭帶著眼鏡閱讀本書的讀者約有二分之一，要是你是眼鏡族，請把眼鏡摘下，四周張望一下，你會同意「認得出來的視像無法形成」嗎？如果你是男性，每十二人就有一個色盲。你可能有散光。摘掉了眼鏡，你的視野可能會一片茫然。我就認得一位當今最著名的演化理論家，他很少清潔鏡片，因此我們可以假定他的視野可能一片茫然，但是他似乎活得好好的，而且根據他的自述，他以前喜歡玩一種粗野的遊戲——遮住一隻眼打壁球。要是你的眼鏡掉了，也許會因爲在街上認不出朋友來而得罪人。但是你可能更受不了朋友對你這麼說：「因爲你的視力不完美，你還是閉上眼走路吧，找回眼鏡再張開。」然而那卻是希欽的意思。

希欽還說什麼「晶狀體與視網膜彼此依賴、缺一不可」，好像眞的一樣。憑什麼？我有一個親人兩眼都動過手術摘除白內障。她兩眼都沒有晶狀體。不戴眼鏡的話，她沒法打網球，也無法以來福槍瞄準目標。但是她向我保證：有一個沒有晶狀體的眼睛，比沒有眼睛強多了。你走路不會撞牆，也不會撞到人。要是在野外，這種沒有晶狀體的眼睛無疑可以讓你察覺悄悄逼近的獵食獸身形，以及它的逼近方向。我們可以想像，在原始世界中，有的動物眼睛沒有晶狀體，有的動物根本沒有眼睛，眼睛沒有晶狀體的動物享有的便利，沒有眼睛的動物門兒都沒有。X既然出現過一個連續變化系列，我們認爲視像銳利程度每一次微小的改良——從模糊一片進步到完美的人類視覺，都能提升生物的存活機率，應屬合理推測。

希欽還引用了美國哈佛大學著名古生物學（與科學史）教授古爾德①的話：

「百分之五的眼睛有什麼用？」好問題！我們不直接回答這個問題，我們會論證：這種原始階段的眼睛一開始不是視覺器官。

古代動物的「眼睛」要是功能只有現代眼睛的百分之五，它們也許眞的拿它頂別的用途，不當做「視覺器官」。但是我覺得就算用它來「看」，百分之五的眼睛頂百分之五的視覺，也不是不可能的。事實上我不認爲這個問題問得好。任何動物即使視力只有我們眼睛的百分之五，都占許多便宜，比一點視力都沒有好多了。甚至百分之一都好。百分之六比百分之五好，百分之七比百分之六好，如此這般，在這個連續漸變系列中，總是後出轉精，讓「主子」過得好些。

這類問題已經讓一些對動物「擬態」有興趣的人感到不安。許多動物受擬態保護，躲過獵食者。例如竹節蟲看來像竹枝或細枝，鳥兒沒察覺，就能逃過一劫。葉竹節蟲看來像葉片。許多可口的蝴蝶長得像有惡臭或有毒的物種。這些動物擬態令人印象深刻，天上的雲即使像黃鼠狼，怎麼都比不上。許多例子逼眞的程度比我的電腦「昆蟲」還教人讚嘆。（我的「昆蟲」有八隻腳，記得嗎？眞正的昆蟲只有六隻腳。）眞正的天擇過程有更多世代改進「擬態」的逼眞程度，至少比我的電腦「昆蟲」多百萬倍以上。

竹節蟲與葉竹節蟲的模樣，我們使用「擬態」這個詞來指涉，可是我們並不認爲這些動物有意識地模仿其他東西的模樣，而是天擇青睞給誤認爲其他東西的個體。換言之，竹節蟲的祖先族群裡，凡是看來不像竹枝的，都沒留下後裔。有些學者認爲「擬態」在演化的早期階段不大可能受天擇青睞，德裔美籍遺傳學家戈德施密特②是其中最有名的。就像私淑戈德施密特的古爾德談到「擬」糞堆「態」的昆蟲時所說的，「看來與糞堆只有百分之五的相似程度，會有任何好處嗎？」」由於古爾德的影響力，最近爲戈德施密特「恢復名譽」的言論頗爲時髦，什麼戈德施密特生前就受到打壓啦，戈德施密特有些眞知灼見值得發掘啦等等。且讓我舉個例子，讓大家欣賞欣賞他的論證：

（有人說）……某些個體因爲基因發生突變，恰好長相與某個較不受獵食者青睞的物種相似，因此占了一些便宜。我們必須追問的是：究竟得多相似才能占到便宜？難不成我們必須假定鳥兒、猴子、螳螂的觀察能力異常高明（或者有些聰明傢伙很高明），只要一丁點兒相似都會當眞，自動退避三舍？我想這個要求太過分了。

戈德施密特的立論太不牢靠了，不該耍這種嘴皮子的。觀察能力異常高明？聰明傢伙？讀者會以爲他在說鳥兒、猴子、螳螂因爲給極爲原始的「擬態」騙了，反而占到便宜。戈德施密特應該這麼說：「難不成我們必須假定鳥兒、猴子、螳螂的視力那麼糟（或者有些笨蛋眞的糟到那個地步）？」然而，這的確是個不易解答的難題。竹節蟲的祖先一開始與竹枝的相似程度必然不怎麼樣。只有視力爛透了的鳥兒才會上當，可是現代竹節蟲與竹枝的相像程度實在驚人，連竹枝上的細節都仿冒得維妙維肖。鳥兒必然有絕佳的視力，至少集體來說是如此，才能選擇性地捕食那些「次級品」，迫使竹節蟲的擬態朝完美境地演化。鳥兒這一關憑唬爛絕對矇混不了，不然竹節蟲的擬態絕不會如此完美，我們只會發現擬態只有二三流水準的個體。我們如何解決這個看來難以自圓其說的難題？

有些學者認爲，鳥類的視覺與昆蟲的僞裝是在同一個演化時段裡逐步改進的。也許吧，要是你不介意我輕浮一點，我會說鳥兒百分之五的視覺剛好配蟲子百分之五的僞裝，眞是絕配。但是那不是我想提出的答案。事實上我覺得昆蟲僞裝（「擬態」）的演化，從「不怎麼像」

開始一直發展到完美的地步，速度非常快，而且在不同的昆蟲族群中分別演化過好幾次，在這段期間鳥兒的視力已經達到今日的水準。

其他學者提出的解答如下。也許每一種鳥兒或猴子的視力都很差，牠們對昆蟲感興趣的地方只限於某一面相。也許一種獵食動物只注意顏色，另一種只注意形狀，還有一種只注意質地，等等。於是只在某一方面像一根細枝的昆蟲就能欺騙一種獵食動物，即使其他獵食動物還是不放過牠。演化這麼進行下去，昆蟲的僞裝便出現愈來愈多逼眞的特徵。最後，許多不同獵食動物造成的天擇壓力，合力打造出各方面都極爲完美的擬態。那些獵食動物沒有一個看見擬態的完美全貌，只有我們能。

這似乎意味著只有我們人類夠聰明，才能全方位欣賞昆蟲的精彩擬態。這未免太自命不凡了吧？不過我不接受這個解答，另有理由，那就是：任何獵食動物，即使在某些情況中視力極爲銳利，也可能在其他情況中視力無從發揮。事實上，我們從自己熟悉的經驗就足以體認「視力」不能一概而論，同一雙眼睛的表現，從「不良」到「絕佳」都算正常，視狀況而定。在陽光普照的大白天，鼻尖正前方二十公分的一隻竹節蟲，絕對難逃我的法眼。我會注意到牠的長腿緊挨著軀幹輪廓。我也許會注意到牠的身體呈現的對稱很不自然，眞正的小細枝不會那麼對稱的。但是，要是我在傍晚穿過森林，同樣的眼睛、同樣的大腦可能就無法分辨顏色黯淡的昆蟲與周遭觸目都是的樹枝。昆蟲的影像也許落到我視網膜的邊緣而不是視覺比較銳利的中央。昆蟲也許在一百五十公尺開外，落在我視網膜上的只是一個微小的影像。光線也許很差，我幾乎什麼都看不見。

事實上，昆蟲與樹枝的相似程度不論多麼微不足道，光線、距離，還有注意力等因素，都可能使視力不錯的獵食動物誤判。要是你想到一些例子，覺得怎麼都不可能看錯，請你將光線調暗試試，或者走遠一點再看。我的意思是：許多昆蟲因爲與樹枝、樹葉，或地面的糞粒有一丁點兒相似之處而保全了性命，當時或者牠距獵食者很遠，或獵食者出現時已是黃昏時分，或獵食者隔著霧在看牠，或獵食者看到牠時因爲附近有發情的雌性而分心了。

另一方面，許多昆蟲因爲與小樹枝相似得離奇而保全了性命，因爲獵食者剛好距牠們很近、光線也很好，搞不好是同一頭哩。無論光線的強度、與獵食者的距離、影像在視網膜上的位置，以及類似的變項，重要的是牠們都是連續變項。牠們的測量值分布在「可見」與「不可見」這兩極之間，任何一點都可以是牠們的值。從「可見」與「不可見」，變化是連續的，鄰近的值之間差異可以小到難以察覺的地步。這種連續變項孕育了連續、漸變的演化。

戈德施密特的問題（究竟得多相似才占得到便宜？）原來根本不是問題！（戈德施密特對天擇論有許多不滿，那個問題只是其中之一；他出道後，有很長一段時間都在宣揚一種極端的信念：演化不是個積少成多的累進過程，而是個大破大立的躍進過程。）而且我們再度證明了「百分之五的視覺」也比沒有視覺好。我視網膜邊緣上的視力，也許還不到視網膜中央區視力的百分之五呢。但是我的眼角餘光仍然可以偵測到大卡車或公共汽車。由於我每天騎腳踏車上下班，這個事實也許已救過我的性命呢。下雨天我戴著帽子，要是眼睛沒注意到大卡車或公共汽車，很容易就做了輪下鬼啦。在暗夜中我的視力比起日正當中時，必然百分之五都不到。許多人類祖先在午夜裡也許就仗著能看見緊要東西的視力，才逃過一劫，得以傳宗接代，例如附近的劍齒虎或前頭的懸崖。

我們每個人以自己的切身經驗，例如在暗夜中，都知道從伸手不見五指到一目了然兩者間，其實是一系列連續變化的階級，鄰近階級的差異簡直無從分辨，可是一步一腳印，每前進一步都能享有實質利益。任何人用過可變焦距雙筒望遠鏡，都能體會調節焦距是個連續的漸進手續，向正確焦點推進的每一小步，相對於前一步都能改善視野的清晰程度。逐漸旋轉一架彩色電視機的彩色平衡旋扭，就能發現從黑白到自然彩色事實上是個連續漸變過程。

虹膜控制瞳孔的大小，保護我們的視力不受強光的影響，讓我們在光線微弱時也看得見東西。我們都有夜裡給車頭燈照得暫時失明的經驗，因此可以想像沒有虹膜的滋味。挺不愉快的，甚至危險，對吧？但是眼睛還不至於完全失去功能。現在你知道了吧，「眼睛有許多零件，但是它們不能各自爲政，眼睛是完美的功能體，要不，就一點兒功能都沒有！」（**譯按，意思是：「不完美的」、「不完全的」眼睛不可能「正常運作」。**）去他的，這麼說不只錯了，而且不誠實，任何人只要花兩秒鐘回想自己熟悉的經驗，就不至於這麼說了。

讓我們回到問題五。好吧，人類的眼睛是從沒有眼睛的情況經過一系列漸進變化的X演化出來的。那麼這些X每一個都能充分發揮功能，協助主子生存與生殖嗎？反對達爾文演化論（天擇論）的學者假定答案顯而易見，就是「不能！」這個答案未免天眞了些，我們已經討論過了。可是回答「對的」就很明智嗎？這倒不是顯而易見的，不過我認爲這是正確的答案。看得見一點點比什麼都看不見來得好，用不著多說。但是我還有別的理由。我們在現代的動物中也可以發現各種中間型（過渡型）的眼睛。當然，我不是說這些現代動物的眼睛都眞的代表我們眼睛的祖先型。但是它們的確顯示：中間型的眼睛可以運轉、發揮功能。

有些單細胞動物體表有感光點，點後面有光感色素構成的「屏幕」。這個屏幕攔截（接收）從某個方向射入的光線，動物因此對於光源方位有了「認知」。多細胞動物中，各種不同類型的蠕蟲與一些軟體動物都有類似的構造，但是含有光感色素的細胞位於體表的一個小淺杯中。這種構造利於偵測光線的方向，因爲每個細胞都有感光死角，於是可以分工。從處於一平面上的一小群感光細胞，演化成一個淺杯，再演化成深杯，每一步無論多小，都能改進視覺。現在，要是你手邊已有一個很深的「眼杯」，只要將周緣翻出，就成爲一個沒有晶狀體的針孔相機了。從淺視杯到針孔相機，有一個逐步演進的連續系列。

針孔相機可以形成明確的影像，針孔愈小，影像就愈清晰（但是黯淡），針孔愈大影像愈明亮（但是模糊）。海洋軟體動物鸚鵡螺，很像烏賊，是一種奇怪的動物，身體居住在類似菊石（鸚鵡螺的古生代祖先化石）與箭石（烏賊祖先化石）的殼裡。鸚鵡螺有一對針孔相機眼睛。這對眼睛與我們的眼睛基本上形狀相同，但是沒有晶狀體，瞳孔只是一個小孔，海水可以流入「眼球」裡。

實際上，鸚鵡螺是個謎。牠們的祖先演化出針孔相機眼睛已經幾億年了，牠們一直沒有發現晶狀體的奧祕嗎？有了晶狀體，影像就能既清晰又明亮。我替鸚鵡螺著急，因爲從牠視網膜的構造與功能看來，有了晶狀體之後視力就可以立即改善，而且大大地改善。就像一套身歷聲音響，有一流的擴大機，可是唱盤上的針頭卻是鈍的。這樣的系統只消一個特定的改進手續，就不同凡響。

在基因超空間裡，鸚鵡螺似乎只要跨出一步就能走上一條改進之道，享受立即、明顯的改良利益。可是它沒有跨出這一步，爲什麼？英國蘇色克斯（Sussex）大學的藍德（Michael Land）一直很納悶兒，我也很納悶兒。是因爲必要的突變無法發生，怕鸚鵡螺的胚胎發育過程經不起那樣的折騰？我不相信，可是想不出更好的解釋。至少鸚鵡螺更凸顯了我們的論點：沒有晶狀體的眼睛比沒有眼睛好。

有了眼杯之後，在針孔上覆蓋一層物質，只要性質有一點像晶狀體，都能改善影像，幾乎任何凸圓的、透明的，或半透明的都成。晶狀體的功能是：收集它表面上的光線，聚焦後投射在視網膜較小的面積上。只要粗糙、原始的晶狀體出現了，就有連續、累進改善的機會，厚一點、透明一點，減少影像扭曲的程度等等，這個趨勢會止於至善，也就是我們一眼就認出的眞正晶狀體。

烏賊與章魚是鸚鵡螺的親戚（三者都屬軟體動物頭足綱），牠們的眼睛都有眞正的晶狀體，與我們的很像，不過牠們的祖先是獨立演化出整套「照相機—眼睛」的。根據藍德的推測，眼睛使用九種基本原理（機制）形成影像，在生命史上大部分都獨立演化過好幾次。舉例來說，鸚鵡螺的眼睛使用「碟形反射板」機制，與我們的「照相機—眼睛」完全不同，可是這種機制許多不同的軟體動物與甲殼類（節肢動物）分別「發明」過好幾次。（我們建造無線電望遠鏡與最大的光學望遠鏡，也使用這種機制，因爲大型鏡面比大的透鏡容易製造。）其他的甲殼動物擁有類似昆蟲的複眼，就是一大堆微小眼睛的集合體，還有一些軟體動物，我們前面說過，擁有與我們一樣的「照相機—眼睛」，或是針孔相機眼睛。這些不同類型的眼睛，每一種都可以在現生動物中找到可算是「過渡」階段的形式，而且都能發揮功能。

反演化論的宣傳資料中，充滿了所謂的例子，證明「複雜的系統無法透過漸進的過渡型演化出來」。不過從另一個角度來看，它們往往只不過是我們第二章談過的「我就是不能相信！」論證，毫無價值。例如《長頸鹿的脖子》討論過眼睛之後，繼續討論投彈手甲蟲（bombardier beetle）：

（這種甲蟲）朝敵人面龐噴出一種致命的混合液體，含有對苯二酚（hydroquinone，譯按，美白化妝品的主成分）與過氧化氫（即消毒用的雙氧水）。這兩種化學物質一旦混合就會爆炸。為了在體內安全地儲存它們，投彈手甲蟲演化出了一種化學抑制劑，使它們和平共存。甲蟲從尾巴噴射毒液的那一刻，加入抗抑制劑，使混合液恢復爆炸性質。這個精妙的複雜、協作過程如何演化？以一系列簡單的生物步驟就能完成嗎？我認為完全不成。因為所涉及的化學平衡只要出了微小的差錯，甲蟲就會爆炸。

我找一位生物化學的同事要了一瓶雙氧水，以及分量相當於五十隻投彈手甲蟲體內的對苯二酚。現在我就要將它們混合。根據前面的引文，混合液會炸到我的臉上。我已經將它們混合了……。

哈哈，我還坐在這兒。我剛剛將雙氧水倒進對苯二酚裡，什麼都沒有發生。混合液甚至沒有發熱。我當然知道這麼做不會有事：我才不是傻瓜呢。什麼「對苯二酚與過氧化氫……這兩種化學物質一旦混合就會爆炸」，根本是狗屎！儘管創造論信徒輾轉傳鈔，也沒有成真。（咦！不是謊言說一百遍就會成真嗎？）對了，要是你對投彈手甲蟲真的發生了興趣，告訴你真相也不妨。

沒錯，這種甲蟲會噴出灼熱的毒液對付敵人，正是對苯二酚與過氧化氫的混合液。但是對苯二酚與過氧化氫不會發生劇烈的反應，除非加入一種催化劑（觸媒）。投彈手甲蟲做的就是這事。至於這個毒液系統的演化前驅，無論過氧化氫還是對苯二酚家族，在甲蟲體內都有其他用途。它們的祖先不過「徵用」了兩種體內早已存在的化學分子，開發出它們的新用途。通常演化就是這麼回事。

《長頸鹿的脖子》討論投彈手甲蟲的那一頁，有這麼一個問題：「半個肺……有什麼用？天擇會掃除配備這些怪玩意兒的生物，而不是揀選它們。」一個健康的成人，每一側的肺都有三億個氣泡，位於分枝氣管系統中每一根支氣管的尖端。這些支氣管的建構方式，與第三章圖二最下方的生物形很像。在那幅樹形圖裡，樹枝分枝的次數是八，由「基因九」決定。所以樹枝尖端的數目共有二的八次方，就是兩百五十六個。圖二由上到下，樹枝尖端逐個加倍。只要連續加倍二十九次，就能達到三百億。請留意：從一個單獨肺泡到三百億個微肺泡，有一個連續階級可以攀登，每分枝一次就登上一級。這個變化可以用二十九次分枝完成，我們可以天眞地將這個過程想像成在基因空間中，堂堂地走上二十九步。

在肺裡，氣管不斷分枝的結果，就是表面積超過六十平方公尺。面積是肺的重要變項，因爲面積決定了肺吸收氧氣、排出二氧化碳的速率。讀者想必已經看出來了，面積是個連續變數。面積不是那種全有或全無的東西。面積是可以多一些或少一些的東西。肺比大多數東西還要容易逐步漸變，從〇一直到六〇平方公尺。

許多病人動手術切除一側的肺，仍然能四處走動，有些人肺表面積只剩下正常人的三分之一。他們也許能走，但是不能走遠，也不能走得很快。那正是我想提醒讀者的地方。逐漸減少肺的表面積對存活的影響，不以「全有或全無」模式表現。病人走路的能力會受影響，可是影響力以一條連續平滑的上升曲線顯現，與切除面積成比例。也會以同樣的模式影響預期餘命；並不存在一個臨界值，只要低於它就會送命。一旦肺的表面積低於理想值以下，死亡的機率就會大增，可是增加的模式仍然是逐步的，而不是躍進式的。（肺的表面積高於理想值的話，死亡風險也會增加，但是理由不同，與生理系統的經濟規模有關，這裡不贅述。）

我們幾乎可以確定，最早演化出肺臟的祖先，是生活在水中的。我們觀察現代魚類，可以得到一些線索，想像牠們當初是怎麼呼吸的。大多數現代魚類在水中以鰓呼吸，但是許多魚生活在泥濘的沼澤中，必須到水面上直接吸入空氣。牠們嘴裡的內腔可以勉強充作肺，有時內腔增大，成為富含血管的呼吸囊。我們前面已經討論過了，一個單獨的呼吸囊只要不斷地分枝下去，就能發展成一個含有三億氣泡的分枝系統，像我們正常人的肺一樣，也就是說，想像一個內腔與三億個氣泡系統之間有一個連續的X系列，並不困難。

有趣的是，許多現代魚類保留了當初那個單獨的內腔，賦予它完全不同的任務。雖然它當年一開始扮演的是「呼吸器」，卻在演化過程中變成鰾。鰾是非常巧妙的裝置，功能像水位計，使魚兒能在水中一直保持平衡。動物體內要是沒有空氣囊，一般而言就會比同體積的水稍重一些，所以會沈到水底。鯊魚必須不斷地游動，才不致沈入水中，就是這個緣故。動物體內的空氣囊若很大，像我們的肺一樣，就會浮在水面上。在這兩個情況之間，存在著各種可能性，空氣囊要是大小適中，動物就不下沈也不浮起，而是處於水中固定深度，既穩當又不費力。這是現代魚類（硬骨魚）新演化出來的本領，鯊魚這種古老魚類（軟骨魚）就沒有。現代魚不像鯊魚，不必浪費精力維持身體在水中的深度。牠們的鰭與尾巴只需負責前進的方向與速度。牠們也不需要從外界取得空氣注入鰾中，牠們體內有特殊的腺體製造氣體。現代魚以這些腺體與其他方法準確地調節鰾裡的氣壓，精確地維持身體在水中的平衡。

有幾種現代魚可以離水而居。最極端的例子是印度攀鱸（Indian climbing perch），幾乎不必回到水中。牠獨立演化出一種不同的肺——圍繞著鰓的氣囊。其他的魚基本上仍是水棲動物，但是會登陸做短暫的停留。我們的祖先大概也這麼幹過。牠們的登陸活動值得一談，因爲登陸的時間可以連續變化，從永久到零。

要是你是一條魚，主要在水中生活、呼吸，偶爾登陸冒險一回，也許只是在乾旱時期不甘坐以待斃，所以「走出去」，從一個泥坑轉進另一個泥坑，要是你有半個肺，甚至百分之一個肺，生機都能提升。你的肺究竟原始到什麼程度都沒有關係，重要的是：那個肺可以讓你在陸上生存得久一點。時間是連續變數。水中呼吸與空氣呼吸的動物並沒有截然的區別。不同的動物或者花百分之九十九的時間在水中，或者百分之九十八、百分之九十七等等，直到百分之〇。這一路上，肺的面積哪怕只增加一點點都能增加存活的能力。這是一條連續、漸進的道路。

半個翅膀有什麼用？翅膀怎麼開始演化的？許多動物從一棵樹跳到另一棵樹，有時跌落地面。特別是小動物，可以用整個身體表面兜住空氣，協助牠們穿梭樹間，或者阻止跌勢。任何增加身體表面積與重量比例的趨勢都有幫助，例如在關節處長出一片皮膚褶。於是朝向滑翔翼演化的一系列連續、漸變的X就有可能出現了，這整個演變的終點就是可以上下撲動的翅膀。用不著說，最早擁有原始翅膀的動物有些距離跳不過。同樣用不著多說的是：無論原始的翅膀有多原始、多粗陋，只要能增加身體的表面積，就能協助主子跳過某個距離，而沒有翅膀硬是跳不過。

另一方面，要是原始翅膀的功能是阻止動物的跌勢，你不能說：「除非那翅膀達到一定尺寸，否則一點用也沒有。」我們已經討論過了，最初的翅膀無論是什麼德行都不重要。世上必然有個高度，沒有配備原始翅膀的個體要是墜落地面，一定摔斷脖子，而配備了的，就能倖存。在這麼一個關鍵高度，任何提升身體表面積的改進（以有效阻止跌勢），都攸關生死。所以天擇青睞那不起眼的原始翅膀。一旦族群中幾乎個個都配備了原始翅膀，決生死的高度就會稍稍提升一點。因此原始翅膀的任何增長都能判陰陽、別幽明。如此這般，教人讚嘆的翅膀終於出現了。

這個連續演化過程，每個階段都可以在現生動物中找到優美的例證。有些青蛙以腳趾間的巨蹼在空中滑翔，樹蛇以扁平的身子兜住空氣，阻止跌勢，還有身體長出皮膚褶的蜥蜴；好幾種不同的哺乳類以上下肢之間的皮膜滑翔，我們因此可以遙想當年蝙蝠的飛膜是怎麼開始演化的。世上不僅常見「半個翅膀」，四分之一個翅膀、四分之三個翅膀等等亦所在多有，與創造論者所說的正相反。要是我們還記得無論形狀是什麼樣的小動物，往往都能輕盈地漂浮在空氣中，前面討論的「飛行的連續發展階段」就益發令人信服了。因爲動物體積也是個連續變數。

「經過許多步驟累積的微小變化」是極其有力的概念，能夠解釋包羅廣泛的事物，否則它們全都無法解釋。蛇毒怎麼開始演化的？許多動物都會以口齒咬敵自衛，只要唾液中含有蛋白質，一旦進入對手的傷口，就可能引起過敏反應。即使給所謂的無毒蛇咬傷，有些人都可能覺得痛苦不堪。從普通唾液到致死毒液，是一個連續、漸變的序列。

耳朵怎麼開始演化的？只要讓皮膚接觸震動源，任何一片皮膚都能偵測震動。這是觸覺的自然延伸。天擇很容易強化這種感覺，只要逐步增加皮膚的敏感度就成了，最後連最輕微的接觸震動都能察覺。這時皮膚已經十分敏感，空氣傳導的震動，只要強度夠、距離近就能自然地察覺。天擇會青睞特化感官——耳朵——的演化，以這個感官捕捉遙遠震動源發出的空氣傳導震動。我們很容易看出這是一條連續的演化道路，感官的敏感度會逐步、漸進增強。回聲定位的本領是怎麼開始演化的？有聽覺的動物也許就能聽到回聲。盲人往往學習利用這些回聲。哺乳類祖先只要有一丁點這樣的本領，就足夠天擇施展了；天擇錘鍊這個原始的本事，將它逐步、漸進地改善，終於打造成蝙蝠的回聲定位系統。

百分之五的視覺比沒有視覺要好。百分之五的聽覺比沒有聽覺要好。百分之五的飛行效率比不能飛要好。我們觀察到的每一個器官或裝備，都是動物空間中一條連續、圓滑軌跡的產品，在這條軌跡上每前進一步，存活與生殖的機會就增加一分。這個想法完全可信。無論什麼地方我們發現一隻活的動物有個X，X代表一個複雜的器官，不可能在動物空間中憑機運一步就創造出來，那麼根據以天擇爲機制的演化論（達爾文理論），我們可以推論：動物擁有一部分X必然比沒有X要好過；X加多一點點比維持原狀好過；完整的X比九成的X好過。我接受這些命題，毫無困難，無論X是眼睛；是耳朵，包括蝙蝠的耳朵；是翅膀；是以僞裝或擬態自保的昆蟲；是蛇的上下顎；是刺；或是布穀鳥利用其他鳥種爲自己孵育幼雛的習慣；總之，所有反演化論文獻中用來駁天擇論的例子。

我也同意：對許多可以想像的X，上面的斷言並不成立；許多想像得到的演化路徑上，處於中間階段並不會比前一階段更好。但是那些X在眞實世界中沒有發現過。

達爾文在《物種原始論》（一八五九年十一月第一版）中寫道：

如果世上有任何複雜的器官，不能以許多連續的微小改良造成，我的理論就垮了。

一百四十多年了，我們對動植物的了解比達爾文多得多了，可是據我所知，還沒有發現任何一個這樣的例子。我不相信我們會發現這樣的例子。果眞發現了（它必須是個眞正複雜的器官，而且本書以下各章會討論到，對於「微小」這個形容詞，你必須謹愼），我就不再相信達爾文演化論了。

有時候，逐漸變化的中間階段（演化史）在現代動物的身體上留下了清楚的烙印，甚至以「最終產物一點都不完美」這個事實來提醒我們。古爾德寫過一篇精彩的短論〈貓熊的大拇指〉，將這一點發揮得淋漓盡致：不完美的器官比完美的器官更適合當作支持演化論的證據。我只想提出兩個例子。

生活在海底的魚，要是身體扁、貼近海床，會很有利。生活在海底的扁魚有兩大類，牠們非常不同。一種是鯊魚的親戚，鰩魚與魟魚，牠們的身體也許可以用「毫不出奇的扁平」來形容。牠們的身體向兩側發育，最後形成「巨翅」。牠們就像讓壓路機碾過的鯊魚，可是仍保持身體原來的對稱模式，而且上下的軸線也保留了。鰈魚、鰨魚、大比目魚以及牠們的親戚，是以不同的方式變成扁魚的。牠們都是硬骨魚（現代魚），身體裡有鰾，與鯡魚、鱒魚是親戚，而與鯊魚（軟骨魚）沒有關係。

硬骨魚與鯊魚不同，一般說來，硬骨魚的身體朝縱軸發展。例如鯡魚身體兩側向中央貼近，給人的感覺是牠比較「高」。牠的側面扁平寬闊，是「游泳面」，以頭尾縱軸（脊柱）上的波浪運動推動身體前進。因此鰈魚、鰨魚的祖先到海底生活後，很自然地就以一個側面躺在海床上，而不像鰩魚與魟魚的祖先以腹面貼著海床。但是這樣做引發了一個問題：一隻眼睛永遠向下貼近海床，一點用處都沒有。牠們在演化過程中解決了這個問題：將「底下」的眼睛移到上面來。（譯按，這就是「比目」的由來。）

這個眼睛移位的現象，每一條硬骨扁魚在發育過程中都會重演一遍。幼魚起先在接近水面的地方活動，牠的體態與鯡魚一樣，左右對稱，兩側貼近中央垂直線。然後牠的顱骨開始以一種奇怪的不對稱方式繼續發育，並扭轉過來，於是牠的一隻眼睛，就說是左眼好了，向另一側移動，最後通過顱頂，到達右側。這時幼魚已經到海底生活了，一側身體朝上，兩隻眼睛都在朝上的一面，一副奇怪的德行，像畢卡索的畫一樣。對了，有的扁魚種右側朝下，有的左側，有的左右不拘。

硬骨扁魚的整個頭骨是扭曲、變形了的，因此我們可以推測牠的起源。牠看來一點都不完美，反而是有力的證據，顯示牠是一步一步演變而成的，是特定歷史的產物，而不是有意設計的。任何一位通情達理的設計師，要是有機會從○開始自由創造一條扁魚，絕不會搞出這麼一種怪物來。我猜大部分通情達理的設計師都會以類似鰈魚的形態爲設計的原型。

但是演化從來不是從○開始的故事。它必然從現成的東西開始。以鰩魚的祖先來說，牠的演化起點必然是類似鯊魚的軟骨魚。一般來說，鯊魚與鯡魚之類的硬骨魚不同，不是兩側朝中央靠攏的扁魚。要說鯊魚像個什麼吧，牠可說是上背有點兒貼下腹的扁魚。也就是說，第一批到海底生活的某些古代鯊魚，爲了適應海底的物理條件，以牠們的既有形態而言，很容易走上朝向鰩魚形態演化的途徑，於是經過逐步、漸進的演變，牠們的上背愈來愈貼著下腹，身子愈來愈扁了，海底的條件使這個發展每前進一步都對牠們有利。

另一方面，鰈魚、大比目魚的祖先是像鯡魚一樣的「扁魚」，就是兩側互相貼近的魚，牠們到了海底後，以一側躺在海底，比以（像刀背一般窄的）腹部費力地維持身體平衡省力得多。即便牠的演化之旅注定要抵達牠們今日的模樣——頭骨必須變形，使兩隻眼睛都位於同一側，這是個複雜而且可說費事的過程；即便鰈魚變成扁魚的方式最後證明對硬骨魚而言也是最佳設計，牠演化必經的各個階段比起以身體一側躺在海底的「對手」，至少在短期內並無優勢可言。對手只要因勢利導，只要躺下幾乎就大功告成了。

在基因超空間裡，從自由浮游的硬骨魚到以身體一側躺在海底、頭骨變形的扁魚，有一條平滑的軌跡。可是這些硬骨魚與以腹面躺在海底的扁魚之間就沒有。理論上有，要是真的實現的話，一路上處於各個連續變化階段的個體，都不會是成功的魚。不錯，牠們的競爭劣勢只是短期的，但是在生命世界中，只爭朝夕。

一條演化發展途徑即使是可以想像的，而且到達終點的生物可以獲得的利益，處於起點的個體無從享受，要是在現實中處於過渡階段的個體缺乏競爭優勢，這條途徑也無從實現。我的第二個例子是我們的視網膜，或者應該說所有脊椎動物的視網膜。視神經是十二對腦神經中的第二對，它與任何神經一樣，是一條很粗的電纜，包含一束電線（神經纖維），每根電線都有絕緣體（脂質的神經鞘）包裹。視神經有三百萬條神經纖維，每一條都是視網膜上一個神經元向大腦傳遞視訊的「熱線」。你可以把視神經想像成一條電纜，從一塊包括三百萬個感光單元的感光板，連接到大腦中負責分析視訊的電腦上。事實上，每根視神經纖維傳送的訊息，都不是原始數據，而是許多感光神經元的原始數據經過初步處理後的結果。視神經纖維的神經元本體分布在整片視網膜上。每一個眼球的視神經纖維集合起來就成爲視神經。

任何一個工程師都會很自然地假定視網膜神經元會朝向光源，它們的「電線」（神經纖維）朝向大腦。要是感光單元居然背向光源，而電線從比較接近光源的一側離開「感光板」，他們一定會覺得可笑、不可思議。然而脊椎動物的視網膜正是這樣設計的。視網膜位於眼球表面，視神經元組成柱狀的功能單位（與眼球表面垂直），含有光感色素的神經元（桿狀細胞與錐狀細胞）位於最上端，依序是次級神經元，發出視神經纖維的神經元在神經柱的底端。每根神經柱從底下發出神經纖維，貼著視網膜內面爬行，向一個點集中，再由那一點「鑽出」眼球，成爲視神經進入中樞神經系統。（因此那一點不可能有任何感光神經元，叫做「盲點」。）

可是眼球埋藏在眼窩中，視網膜其實朝向大腦，而不是光源，因此感光神經元（桿狀細胞與錐狀細胞）反而是視覺神經柱裡距光源最遠的單位，而視神經纖維卻朝向光源。更糟的是：朝向光源的視網膜「底部」爬滿了「電線」，光線得先穿過電線叢林才能刺激感光細胞，這麼一折騰，訊息至少會稀釋甚至給歪曲吧？（事實上似乎沒有什麼大礙，即便如此，這種違反設計原則的安排，任何講究條理的工程師還是不免抓狂。）

我不知道視網膜這種奇怪的設計該如何解釋。當年的演化過程現在已無從尋繹。但是我願打賭，它與我們前面討論過的「演化軌跡」有關。在現實生物界裡（請回想電腦中的「生物形國度」），改造今日的視網膜首先得逆溯它當年的演化軌跡返回祖先型，再朝向理想型重新演進。在動物超空間中也許眞有這麼一條理想的演化軌跡，只不過在實踐過程中，處於中間階段的個體「暫時」無法與祖先型競爭，理想終歸劃餅。生命苦短，只爭朝夕。中間型搞不好比革命對象的祖先型還糟，「有夢最美，希望相隨」足以贏得選票，卻改變不了生物界的現實：今天都活不了了，談什麼明天！此時此刻才是最眞實的。

根據比利時古生物學家多羅③的「多羅定律」（Dollo's Law），演化是不可逆的。許多人往往將它與唯心論者喜歡瞎扯的什麼「進步是無可阻擋的」混淆了，而且他們還經常人云亦云地胡扯「演化違反了熱力學第二定律」。（根據物理學家／小說家斯諾④的看法，受過良好教育的人有一半了解熱力學第二定律，他們明白：要是嬰兒發育都不違反熱力學第二定律的話，演化怎麼可能違反呢！）

演化的一般趨勢當然不是不可逆的。要是有段期間鹿角表現了逐漸增大的趨勢，然後它朝相反的方向發展（愈來愈小），最後「恢復」原形，不會有什麼困難。多羅定律的眞義不過是：重蹈完全相同的演化軌跡（或任何特定軌跡），不論正向還是逆向，以統計學的觀點來看，都是不大可能的。單獨的突變步驟很容易逆轉，回到原點。但是大量的突變步驟，即使在只有九個基因控制的生物形空間裡，事過境遷之後想亦步亦趨完全重演一遍，都會因爲可能的軌跡太多了，機會極爲渺茫。眞實動物的基因組中，基因的數目太大了，更不必說了。**（譯按，估計人類基因組中不到四萬個基因。）**因此多羅定律毫無神祕費解之處，也不是我們需要到田野「測驗」的假說。只要懂基本的統計學（基本的機率定律），就能推演出多羅定律。

在動物空間中，想「重蹈覆轍」亦步亦趨地走完相同的演化軌跡？門兒都沒有！至於兩

個不同的演化世系從兩個不同的起點，居然「殊途同歸」抵達同一個終點？絕無僅有，同理可證。

可是天擇的力量因而更令人驚訝，因爲我們在自然界可以發現許多例子，不同的演化世系從迥異的起點竟然像是殊途同歸，抵達了看來相同的終點。那些殊途同歸的例子，我們叫做趨同演化（convergence），的確令人憂慮，難道我們剛剛在討論多羅定律的段落裡所做的推論經不起田野的考驗？可是一旦我們仔細觀察了細節，就會發現「趨同」其實只是「表象」。只要深入細節，牠們的狐狸尾巴就露出來了。顯示各個演化世系都有獨立起源的證據，全都難逃法眼。舉例來說，章魚的眼睛與我們的很像，但是牠們的視神經纖維不像我們是從視網膜迎光面離開眼球的。就這一點而言，章魚眼睛的設計才通情達理。章魚屬於無脊椎動物（軟體動物頭足綱），我們是脊椎動物（哺乳綱），雖然配備了看來類似的眼睛，細節卻難掩各自的演化淵源。

這種表面上的趨同相似往往極其詭異，我要舉出幾個例子來討論，以結束本章。這些例子將天擇創造優良設計的力量展露得淋漓盡致。可是表面相似的設計仍有差異，透露了各自的演化淵源（起點與歷史）。基本的原理是：要是一個設計優良到值得演化一次，這個設計原理就值得在動物界從不同的起點、不同的族系再演化一次。爲了說明這一點，我們用來討論優良設計的「回聲定位」仍然是最好的例子。

我們對「回聲定位」的知識，大部分來自蝙蝠研究（與人工儀器），但是許多與蝙蝠關係疏遠的動物也有利用「回聲定位」的本事。至少有兩群鳥類也會利用回聲，鯨豚類的「回聲定位」本領更是高超。此外，蝙蝠中我們幾乎可以確定至少有兩群分別「發明」了「回聲定位」法。

那兩群鳥兒分屬不同的「目」，一是南美洲的嚎泣鳥（guacharo，夜行、以水果維生；夜鷹目），另一群是東南亞的金絲燕（雨燕目），華人視爲補品的燕窩就是牠們的巢。牠們都在洞穴深處棲息，那裡光線黯淡，甚至光線穿不透，牠們都會發出咋舌聲，利用回聲在黑暗中巡弋。人類聽得見牠們的咋舌聲，與蝙蝠發出的超音波不同。牠們也沒有發展出蝙蝠的高級回聲定位本領。牠們的咋舌聲不是調頻（FM）的，似乎也不適合用來做都卜勒計算。也許牠們與水果蝙蝠（*Rousettus*）一樣，只是測量咋舌聲與回聲之間的時間差（以測量距離）。

這兩種鳥獨立發明了「回聲定位」本領，與蝙蝠的無關，我們可以完全確定，而且牠們也是分別獨見創獲的。這套推理過程演化學者經常使用。我們觀察了幾千種鳥，發現牠們大部分沒有以「回聲」定位的本領。只有分屬兩個「目」的小「屬」（**genus**，由「物種」組成）練成「回聲定位」，牠們除了都生活在洞穴中，別無其他相似之處。雖然我們相信所有鳥類與蝙蝠必然有過共祖（只要我們回溯得夠遠），那個共祖也是所有哺乳類與鳥類的共祖（因爲蝙蝠是哺乳類）。絕大多數哺乳類與絕大多數鳥類都不使用「回聲定位」，因此可以合理推斷牠們的共祖也不會使用「回聲定位」（也不會飛，飛行是另一個獨立演化過好幾次的技術）。於是我們可以推論：「回聲定位」技術是鳥類與蝙蝠獨自發明的，就像英國、美國、德國的科學家分別發明了雷達一樣。運用同樣的推理，我們可以得到「嚎泣鳥與金絲燕的共祖不懂得『回聲定位』的結論，而且這兩個屬的「回聲定位」工夫是分別演化出來的。

同樣的，在哺乳類中，蝙蝠不是唯一獨立演化出「回聲定位」技術的群體。其他的哺乳類，例如樹鼩、老鼠、海豹，似乎也會利用回聲，不過牠們與盲人一樣，這種本領還沒發展到成熟的境界，唯一可以與蝙蝠別苗頭的是鯨豚。鯨豚大別爲兩類，就是有齒與無齒兩群。用不著說，牠們都是陸棲哺乳類的苗裔。可是牠們也許源自不同的陸棲哺乳類祖先，分別發明了水棲本領與裝備。有齒鯨包括抹香鯨、虎鯨，以及各種海豚，牠們以顎捕食，主要是體型稍大的魚與魷魚。好幾種有齒鯨頭部都有複雜的「回聲定位」裝備，其中只有海豚，科學家深入研究過。

海豚會發出快速的高頻咋舌音，有些我們聽得見，有些是超音波，我們聽不見。海豚頭上像是戴了瓜皮帽，有個鼓起的圓頂，看來與英國空軍「寧錄」⑤預警機機首上鼓起的奇異雷達圓頂頗爲相似——眞是個令人愉快的巧合，不是嗎？科學家推測海豚的圓顱頂裡有聲納訊號發射系統，但是詳情仍不明。

海豚像蝙蝠一樣，平常「巡航」時以較緩慢的速度發出咋舌聲，一旦接近獵物，就會轉成高速（每秒四百次）。其實海豚「聲納」的「巡航速率」也很快。生活在淡水中的海豚（如印度河、雅馬遜河海豚），論「回聲定位」的本領，最具冠軍相，因爲牠們的棲境在混濁的河水中。但是大洋中的海豚，以某些測驗結果來看，也相當出色。一頭大西洋瓶鼻海豚憑牠的聲納就能區分不同的幾何形，如同樣面積的圓形、方形、三角形。在兩個目標中，牠能分辨哪個距離牠較近；那是兩公尺開外、相距不到三公分的兩個物件。二十公尺外，只有高爾夫球一半大小的球，牠也偵查得到。這種表現比起人類的視力，在光天化日之下不見得好，但是在月光下大概就好多了。

有些人認爲海豚其實能夠毫不費力地互相傳遞「心像」，這個想法令人神往，但也不算離譜。科學家已經發現牠們的發聲模式既多樣又複雜。牠們只要以聲波模擬特定物件反射的回聲，就能讓同伴知道自己心中想像的物件是什麼。目前還沒有證據支持這個讓人開心的念頭。理論上蝙蝠也能做同樣的事，但是海豚更有可能，因爲牠們的社會生活比較複雜。海豚也可能更「聰明」一些，但是這不必與我們現在正在討論的可能性有關。收發回聲圖像需要的儀器，比起蝙蝠與海豚已經擁有的「回聲定位儀」，不會更複雜。而且在使用聲音製造回聲與使用聲音模擬回聲之間，似乎很容易想像一條連續的演化軌跡。

在過去一億年中獨立演化出聲納技術的動物，至少有兩群鳥、兩群蝙蝠，以及有齒鯨豚。也許還有幾種哺乳類也發展出同樣的技術，只是粗具規模。搞不好已經滅絕的動物也獨立演化過這種技術，例如翼手龍，只是我們無從知道罷了。

我們還沒有發現會使用聲納的昆蟲或魚，但是有兩種不同的魚發展了類似的助航系統，看來與蝙蝠的聲納系統一樣精巧，可以當做爲解決同樣的問題而演化出的不同（但是相關）技術。這兩種魚一種生活在南美洲，一種在非洲。牠們都是所謂的『弱』電魚」。「弱」是相對於「強」而言的。電魚通常指的是以電場電擊獵物的魚。值得在這裡順便一提的是，電擊獵物的技術也有好幾群沒有親緣關係的魚分別獨立發明，例如電鰻（與鰻沒有關係，不過體型與鰻相像）與電鰩。

南美洲與非洲的「『弱』電魚」沒有親緣關係，但是生活的水域有相似的性質，就是泥水渾濁，視覺無從發揮。牠們利用的物理原理——水中的電場，比起蝙蝠與海豚所利用的，我們更覺得陌生。我們對回聲至少還有主觀印象，但是「對電場的知覺」我們就無從捉摸了。我們甚至直到兩個世紀之前才知道電的存在。我們人類做爲感受主體，很難與電魚「同情」，但是做爲物理學家，卻能了解牠們。

在餐桌上，我們很容易觀察到（硬骨）魚身體每一（側）「面」都是一排肌肉節。大多數魚會順序收縮這些肌肉節，使身體產生連續的波浪運動，讓身子左右擺動、產生向前的推力。至於兩種電魚，牠們的肌肉節構成了電池組。每一肌肉節都是一個電池單位——產生電壓。電鰻的整組電池可以產生「六百五十伏特」乘以「一安培」的電力（等於六百五十瓦），足夠將人電倒了。（譯按，我國家電插頭的電壓是一百一十伏特，書桌上的檯燈通常使用六十瓦的燈泡。）「『弱』電魚」不需要這麼高的電壓，牠們只是以電場蒐集附近的環境資訊罷了。

我們對於電魚的「電流定位」（electrolocation）原理，有相當好的了解，不過那只限於物理學層次，我們對牠們的感受無法產生同情的了解。以下的描述對非洲與南美洲的「『弱』電魚」都適用，可見牠們的趨同演化實在太神奇了。牠們身體前半會發出電流，在水中沿一條曲線從尾端回到身體。電流並不眞的是離散態的「線條」，而是連續的「場」——牠們的身體等於包裹在電流的繭裡。

不過，爲了方便說明牠們的「電流定位」，我們可以想像牠們前半個身子有一系列「舷窗」，每個「舷窗」都向前發出電流，電流在水中從前頭向後迴轉，沿一條曲線從尾巴回到身體。因爲發出電流的「舷窗」有一系列，所以身體包圍在一系列電流曲線中。這些魚的每個「舷窗」都有一個相當於「伏特計」的微小監視器，專門監視電壓。要是魚兒在水中不動，四周沒有阻擋物的話，監視器上的電流線就是平滑的曲線。於是伏特計就記錄「電壓正常」。如果附近有某個阻擋物，電流線接觸到它就會「變形」；任何「舷窗」的電流線「變形」後，電壓就會改變，變化的模式伏特計會記錄下來。

因此，理論上若每個「舷窗」的電壓監視器都與一架電腦連線，這架電腦比較各「舷窗」的實時（即時）電壓模式，就能計算出魚兒附近水域的阻擋物模式——它們的分布、形狀、大小。很明顯，魚兒腦子做的就是那些事。我必須再強調一遍，我並不是說這些魚兒是聰明的數學家。牠們只是擁有一架能夠計算那些方程式的儀器，就像我們的大腦，每一次我們接到隊友的傳球，都沒有意識到大腦已經計算過必要的方程式。

「『弱』電魚」的身體必須維持絕對的僵直，因爲牠們腦子裡的電腦無法處理「額外」的擾動。要是牠們的身體與普通魚一樣，會沿頭尾軸線進行不斷的波浪運動，那麼每個「舷窗」的電壓模式也會隨之變化。這些魚兒獨立地演化出這種精妙的航行方法，至少兩次，但是牠們得付出代價：牠們必須放棄魚類的正常游泳方式，那可是極爲有效的水中運動方式呢。這個問題的解決方案是：牠們讓身體像火鉗一樣僵直，可是牠們從頭到尾長出一片長鰭。牠們的身子不能像蛇一樣扭動，那片長鰭可以。牠們在水中巡航的速度很慢，但是至少能夠前進，而且犧牲快速前進的能力似乎是值得的：順利地航行比快速地移動更性命交關。

令人覺得興味盎然的是，南美電魚演化出了幾乎與非洲電魚一模一樣的解決方案，但是細節不同。牠們的差異特別值得我們留意。這兩群魚都演化出長鰭以彌補身體僵直的不便，可是非洲魚的長鰭在背上，南美魚的長鰭在腹面。在趨同演化的結果中，這種差異是典型的。人類工程師的設計也有同樣的現象，用不著多說。

不論在非洲還是南美洲，『弱』電魚」大多數物種都以「脈衝」形式放電，叫做脈衝種。少數物種的放電形式不同，叫做「波」種。我不想再進一步討論牠們的差異。就這一章的主題而言，值得我們注意的是：脈衝／波的差別在兩個分離的大洲獨立演化了兩次。

趨同演化最不尋常的例子，據我所知就是所謂的「週期蟬」了（periodic cicadas）。不過在談牠們的趨同演化之前，我得先交代一些背景資料。許多昆蟲的生命史都截然劃分成兩個階段：占一生絕大部分時間的幼年進食階段，以及相當短暫的成年生殖階段。舉例來說，蜉蝣大部分時間以幼蟲的形態在水面下捕食，然後離開水面以一天時間過完整個成年生活。我們可以將牠們的成體比擬爲植物（例如楓樹）生命短暫的有翼種子，幼體比擬爲那棵樹，牠們之間的差別是：楓樹會在許多年內不斷生產許多種子，散布出去，而蜉蝣幼體壽終時，只能創造一個成體。總之，週期蟬將蜉蝣模式推展到了極致。蟬的成體只能活幾個星期，可是牠們的青少年期卻長達十三年或十七年。（以專業術語來說，牠們的青少年期是在蛹裡過的，不能算「幼體」。）蟬在地面下幽居了十三年或十七年之後，會幾乎同時破蛹出土。「蟬災」在特定地區每隔十三年（或十七年）發生一次，每一次「爆發」，景象都十分壯觀，有些美國人甚至誤以爲那是「蝗災」。這種蟬一共有兩種：「十三年蟬」與「十七年蟬」，人們倒是知道得很清楚。

現在我要轉入主題了。令人驚訝的事實是：「十三年蟬」與「十七年蟬」不只一種。原來蟬有三個物種，每個物種都有「十三年」族與「十七年」族。這兩個族的分別，三個物種各自演化出來，至少三次。也就是說牠們不約而同地避開了「十四年」、「十五年」與「十六年」，至少三次。爲什麼？我們不知道。思考過這個問題的人提出的唯一線索是：「十三」與「十七」相對於「十四」、「十五」與「十六」有何特異之處？——它們是質數。質數就是除了一和本身之外，不能以其他整數除盡的數。根據這條線索，我們的思路是這樣的：規律地以爆發模式大量湧現世上的動物，可以令獵食者與寄生蟲不是撐死就是餓死。（譯按，大夥兒一湧而上，以量取勝；你有狼牙棒，我有天靈蓋，教你打到手軟，剩下的弟兄就可以揚長而去了。）要是「爆發」時間以質數年份隔開，例如每「十三年」或「十七年」爆發一次，就會使敵人調整生命史的策略（與「爆發」時間同步）難以收效。舉例來說，要是蟬「災」每十四年「問世」一次，就擺脫不掉生命週期爲七年的寄生蟲了。這眞是個極爲古怪的邏輯，但是並不比蟬災的現象更古怪。我們的確不知道「十三年」與「十七年」究竟有什麼特異之處。就我們這一章討論的主題而言，重要的是這兩個數字必然有些特異之處，否則三個不同的物種怎麼會不約而同地演化出同樣的數字?!

在較大尺度上的趨同演化,可以舉很久以前就分離的不同大洲為例,我們可以觀察到沒有親緣關係的動物群演化出平行的「生業」類型(range of trades)。所謂「生業」我指的是謀生的方式,例如鑽洞食蟲、掘洞尋蟻、追逐大型草食獸、吃高樹上的葉子等等。哺乳動物在南美洲、澳洲、舊世界都演化出同樣的一套生計,是趨同演化的好例子。

這些大洲並不一直都是分離的。人壽幾何?不過數十寒暑;文明、朝代興亡,也不過數百年的光景,我們已經習慣將世界地圖(各大洲的分布現狀)視為永恆不變的了。大陸塊會在地球表面上漂移的理論,德國地質學家韋格納⑥很早就提出來了(一九一二年),但是大多數人都嘲笑他,直到一九六〇年代初,學界的意見氣候才開始改變。〔譯按,當年台大地質系教授馬廷英(1900-1979)是大陸漂移說的早期支持者。〕南美洲與非洲像是同一張拼圖中的相鄰碎片,大家都承認,但是卻假定那只是有趣的巧合。經過一場就速度、就規模而言都可算史無前例的科學革命之後,大陸漂移說現在已成為學界全面接受的板塊運動論(plate tectonics)。各大洲在地球表面上的位置曾經變遷過,例如南美洲是從非洲分裂出來的,證據不勝枚舉。我們在這兒必須特別留意的是:各大洲「漂移」的時間尺度與各動物群演化的時間尺度同樣緩慢,要是想了解各大洲上動物演化的模式,我們不可忽視大陸漂移的事實。

直到一億年以前,就是中生代白堊紀中期開始的時候,南美洲仍然東與非洲連在一起,南與南極洲連在一起。南極洲與澳洲連在一起，印度次大陸與馬達加斯加及非洲連在一起。事實上，當年南半球有一塊連續的大陸塊，叫做古南方大陸（**Gondwanaland**），包括今日的南美洲、非洲、馬達加斯加、印度、南極洲、澳洲。北半球也有一塊連續的大陸塊，叫做古北方大陸（**Laurasia**），包括今日的北美洲、格陵蘭、歐洲、亞洲（不包括印度）。北美洲與南美洲分屬南北兩大陸，並不相連。大約一億年前，兩大陸塊分裂了，今日的各大洲逐漸朝向今日的位置就位。（它們仍在「漂移」，並沒有停頓。）非洲透過阿拉伯半島和亞洲相連，成為我們所說的舊世界的一部分。北美洲離開了歐洲，南極洲朝南移動，到它今日凍死人的位置。印度離開了非洲，向亞洲投懷送抱，它的出軌遺跡就是印度洋，而它的熱情，喜馬拉雅山可做見證（印度次大陸衝入亞洲南緣，喜馬拉雅山才隆起）。澳洲脫離南極洲，在大洋中成了孤島洲。

古南方大陸分裂的時候，地球生命史正值恐龍時代。南美洲與澳洲獨立之後，有很長一段時間與世相忘，自成一格。它們有自己的恐龍族群，還有當時並不起眼，但是後來成為現代哺乳類祖先的動物。後來（六千五百萬年前）恐龍滅絕了（除了鳥類），那不只是局部事件，而是全球性的。全世界的恐龍都滅絕了。陸生動物的生業市場因此出現了眞空。這個「眞空」在幾百萬年之後終於塡滿了，主要是哺乳類。這兒令我們感興趣的是，當年世上有三個各自獨立的「眞空」，澳洲、南美洲、舊世界，它們分別由不相干的哺乳類塡滿了。

恐龍滅絕的時候，剛好在這三塊大陸上的原始哺乳類都是體型小、在生態系中不重要的小角色，也許主要在夜間活動，因為過去生活在恐龍的淫威之下，只好偷偷摸摸「賴活著」。在那三塊大陸上牠們本來有機會朝完全不同的方向演化的。在某個程度之內，可以說牠們的確沒有放棄那個機會。例如南美洲的巨型地樹獺，舊世界就從來沒有出現過類似的玩意（現在已經絕種了）。南美洲的哺乳動物種類很多，例如有一種巨型的天竺鼠（已滅絕），體型如犀牛，卻是嚙齒類鼠輩（我必須說這裡我說的犀牛指的現代犀牛，舊世界曾經有過一種犀牛，體型可比兩層樓房）。

但是，雖然各大洲都有獨特的土產哺乳類，演化的一般模式卻是一樣的。各地的哺乳類，不管當初是什麼德行，恐龍滅絕後立刻就四散擺開，進各種生態區位，在很短時間內生態系中每一種生業都有哺乳類專家出現了，最驚人的是：各陸塊的特化哺乳類有許多極爲相似。每一種生業都是兩大陸塊、甚至三大陸塊獨立趨同演化的好題材，例如地下打洞維生的哺乳類、以獵食維生的大型獸、平原上草食爲生的走獸等等。除了那三大陸塊上的獨立演化，像馬達加斯加之類的海島也發生了有趣的平行演化，這裡就不談了。

除了澳洲的奇異卵生哺乳動物（鴨嘴獸與針鼴），現代哺乳動物可分爲兩大群：有袋類（胎兒出生後得在母獸的育兒袋內撫養）與胎盤類（其他的哺乳動物都是，包括我們人類）。有袋類是澳洲哺乳動物演化史的主角，胎盤類則是舊大陸的主角，在南美洲這兩群就同樣重要了。哺乳動物在南美洲的故事比較複雜，因爲北美洲的「土著」三不五時就會侵入南美洲，攪局搗蛋！

好了，該交代的都交代了，讓我們言歸正傳，談談生業與趨同演化吧。在草原上討生活是哺乳類的重要生業。馬（主要的非洲種是斑馬，沙漠地區的是驢子）與牛（包括北美野牛，給人類獵得瀕臨絕種）都幹這一行。典型的草食動物腸子很長，其中有各種發酵細菌，因爲青草是低品質食物，需要仔細消化才能吸收、利用。草食動物不實行什麼三餐制，牠們可說是時時吃、隨地吃、一輩子吃吃吃。每天大量植物川流不息地通過牠們的身體。牠們的體型往往很大，經常成群覓食。對有能力的獵食獸而言，這些大型草食獸每一頭都像一座價值不凡的食物山。因此獵殺草食獸儘管困難，也成爲一個專門的生業。雖然我使用了單數數詞，說獵殺草食獸是「一個」生業，事實上，幹這個營生還有不同的技術，例如獅子、豹、獵豹（cheetah）、野狗、鬣狗各有各的絕藝，因此這個生業可以細分爲許多次生業。「草食」也同樣可以細分成許多不同的次生業，所有生業都能這麼細分下去。

草食動物有敏銳的感官，隨時警覺獵食獸的動靜，通常牠們跑得很快，可以逃脫追獵。爲了逃脫獵食獸，牠們的腿往往是細長的，並以趾尖著地，彈性好又省力，在演化過程中足趾因而拉長、強化了。這些特化足趾尖端的趾甲也變成大而堅硬，我們叫做蹄。牛每條腿著地的一端都有兩根很大的足趾，就是所謂的「分」（cloven）蹄，或叫「偶蹄」。馬也有一樣的蹄，但是牠們每條腿只有一隻蹄，也許是歷史的意外吧。馬的單蹄源自（五根腳趾的）中趾。其他的趾頭都在演化過程中退化消失了，不過偶爾還可以在畸形個體身上看見。

我們說過，馬與牛演化的時候南美洲與其他各大洲已經分離了。但是南美洲有草原，因此獨立演化出特有的草食動物。例如一八三三年達爾文在阿根廷買到的弓齒獸（Toxodon）化石，與犀牛很像，其實與犀牛毫無淵源。有些曉新世草食獸的頭骨（pyrotheres），顯示牠們獨立「發明」了大象的長鼻。有些像駱駝，有些與今日的草食獸一點相似處都沒有，或者像不同草食獸的混合體。一群叫做滑蹱獸（litopterns）的有蹄類（已滅絕），腿的構造與現代馬出奇地類似，其實牠們與現代馬毫無關係。十九世紀一位阿根廷古生物學家就讓那些趨同演化的相似處迷糊住了，居然下結論道：牠們是世上所有馬的祖先。（我們當然可以原諒他的國族主義熱情。）

事實上，滑蹱獸與現代馬的相似處非常膚淺，只是趨同演化的結果罷了。世界各地的草原環境大體相同，不同的動物群獨立地演化出相似的適應方式，只因爲牠們以相似的手段解決相似的問題。特別是滑踵獸也像馬一樣，除了中趾外其他腳趾都退化或消失了，那根僅存的中趾增大後成爲腿的底關節，最後發展成蹄。滑踵獸的腿與現代馬幾乎難以分別，然而這兩群動物的親緣關係卻疏遠得很。

在澳洲，大型草食動物就非常不同了——袋鼠。袋鼠也有快速移動的需要，但是牠們以不同的方式達到快速移動的目的。馬以四腿奔馳，將奔馳發展成一門絕藝，袋鼠將另一種步伐發展成絕藝：以兩腿跳躍，並以巨大尾巴平衡身體。辯論這兩種步伐孰優孰劣甚爲無謂。牠們開發既有身體設計的特徵，發展出有效移動身體的步伐，都成就空前。現代馬與滑踵馬碰巧都是以四足奔馳的動物，因此最後演化出幾乎相同的腿，以達到有效奔馳的目的。袋鼠碰巧是以兩條後腿跳躍的動物，因此牠們演化出能夠有效跳躍的後腿與尾巴。袋鼠與現代馬在動物空間中抵達了不同的終點，也許是因爲牠們的起點恰巧很不同。

現在讓我們談談草食獸所逃避的肉食獸吧，我們發現了一些更有趣的趨同演化現象。在舊世界，我們都很熟悉狼、狗、鬣狗等大型獵食獸，以及「大貓」——獅、虎、豹、獵豹。最近（更新世結束前）才滅絕的一種大貓是劍齒虎，因爲牠的上犬齒看來像一把鋒利的軍刀，一張口就看得清楚，那副猙獰的樣子教人想來就不寒而慄。直到最近，澳洲與新世界都沒有過眞正的貓科或犬科動物。（美洲豹與美洲虎都是最近才由舊世界的貓科動物演化出來的。）但是在這兩塊大陸上，有袋類都演化出可以與貓科／犬科比美的肉食獸。澳洲袋狼

（thylacine，又叫塔斯馬尼亞狼，因爲這個島是牠們最後殘存的據點）是在二十世紀滅絕的，我們記憶猶新。牠們遭到大量屠殺，因爲白人將牠們當作「害獸」，或者將殺害牠們當作「運動」。也許在塔斯馬尼亞島人跡罕至的地方，現在還躲藏著一些，但是那些地方也可能在增加人類就業機會的口實下而遭到破壞。可別把澳洲袋狼與澳洲野狗（dingo）混淆，澳洲野狗是眞正的狗，最近由澳洲土著引進澳洲的。**（譯按，澳洲土著的祖先至少四萬年前已經抵達澳洲。）**

一九三〇年代有人拍攝過一部影片，記錄了袋狼在動物園籠子裡孤獨地不斷走動的身影，牠與狗像極了，眞絕，可是仔細觀察牠骨盆與後腿的姿態，就不像狗了，那是有袋類的特徵，想來可能與牠們育兒袋的位置有關。對任何愛狗人士，觀看這種設計狗的另類方式，實在是令人感動的經驗，遙想牠們在一億年前分離，居然走上了平行的演化之道，牠與狗看來那麼相似，又與狗迥然不同，教人不禁懷疑眼前的一切，莫非幻境。也許牠們對人類來說是「害獸」，但是人類對牠們是更大的「害獸」；而袋狼消失，人類暴增。**（譯按，袋狼不死的傳說一直在流傳，也許在塔斯馬尼亞，甚至紐幾內亞的某個角落裡眞的還有一群也未可知。）**

南美洲在孤立之後也沒有眞正的貓科與犬科動物，但是南美洲與澳洲一樣，有袋類也演化出了類似的肉食獸。也許最驚人的是有袋劍齒虎（*Thylacosmilus*），牠看來與舊世界剛滅絕的劍齒虎簡直惟妙惟肖，要是你問我「怎麼個像法？」我的回答只能是「太像了！」牠的巨嘴甚至更寬，劍齒森然，在我的想像中牠更可怕。牠的學名提醒我們：牠與劍齒虎（*Smilodon*）、袋狼（*Thylacine*）都有相似之處，但是血緣上牠與兩者都很疏遠。牠與袋狼親近些，因爲都是有袋類，但是牠們在兩個不同的大洲上分別演化出大型食肉目的體態；牠們之間的相似處是趨同演化的結果，牠們與胎盤哺乳類食肉目的相似處，更是趨同演化的產物。同樣的獵食獸設計獨立重複演化了許多遍！

澳洲、南美洲、舊世界還有更多重複獨立演化的例子。澳洲有有袋鼹鼠，表面上與其他大洲的鼹鼠幾乎沒有差別，只不過牠有育兒袋，因此牠與其他鼹鼠一樣地過日子，前肢同樣強勁有力，適合挖土。澳洲也有有袋小鼠，但是牠與舊世界的小鼠（mouse）不算相像，也不是幹同樣的生業。「食蟻」（「蟻」包括白蟻）也是一種生業，許多種不同的哺乳類不約而同幹這營生。也許我們可以把食蟻獸分為三類：掘地的、爬樹的、地面上行走的。在澳洲，如我們預期的，有袋類也有幹「食蟻」營生的。一種叫做斑背食蟻獸（*Myrmecobius*），口鼻細長，適於伸入蟻窩，舌頭又長又黏，方便牠大快朵頤。牠是一種在地面活動的食蟻獸。澳洲也有掘地道的食蟻獸，就是針鼹。牠不是有袋類，而是更原始的卵生哺乳類，叫做單孔類（**monotremes**）。這一群哺乳類與我們的親緣距離非常遙遠，比較起來，有袋類反而是我們的近親了。針鼹也有又長又尖的口鼻部，但是牠渾身是刺，因此看來像刺蝟而不像典型的食蟻獸。

南美洲的有袋類本來也很容易演化出食蟻獸，牠們不是有劍齒虎了嗎？但是沒有，因為胎盤哺乳類很早就占據「食蟻」區位了。今日最大的食蟻獸是*Myrmecophaga*（源自希臘文「食蟻獸」），牠是南美洲最大的地面食蟻獸，也許是世界上最特化的食蟻專家。牠與澳洲的有袋類食蟻獸斑背食蟻獸一樣，口鼻細長，可是細長得離譜，黏黏的舌頭也長得離奇。南美洲也有較小的攀樹食蟻獸，牠與*Myrmecophaga*是表親，看來像是一個模子翻出來的，只是體型較小，食蟻裝備也不太誇張；還有一種體型介乎兩者之間的食蟻獸。雖然牠們都是胎盤哺乳類，這些食蟻獸與舊世界的任何胎盤哺乳類都不一樣。牠們屬於南美洲特有的一科，其中還包括犰狳、樹獺。這個（胎盤哺乳類）古老的科自從南美洲「獨立」之後就與有袋類共處。

舊世界的食蟻獸包括熱帶非洲、亞洲的各種穿山甲（譯按，「穿山甲科」共有八個物種），攀樹的、掘地的都有，牠們身上都有鱗片，以及尖尖的口鼻。南非還有一種奇怪的食蟻熊，又叫土豬（aardvark），牠有一些特化的掘地本領。食蟻獸的共同特徵是新陳代謝率極低，不管是有袋類、單孔類，還是胎盤類。新陳代謝率就是生物體內化學「火」的燃燒速率，最容易測量的就是血液溫度。哺乳類一般而言，新陳代謝率與體型成比例。小型動物新陳代謝率較高，正如小型車引擎轉速較大型車高一樣。但是有些動物以體型而言新陳代謝率「應該」比較低的，實際上反而高，而食蟻獸一律有新陳代謝率偏低的傾向。爲什麼？目前仍不清楚。鑑於這些哺乳動物除了食性（食蟻）有驚人的趨同演化之外，別無共同之處，我們幾乎可以確定牠們的低新陳代謝率與食蟻食性有關。

我們前面討論過，食蟻獸食用的「蟻」往往不是螞蟻，而是白蟻（等翅目）。白蟻雖然名字裡有個「蟻」字，其實與蟑螂（網翅目）的親緣較近，而與螞蟻的關係較疏。螞蟻與蜜蜂、黃蜂的關係較近，都屬於膜翅目。白蟻與螞蟻的相似處非常膚淺，牠們因爲採取了相同習性而趨同。我該說牠們採用了相同的習性範圍，因爲螞蟻／白蟻這一生業有許多不同的分枝，螞蟻與白蟻不約而同地在大部分分枝都能幹起營生。趨同演化的例子，往往觀其異與觀其同一樣發人深省。

螞蟻與白蟻都生活在大型聚落中，聚落成員主要是不育、無翅的工蟻。工蟻營營苟苟，只爲製造有翅、有生殖能力的「選民」——牠們飛出聚落，到別處建立新聚落。不過螞蟻與白蟻有一個有趣的差異，螞蟻聚落中的工蟻都是不育的雌性，白蟻聚落中的工蟻則有雌有雄。螞蟻與白蟻聚落中都有一個體型碩大的「蟻后」（有時有好幾個），有時蟻后的體型大得嚇人。螞蟻與白蟻聚落中都有特化的階級——兵蟻。有時兵蟻是純粹的殺戮機器，特別是牠們的巨顎，只能當攻擊武器，連進食能力都失去了，需要由工蟻餵食（這是螞蟻的情形，至於白蟻，有些兵蟻專門負責化學戰，以裝滿毒液的身體攻敵）。

特別的螞蟻總能找到特別的白蟻匹配。舉例來說，種植眞菌分別由螞蟻（新世界）、白蟻（非洲）獨立演化出來。螞蟻（或白蟻）四出搜尋牠們不能消化的植物原料，搬回巢中，讓它們發酵、形成堆肥，然後在推肥上種植眞菌。牠們以眞菌維生。而那些眞菌只能在蟻巢的堆肥上生長。好幾種甲蟲也獨立發現了種植眞菌的營生，不只一次。

在螞蟻中也有有趣的趨同演化。雖然大多數螞蟻聚落生活在固定的巢裡，位於固定的地點，集結成掠奪大軍四處流浪、橫行似乎也是成功的謀生方式。這叫做軍團習性。用不著說，所有螞蟻都四處搜尋、覓食，但是大多數螞蟻都會帶著戰利品回到固定的巢裡，蟻后與幼蟲都留在巢裡。另一方面，四處流浪的軍團習性，關鍵在大軍帶著蟻后與幼蟲一起起行動。卵與幼蟲由工蟻銜在顎間。在非洲，這種習性由行軍蟻（driver ant）演化出來。在中、南美洲則有陸軍蟻（army ant），習性與外型都與行軍蟻很像。牠們並不是特別親近的蟻種。毫無疑問，牠們的軍團習性是分別獨立演化出來的，是趨同演化的產物。

行軍蟻與陸軍蟻的聚落都特別大，陸軍蟻兵團達一百萬隻，行軍蟻則可達兩千萬。牠們的生活在「遊牧期」與「紮營期」之間擺盪，永不定居。這兩種螞蟻，或者我們應該說螞蟻兵團，在牠們的地盤上都是無情、可怕的獵食者。牠們的兵團可以視爲一個變形蟲單位。任何動物只要擋在牠們面前，都會給切成碎片，牠們都在故鄉闖出恐怖的名號。據說南美洲有些村子，只要一大群陸軍蟻逼近了，村民就會走避，並隨身帶走一切，等螞蟻兵團出村了才回家，那時村裡蟑螂、蜘蛛、蠍子都已清得一乾二淨，牠們甚至連草屋頂上都不放過。我記得小時候在非洲，獅子、鱷魚都比不上行軍蟻讓人害怕。談了那麼多這兩種螞蟻的恐怖名聲，我覺得我該引用世界級螞蟻專家威爾森⑦的一段話，幫我們將牠們的恐怖名聲置於適當的視野中：

我經常收到關於螞蟻的問題，其中最常問到的一個問題，我的答案是：不對，行軍蟻並不眞的是叢林中的恐怖傢伙。雖然一個行軍蟻兵團是個超過二十公斤的「動物」，包括兩千萬張嘴與刺，毫無疑問是昆蟲世界最可怕的創作，但是與流傳的可怕故事相比，牠相形見絀。想想看，這個兵團每三分鐘才移動一公尺。任何有能力的灌木小鼠，別說人或大象了，都能閃到一旁，悠閒地觀看地面上草根間的瘋狂行動，那是一個奇景、奇蹟，而不是威脅，是一個演化故事的高潮，這個故事與哺乳類的大不相同，你得拚命想像，才想像得出來。

我長大後到過巴拿馬，我閃到路旁觀看行軍蟻的新世界對應物（陸軍蟻），我還記得孩提時在非洲對行軍蟻的恐懼，螞蟻軍團像一條嘈雜的河流從我身邊流過，我可以作證，我的確認爲那是奇景、奇蹟。我在那兒等蟻后出現，一小時又一小時，大軍繼續通過我面前，牠們既走在地面上也走在其他蟻伴身上。蟻后終於出現了，模樣眞令人畏懼。牠的身體我一點都看不見。一眼望去只見狂亂工蟻組成的移動浪潮，牠們以腳上的鉤爪鏈結成一個蟻球，沸騰蠕動。蟻后在層層工蟻鏈結成的沸騰球之中，而四周又有層層疊疊的兵蟻，面朝外，張巨顎，個個一副願爲蟻后奮不顧身、死而後已的德行。對蟻后的模樣我實在好奇得不得了：我撿了一根長樹枝戳那個蟻球，想驅散工蟻見見蟻后，沒有成功。二十隻兵蟻立即將巨鉗般的大顎咬入樹枝，也許永遠不再鬆口了，另有幾十隻一擁而上，沿樹枝奔我而來，我不得不俐落地鬆手。

我沒有見著蟻后，但是牠在那個沸騰球中某個地方，牠是中央資料庫，是整個群落主要DNA的貯存所。那些兵蟻蓄勢待發，準備隨時為蟻后捨身一戰，不是因為牠們愛母親，不是因為牠們給軍國主義徹底洗腦了，只不過因為負責製造牠們大腦與顎的基因，是以蟻后身體裡的主要基因印模翻製出來的。牠們行動起來像勇敢的戰士，因為牠們繼承的基因從一系列祖先蟻后一脈相傳，那些蟻后的性命與基因，都有與牠們一樣勇敢的戰士拯救過。我的兵蟻從現在的蟻后繼承的基因，就是過去的兵蟻從祖先蟻后身上繼承的那些。我的兵蟻在守護蟻后，因為牠體內有從蟻后來的指令，牠們守護的，是那些指令的原始檔案。牠們在守護祖先的智慧——約櫃（**the Ark of the Convenant**）。以上這些奇怪的說詞，下一章會有明白的解說。

當時我覺得那是奇景、奇蹟，可是我已淡忘了大半的兒時恐懼也恢復了，不過我已了解那些螞蟻在做什麼，小時候在非洲時我還沒有這種了解，因此恐懼沒有污染我的感受，而我的了解使我的感受昇華、增強了。我知道這個螞蟻軍團的故事兩次達到同樣的演化高潮，而不只是一次，這則知識也增強了我的感受。這些螞蟻不是我童年夢魘中的行軍蟻，而是很疏遠的新世界表親，無論牠們看來多麼相像。牠們正在做行軍蟻會做的事，目的也相同。暮色四合，我踏上歸途，又是一個心懷敬畏的孩子了，但是心中雀躍不已，因為在知識的新世界裡倘佯，黑暗的非洲恐懼已經給拔除了。

【注釋】

① 譯注：古爾德（Stephen Jay Gould），1941-2002，哈佛大學古生物學家，全球著名的科學作家，著有《達爾文大震撼》（*Ever Since Darwin*）、《貓熊的大拇指》（*The Panda's Thumb*）等書。

② 譯注：戈德施密特（Richard Goldschmidt），1878-1958，猶太裔德—美國遺傳學家。

③ 譯注：多羅（Louis Dollo），1857-1931，比利時古生物學家，正統達爾文主義者，但其「多羅定律（演化是不可逆的）」，卻常遭反達爾文主義者誤用。

④ 譯注：斯諾（C. P. Snow），1905-1980，英國物理學家、小說作家，著有《兩種文化》。

⑤ 譯注：「寧錄」（Nimrod），是諾亞的曾孫，「是歷史上第一強人」。見《聖經》〈創世紀〉第十章八節。

⑥ 譯注：韋格納（Alfred Wegener），1880-1930，德國氣象學家、地質學家、大陸漂移學說之父。

⑦ 譯注：威爾森（Edward O. Wilson）1929-，美國哈佛大學著名演化生物學者，著有《社會生物學：新綜合論》、《大自然的獵人》、《繽紛的生命》、《Consilience—知識大融通》。

第五章　基因檔案

Watchmaker

DNA就是ROM。

它可以「讀出」幾百萬次，但只能「寫入」一次，

身體裡每個細胞的DNA，

都是「燒入」的，終身不變。

The Blind

外邊兒正在下DNA。

我的花園盡頭，就在牛津運河邊，有一棵很大的柳樹，它正在釋放大量的種子。柳絮迎風飄揚。風向不定，四面八方都是柳絮。運河上上下下，以我的雙筒望遠鏡望去，河面上盡是白茫茫一片，其他方向，想必也是柳絮鋪地。柳絮是因爲表面有白色的絨毛、柔軟如絮而得名，絨毛的成分是纖維素，藏在其中的種仁，就體積來說簡直微不足道，種仁裡裝著DNA——遺傳資訊。滿天的柳絮裡，DNA只占微小的比例，爲什麼我說天上正在下DNA，而不說外邊正在下纖維素呢？答案是：DNA才重要。

纖維素絨毛儘管體積龐大，不過當作降落傘，用過就丟的。浮生若夢。柳樹這齣戲，棉質絨毛、花、樹的本體等等，都是配角，主戲只有一場，情節只有一個，就是在鄉間散布DNA。這可不是任何DNA，而是建造另一棵柳樹的DNA，更精確地說，是含有特定文本的DNA，那份文本是編過碼的特定指令集，新的柳樹在那套指令指揮之下發芽、成長、茁壯，然後開始散布新一代的柳絮。飄散在空中的柳絮，正在散布製造自己的指令，不多也不少。它們現在隨風飄散，正因爲同樣的事它們的祖先做得很成功。

外邊兒滿天下的都是指令；滿天下的都是程式；都是讓柳樹發育、柳絮飄揚的算則（**algorithm，有明確執行步驟的指令集**）。那不是隱喻，而是明擺著的事實。即使我說天上正在下磁碟片，也不會更明白。

這是明擺著的事實，可是大家一直不了解。才不過幾年前，要是你問：「生物有什麼特質，好與無生物分別的？」幾乎每一個生物學家都會跟你大談什麼原生質（**protoplasm**）。原生質與任何其他物質都不同；它有生機、有活力、是動態的、有韻律的、對刺激有反應的。老師賣弄這些詞藻，說穿了不過是指出原生質「會對外界刺激有所反應」。要是你找來一個活的生物，將牠逐步分解，最後就會得到純原生質的小顆粒。當年「達爾文戰犬」赫胥黎①

相信海底有一層純原生質的生物（Bathybius），它們是「均質、沒有結構的物質，一種活的蛋白質顆粒，有營養、生殖功能」。德國演化論宣傳大師海克爾②認爲這種「單質生物」（Monera）是最原始的生物。我小時候這個概念已經過時了，可是老式教科書上還在講原生質。現在這個詞沒有人提了，就像化學的「燃素」、物理的「以太」（aether），「原生質」已經死了。構成生物的物質沒什麼特別的。生物是分子的集合體，與其他的東西一樣。

這些分子的特殊之處是：生物分子構造比較複雜，必須按照程式製造這些分子。程式是成套的指令，生物體內都有，生物就是按照體內程式發育的。生物也許有生機、有活力、是動態的、有韻律的，總之，對刺激會反應，而且有體溫，但是這些性質全是突現的，是附帶的。每一個生物的核心，不是火、不是溫暖的氣息、不是「生命的火花」。而是資訊、字、指令。如果你想打個比方，別想火啊、氣息、火花什麼的。試試「刻在晶片上的幾十億個離散態數位字符」。如果你想了解生命，忘了有活力的、會跳動的原生質還是什麼，想想資訊技術。我在上一章結束的地方提到蟻后是中央資料庫，暗示的正是這一點。

先進資訊技術的基本需求，是某種記憶容量超大的儲存媒體。媒體中每個記憶位置都能處於幾個離散態中的某個特定「態」。現在人工製品世界的主流技術——數位資訊技術，正有這種特色。資訊技術也可以走另一條路，就是以類比資訊爲基礎。過去的膠盤唱片儲存的就是類比資訊——儲存在波狀的溝槽裡（以唱針「讀」取）。雷射唱片（CD）儲存的是數位資訊，記錄在唱片上一系列微小的「坑」裡，每個對應一個特定離散態，絕無模稜之處。那是數位系統的診斷特徵：它最基本的要素不是處於一個狀態，就是另一狀態，沒有半個狀態的，也沒有中間狀態的。

基因的資訊技術是數位式的。這個事實是十九世紀的孟德爾③發現的，當然，他還沒有「數位資訊」的概念。孟德爾以豌豆做實驗，演繹出的結論是：生物的子代不是親代基因「混合」的結果。我們從親代接收的「遺傳」是以分離的粒子形式進入合子（受精卵）的。就每一個特定遺傳粒子而言，我們不是從親代得到了，就是沒有得到。其實，正如數學遺傳學家費雪④指出的，這個「粒子遺傳」事實是顯而易見的，只要想想有性生殖就成了。我們的父母（親代）是一男一女（或一雄一雌），但是我們不是男就是女，沒有「中間態」（雌雄莫辨）的。每個新生兒從父母親繼承陽性或者陰性的機率大約相等，但是任何一個新生兒不是男孩就是女孩，不會兩者混合（加起來除以二？）。

我們現在知道所有我們從父母繼承的粒子都是這樣。它們不會混合，即使在世代遺傳過程中，它們會不斷地給「洗牌」（重新組合）。當然，諸遺傳單位對身體的影響，往往會造成「它們混合了」的強烈印象。要是一個高個子與一個矮個子，或者一個白人與一個黑人結婚了，他們的子女往往看來是「中間型」。但是「混合」的表現只適用於遺傳粒子對於身體的影響，因爲影響身體的粒子數量很大，而每個遺傳粒子對身體都有微小的影響，身體表現的是大量粒子影響力的集合。可是在遺傳過程中，遺傳粒子彼此獨立、不相混合。

混合遺傳與粒子遺傳的區別，在演化思想史上非常重要。達爾文在世時，每個人都相信遺傳就是親代特質的混合。（只有孟德爾例外，他的劃時代論文一八六五年發表，四年後又宣讀了另一篇，可是他一八六八年當選了修道院的「住持」，無暇再接再厲或宣傳自己的研究成績，學界到十九世紀結束時才覺悟到他的結論的意義。）蘇格蘭電機工程師簡金（Fleeming Jenkin, 1833-85）一八六七年（當時是倫敦大學電機工程學教授）指出：光是混合遺傳這個事實（譯按，這是當時的流行意見），天擇就不可能是值得考慮的演化機制。達爾文的反應是：（簡金教授）「缺乏知識」。一個多世紀後，德裔美籍演化論大師麥爾⑤對簡金仍不同情，他一九八二年評論道：簡金的〈評《物種原始》〉立論完全「基於當時物理科學家流行的偏見與誤解。」然而，簡金的論證卻讓達爾文十分憂慮。簡金以一個船難寓言將他駁斥天擇論的意旨發揮得淋漓盡致。話說船隻失事後，有一個白人船員漂流到一個有黑人土著的小島上，

> 讓我們假定這位白人擁有一切我們所知優於黑人的天賦；我們同意：在生存競爭的戰場上，他享高壽的機會比土著酋長大多了；然而，即便如此，我們也無法推出這麼一個結論：過了若干世代之後（暫不管確切的數字），島民就會成爲白人。我們的白人船難英雄可能會當上小島的國王；爲了生存，他會殺死許多黑人土著；他會有許多妻子，生許多孩子，而他的臣民中有許多男人因娶不到老婆而絕後……。我們白人的優異天賦無疑會讓他活到高壽，但是他一個人無論花多少世代也不可能將他臣民的後裔變成白人……。
>
> 在第一子代中，有許多聰明的年輕混血兒，平均說來比黑人優秀多了。我們也許可以期望以下幾個世代，國王寶座都由多少可說是黃皮膚的人占據；但是有人相信島上整個族群都會逐漸變成白人嗎，甚至黃人？或島民會逐漸變得有活力、有勇氣、有智巧、有耐心、有毅力、能自制？我們的白人英雄不就是憑著那些天賦打敗島民、留下大量子裔的?!事實上這些品質正是生存競爭焠鍊出來的，不是嗎？（譯按，十九世紀的西方學者認爲黃種人介於白種人與黑種人之間，處於黑人「進化」成白人的過渡階段。）

請讀者不要給簡金論證中瀰漫的白人優越意識岔開了注意力。在簡金與達爾文的時代，這些種族偏見就像我們習以為常的物種優越意識一樣——「人」權、「人」的尊嚴、「人」命是神聖的等等，是有識之士隨口就能大談的東西。我們可以用比較中性的例子改寫簡金的論證。如果你混合白漆與黑漆，就會得到灰漆。可是將灰漆與灰漆混合，無法還原白漆與黑漆。混合漆的實驗足以代表孟德爾遺傳定律大白於世之前的遺傳學，即使到了現在，通俗文化中仍然保留了「一加一除以二」的混合遺傳觀念。簡金的論證其實就是「淹沒」效應。依據混合遺傳的假設，隨著世代交替，少數個體的優異天賦必然會逐代「淹沒」、沖淡。整體而言，個別性逐代抹殺，於是族群就「統一」了，天擇無所施其技。需知個體間的遺傳差異是天擇的原料。

這個論證你一定覺得非常可信，可是它不只是駁斥天擇的論證，它還駁斥了遺傳過程中無法抵賴的事實！它擺明了就不對，個體間的差異何曾在世代交替過程中消失?!我們彼此間的差異並不比我們祖父母那一輩還要小。個別差異仍然維持著，不多也不少。族群中有個別差異，足供天擇運作。這是一九〇八年德國醫師溫伯格（Wilhelm Weinberg, 1862-1937）與英國數學家哈地（G. H. Hardy, 1877-1947）殊途同歸，以數學指出的事實（**即高中生物學課本中的「哈地—溫伯格原理」**）。

哈地是個不同流俗的學者，他當年（1919-31）在牛津大學擔任過幾何學講座教授，就待在我這個學院裡（**新學院，New College，十四世紀末成立**），他在我們學院的「打賭簿」上留下了一筆佳話。原來他接受了一位同事半個便士的賭金（近四百八十分之一鎊），拿全部家產賭「太陽明天仍然會升起」。

但是以孟德爾「遺傳粒子」（基因）理論完整地破解了簡金的論證的，是費雪等人領導的生物統計學派，他們奠定了現代族群遺傳學的基礎。在當時這頗令人尷尬，因爲這批二十世紀初期孟德爾信徒的領袖人物都自認爲是反達爾文的（請見第十一章）。費雪等人證明了：要是在演化中變化的是遺傳粒子（基因）的相對頻率，而且每個基因在任何一個生物個體中不是「有」就是「沒有」，那麼達爾文的天擇理論就講得通了，簡金的問題因而漂亮地解決了。一九三〇年，費雪的經典著作《天擇的遺傳理論》（*The Genetical Theory of Natural Selection*）出版了之後，「新達爾文主義」（**neo-Darwinism**）之名便不脛而走。它的數位本質可不是個恰巧與遺傳資訊技術吻合的事實。搞不好生物遺傳的數位性質是達爾文演化論能夠成立的必要先決條件。

在我們的電子技術中，離散的、數位的位置每個都只有兩種狀態，依慣例以〇與一表示，當然你也可以用高與低、開與關、上與下來表示，只要它們不會混淆，而且它們的狀態模式可以「讀取」（傳訊），以影響某個事物即可。電子技術使用各種材質儲存以〇與一編碼的資訊，例如磁碟、磁帶、打孔卡片、打孔帶，以及整合型晶片（其中包括大量微小的半導體單位）。

所有的生物細胞，管它是柳樹種子、螞蟻、還是什麼的，主要以化學媒體儲存資訊，而不是電子媒體。這種媒體利用某些分子種類的「聚合」性質儲存資訊。所謂聚合，就是分子彼此相連成一長鏈，而且長度沒有限制。聚合體有許多種。舉個例子來說，聚乙烯是乙烯這種小分子聚合成的長鏈。澱粉與纖維素是聚合醣（又稱多醣）。有些聚合體是由一種以上的小分子聚合成的，與聚乙烯不一樣。一旦聚合體有了異質性（長鏈由一種以上的分子聚合成的），理論上就可供資訊技術利用。要是聚合體長鏈由兩種小分子構成，它們就可以分別代表○與一，於是任何數量、任何種類的資訊都可以儲存在這種聚合體長鏈上，只要分子鏈夠長。

生物細胞利用的聚合體是聚核苷酸。在生物細胞中聚核苷酸有兩個主要的家族，簡稱DNA與RNA。它們都是核苷酸組成的長鏈。DNA與RNA都是異質鏈，由四種不同的核苷酸組成。當然，這正是它們可以用來儲存資訊的理由。生物細胞的資訊技術使用的不是二態碼（○與一），而是四態碼，按慣例以A、T、C、G代表（即四種核苷酸的英文縮寫）。就原理來說，我們使用的二態資訊技術與生物細胞的四態資訊技術沒什麼不同。

我在第一章結束時說過，每個人體細胞用來儲存資訊的空間，足以容納三、四套《大英百科全書》（一套三十冊）。我不知道柳樹種子或螞蟻細胞的資訊容量，但是它們應該與人類屬於同一個數量級。一粒百合種子或蠑螈（一種兩棲類）精子，儲存的資訊量相當於六十套《大英百科全書》以上。變形蟲是原生生物，夠「原始」了吧？可是變形蟲有些物種，細胞核DNA足以儲存相當於一百套《大英百科全書》的資訊。

令人驚訝的是：有些生物細胞的遺傳資訊，似乎只有百分之一實際派上用場，人類細胞就是一個例子，大約相當於一冊《大英百科全書》。其他的百分之九十九為什麼會在細胞中？沒有人知道。我曾經指出它們也許是「寄生蟲」，占那百分之一的便宜，它們搭便車進入細胞中，這個理論最近分子生物學家很感興趣，為它取了個名字，叫它「自私的DNA」。細菌攜帶的遺傳資訊比人類細胞少得多，大約只有人類的千分之一，可是細菌的遺傳資訊也許每一筆都有用：沒有什麼空間容納「寄生蟲」。細菌的DNA「只」能容納一本《新約》！

現代基因工程師已經發展出適當的技術，能夠將《新約》或任何其他資訊載入細菌的DNA中。任何資訊技術使用的符號，意義都可以任意規定，而DNA中有四個核苷酸「字母」（A、T、C、G），我們可以規定：以三個連續的核苷酸「字母」爲一組（共有六十四種組合），每組都對應一個英文字母表中的字母，於是除了大、小寫英文字母（共五十二個），還可對應十二個標點符號。可是把《新約》寫入細菌的DNA中，得花五個「人―世紀」，也就是說，要是一個人來做，五個世紀才做得完，我看不會有人想做的。不過，萬一這工作完成了，以細菌的繁殖率而言，一天就能複製一千萬本《新約》，要是人類能閱讀細菌DNA中的字母多好！傳教士的美夢也不過如此吧？可惜細菌DNA中的字母實在太小了，即使是一千萬本《新約》，仍然能在一根大頭針的「圓頂」上共舞。

電腦的記憶體一般區分爲ROM與RAM兩種。ROM就是「唯讀記憶體」。嚴格一點兒說，就是「只能寫入一次，可是能讀許多次」的記憶體。製造時只要將以○與一編過碼的資訊「燒」（寫）入記憶體內，就萬事OK了。記憶體這樣「記下」的資訊經久不變，愛讀幾次就讀幾次。至於RAM，是既能讀又能寫的記憶體，因此ROM能做的事它也能做，還能做ROM不能做的事。你隨時可以將資訊寫入RAM中任何地方，愛寫幾次就寫幾次。電腦裡的記憶體，大部分是RAM。我現在在電腦上打出這些字句，它們全都先存到RAM裡，我的文字處理程式也暫存在RAM裡，但是理論上也可以將它燒在ROM裡，從此不再改變它。ROM裡存的是一組固定的標準程式，電腦在運算過程中會反覆呼叫那些程式，你不能改變它們，即使眞心想，也不成。

DNA就是ROM。它可以「讀出」幾百萬次，但是只能「寫入」一次——每個細胞裡的DNA在細胞形成之初就（複製）組裝完畢。任何一個人，身體裡每個細胞的DNA都是「燒入」的，終身不變，偶爾發生罕見的隨機退化倒不無可能。不過，它能複製。細胞一分裂，它就得複製一份。新生兒發育，增加的新細胞數以兆計，每個新細胞的DNA都以先前細胞的DNA爲模板，一五一十地複製出來，所有核苷酸（A、T、C、G）的序列都必須忠實無誤。每個個體受孕的那一刻，一套新而獨特的資訊模式就「燒入」他的DNA ROM，此後終其一生擺脫不了那個模式。那套資訊複製到他身體的每個細胞裡（只有生殖細胞例外，他每個生殖細胞都只得到半套資訊，可是由於那半套是臨時隨機組合出來的，因此每個生殖細胞裡的遺傳資訊都不相同）。

所有電腦記憶體，ROM也好，還是RAM，都有「位址」。就是說記憶體中每個位置都有一個標籤，通常是個數字，但是只要約定俗成，用什麼當標籤都無妨。重要的是：得分別每個記憶位置的位址與內容。每個位置有個位址。舉例來說，我的電腦RAM裡有65,536個記憶位置，我剛剛隨手敲進的兩個字母現在登錄在位址6446與6447裡。以後那兩個位址裡的內容就不同了。每個位置裡的內容，就是最近寫入那個位址裡的東西。ROM裡每個位置也有位址與內容，只是一旦寫入了任何東西，以後就無法更改了。

DNA是構成染色體的主要分子，它的結構像長的繩梯，平時長梯糾結纏繞，不容易看出頭緒。不過DNA分子倒可比做電腦磁帶。我們身體每個細胞裡的DNA都與ROM或電腦磁帶一樣，上面的每筆資訊都有位址標籤。用什麼標記位置，數字也好，名字也好，都不重要。重要的是：我的DNA上任何一個特定位置，你的DNA上都有，絲絲入扣：它們位址相同。我的DNA位址321762的內容，也許與你的DNA位址321762的內容一樣或不一樣。但是我的位址321762在我的細胞中，與你的位址321762在你的細胞中，位置完全一樣。

這兒「位置」指的是某一特定染色體長軸上的位置。至於這個染色體在各自的細胞中究竟位於什麼地方，無關緊要。反正染色體懸浮在細胞核中，位置本就不是固定的。但是染色體長軸上的每個位置都有精確的位址，前後有一定的順序，就像電腦磁帶上的每個位置也有精確的位址，即使整捲散亂在地面上，而不是整齊地捲起，憑位址也可以找到需要的段落。我們所有的人，所有「智人」，都有同樣一套ＤＮＡ位址，至於同一個位址是不是登錄了同樣的內容，則不一定。那是我們彼此不同的主要理由。

其他物種沒有同樣的一套位址。舉例來說，黑猩猩有四十八個染色體，而我們只有四十六個。嚴格說來，不同物種不可能比較遺傳資訊的內容，因爲位址對不上號。不過，親緣關係密切的物種，像人與黑猩猩，染色體上許多「大塊文章」裡都有同樣的內容，連組織都一樣，我們很容易判定它們基本上是相同的，雖然它們並不使用同樣的位址系統。確定不同個體屬於同一物種的判準是：它們的ＤＮＡ使用同一個位址系統。同一個物種的成員，都有同樣數目的染色體，只有少數例外，而每一條染色體都有同樣的位址、同樣的位址順序。不同個體間的差異，是那些位址中的內容（基因版本）不同導致的。

至於同一位址中的不同基因版本怎樣造成個體間的差異，我現在要解釋，但是我必須先強調：我所說的只適用於實行有性生殖的物種，而我們正是實行有性生殖的動物。我們的精

子或卵子，每個都有二十三個染色體。一個人類精子中的任何一個基因位址，所有其他精子中都有對應的位址，不管是我的精子還是任何人的；卵子中也有。我身體裡其他的細胞都有四十六個染色體──兩套（成雙）。那些細胞裡同一個位址使用了兩次。每一個細胞裡第九號染色體都有兩條，換言之，「九號染色體位址7230」有兩個。這兩個位址裡的基因版本不一定相同，（同一物種）其他成員的也不一定相同。含有二十三個染色體的精子，是從含有四十六個染色體的細胞形成的，同一位址的兩個基因每個精子只得到一個。至於是兩個中的哪一個？就難說了，我們可以假定那與拋硬幣的結果類似──服從隨機定律。卵子也一樣。結果，雖然同一物種的每個個體都使用同一套位址系統（暫不談例外情況），以每個位址中的內容（基因版本）而言，每個精子與卵子都是獨一無二的。卵子讓精子授精後，就有了四十六條染色體；然後這個受精卵發育成胚胎，每個細胞中的四十六條染色體，都是受精卵裡四十六條染色體的複本。

我說過，ＲＯＭ（唯讀記憶體）只有在第一次製造的時候才能寫入，製造完成後就不能寫入了，細胞裡的ＤＮＡ也一樣，不過在複製的過程中，偶爾會發生隨機錯誤。但是，整個物種的ＲＯＭ──個別ＲＯＭ的集合，可以寫入有利於生存、繁殖的新指令。個體的存活、繁殖不是隨機的事件，因此每個世代繁殖成功的個體，都無異在物種基因庫中寫入了改良的存活指令。每個ＤＮＡ位址有幾個可能的基因版本進駐，每個版本在族群中的複本數量，隨著世代交替而變化。物種的演化變化，主要是這種變化。當然，在任何特定時間點上，每個複本都必須在個體的身體裡。可是就演化而言，重要的是每個位址的不同基因版本「在族群中」的比例的變化。位址系統一直不變，但是不同基因版本的統計分布，在幾世紀中會發生變化。

位址系統也會變，但是那得隔很長一段時間。黑猩猩有二十四對染色體，我們有二十三對。我們與黑猩猩源自一個共祖，因此在過去某個時候，不是我們的祖系就是黑猩猩的祖系染色體數目發生了變化。說不定是我們失去了一個染色體（原先的兩個染色體合併成一個），也說不定是黑猩猩得到一個新的染色體（原先的一個分裂成兩個）。總之，至少有一個個體體內的染色體數目與父母的不同。在整個基因系統中，還可能發生其他的變化。我們下面就要討論，染色體上一整段DNA偶爾會複製到不同的染色體上。我們知道這類事件發生過，因為在不同的染色體上，我們發現了完全相同的長串DNA鹼基序列。

一旦電腦從記憶體某個位址中讀取了資訊，這份資訊的命運可能有二：一是給寫到其他地方去，二是成為某個「動作」的一個成分。「寫入其他地方」的意思，就是「複製」。我們知道DNA很容易從一個細胞複製到新細胞中，而且大段大段的DNA也可以從一個人複製到另一個人體內，就是他的孩子。

「動作」就比較複雜了。在電腦中，有一類動作就是執行程式指令。在我電腦的ROM中，位址64489、64490和64491的內容合併起來，形成的特定（○與一）模式可以解釋成指令，使電腦的小喇叭發出一聲「嗶！」那一資訊模式是101011010011000011000000。那個資訊「筆」（bit）模式，與「嗶！」或噪音沒有什麼內蘊的關連。那個模式對揚聲器的影響（使它發出特定的聲音），表面看不出來。那個模式的效果完全是電腦組裝方式設定的。同樣地，DNA上以四個字母組成的「碼」（基因），與功能——例如影響眼睛（虹膜）的顏色，或行為，也沒有什麼一眼就能看出的關連。它們的影響，是由胚胎其他部分的發育模式決定的，而那個發育模式又是由DNA上其他基因模式控制的。本書第七章的主題就是基因間的互動。

DNA上的基因，在涉入任何種類的行動之前，都得翻譯到另一個媒體上。首先，DNA上的基因得譯成RNA，一個字母都不能差。RNA也以四個字母構成。從RNA再翻譯成另一種不同的聚合體，就是多胜體或蛋白質。它也許可以叫做胺基酸聚合體，因爲它以胺基酸爲基本單位。生物細胞中共有二十種胺基酸。所有生物體內的蛋白質都是由這二十種胺基酸組成的長鏈。雖然蛋白質是胺基酸聚合成的長鏈，大多數蛋白質都不是長條形的。蛋白質每條鏈都盤纏成一個複雜的「結」，結的形狀由胺基酸順序決定。因此胺基酸順序相同的蛋白質長鏈，會盤纏成相同形狀的結，不容變異。胺基酸的順序是由DNA上的鹼基序列（經由RNA）決定的。因此，蛋白質的三維（空間）盤纏形狀，可說是由DNA上的單維資訊（鹼基序列）決定的。

翻譯程序包括著名的「基因代碼」（genetic code，舊譯「遺傳密碼」）。這是一本字典，DNA上每三個字母，最後都可以譯成一個胺基酸代碼，或「停止讀取」符號。四個基本字母可以組成六十四個「三字母」碼，對應二十個胺基酸綽綽有餘。至於「停止讀取」符號，共有三個。許多胺基酸有好幾個「三字母」碼對應，這我想你一定猜得到，因爲胺基酸只有二十種，而代碼有六十四個。整個翻譯工作，從單維的DNA唯讀記憶體（ROM）到精確的蛋白質三維結構，是數位資訊技術的絕活兒。至於基因影響身體的循序步驟，就不容易以電腦模型來說明了。

每一個活細胞，即使只是一個細菌，都可以想像成一個巨大的化學工廠。基因（DNA

上的字母模式）的功能，表現在對工廠中事件、流程的影響上；它們有這種影響力，關鍵在它們支配了蛋白質的三維結構。我使用的形容詞「巨大的」可能會令你覺得驚訝，尤其是細菌的尺度以一微米爲單位，一微米只有百萬分之一公尺。但是你一定記得每個細胞都能裝下整部《新約》的純文字檔，此外，說它「巨大」，從它包含大量的精密機器這個事實來說，也絕不誇張。

每一具機器都是一個大型蛋白質分子，是在DNA上某一特定段落（基因）的影響之下組裝的。有一群蛋白質分子，學者叫做「酶」的，我認爲都是機器，意思是：每一個酶都能促發一個特定的化學反應。每一種蛋白質機器都會生產特定化學產品。它們利用漂蕩在細胞中的分子當原料，那些分子很可能是其他蛋白質機器的產品。你想知道這些蛋白質機器的大小嗎？每一個大約由六千個原子組成。就分子而言，算是相當大了。每一個細胞裡約有一百萬個這類大型分子機器，可大別爲兩千種，每一種都在化學工廠（細胞）中擔負專門的任務。這些酶特有的化學產品，是細胞分化的基礎，無論形狀還是功能。

所有身體細胞都有同樣的基因，可是身體細胞之間卻發展出很大的差異，這也許令人覺得驚訝。原因是：每個細胞雖然都有完整的基因組，可是爲了維持生存、發揮功能，只需「讀取」其中一小組基因就成了，其他的基因就「存而不論」了；而不同種類的細胞，讀取的基因不同。在肝細胞中，DNA唯讀記憶體中建造腎細胞的特殊指令就不讀了，反之亦然。細胞的形狀與行爲，由細胞讀取的基因與從基因譯成的蛋白質產物而定。而細胞會讀取哪些基因，又受細胞中已有化學物的調控。那些化學物一方面源自細胞先前讀過的基因，另一方面又與鄰近細胞有關。

細胞分裂時，兩個子細胞不一定相同。例如原來的受精卵中，某些化學物聚集在細胞的一端，其他的在另一端。這麼一個「兩極化」的細胞分裂後，兩個子細胞接收的化學物組成不同。也就是說，兩個子細胞會讀取不同的基因，就這樣，源自細胞內部的因素就能推動細胞分化的過程。整個生物體最後的形狀、四肢的大小、大腦神經線路的鋪設、行爲模式的發生順序，都是不同種類的細胞互動的間接結果，而細胞不同，是因爲讀取的基因不同。這些分化過程，最好以第三章討論過的「遞迴」程序來理解，而不是什麼中央控制中樞根據某個偉大藍圖排演出來的。在遞迴程序中，局部要素都能自主。

遺傳學家提到「基因的表型效應」時，討論的就是本章所謂的基因「行動」。DNA對身體、眼睛顏色（瞳孔四周的虹膜顏色）、頭髮的蜷曲程度、侵略行爲的強度，還有不知幾千種觀察得到的特徵，都有影響，都叫做基因的表型效應。DNA起先只在局部施展這些效應，一旦給RNA讀取了，翻譯成蛋白質，那些蛋白質就會影響細胞的形狀與行爲。DNA模式中蘊含的資訊，有兩種讀取的方式，這是其中一種。另一種就是複製新的DNA鏈，我們先前討論過。

這兩種傳遞DNA資訊的方式，根本就不同，一是垂直傳遞，一是橫向傳遞。垂直傳遞是傳遞到其他細胞的DNA，那些細胞能製造其他細胞，最後製造精子或卵子。因此，DNA資訊垂直傳遞到下一個世代，然後再垂直傳遞到無數的未來世代。我管這種DNA叫做「檔案DNA」。它們有不朽的潛力。傳遞「檔案DNA」的細胞系列，叫做生殖系（germ line）。每個身體裡都有一套細胞，最後會衍生出精子或卵子，因此就是未來世代的祖先，那套細胞就是生殖系。DNA的資訊也能橫向傳遞：傳給生殖系以外細胞的DNA，例如肝細胞或皮膚細胞；在這些細胞中再傳給RNA，然後是蛋白質，以及各種對於胚胎發育的影響，因而影響成體的形狀與行為。你可以將橫向傳遞與垂直傳遞對應於第三章談過的兩個副程式：「發育」與「生殖」。

天擇就是不同DNA競爭垂直傳遞管道的結果，當然，不同的DNA進入物種「檔案DNA」的成功率並不相同。任何一個DNA的競爭對手，就是在物種染色體特定位址上註冊了不同資訊的DNA。有些基因比對手基因更成功地留在物種檔案中（物種ROM）。「成功」的終極意義是留在物種檔案中，成功的判準通常是基因透過橫向管道對於身體的「行動」。這也與電腦裡的生物形模型很相似。

舉個例來說吧。假定老虎有一個特定基因，透過橫向管道影響了上下顎的細胞，使牙齒變得不怎麼銳利，可是這個基因的對手基因，卻會使牙齒變得更尖利。老虎的牙齒要是特別尖利，就能更俐落地殺死獵物；因此就會有更多的子女；因此就能垂直傳遞更多「利齒」基因的複本。這頭老虎同時也傳遞了其他的基因，不錯，但是平均而言，擁有利齒的老虎體內才有利齒基因。就垂直傳遞而言，這個基因得利於它對各種身體的平均影響力。

DNA做為檔案媒體，表現非凡。它保存信息的能力，遠勝石板。乳牛與豌豆（以及我們人類）都有一個幾乎一樣的組蛋白H4基因。它在DNA上，由三〇六個字碼組成。我們不能說它在所有物種中都登記在同一個位址下，因為我們無法有意義地比較物種之間的位址標籤。我們能說的是：乳牛DNA上有一串字碼，共三〇六個，豌豆DNA上也有這一串三

○六個字碼，幾乎完全一樣。兩者只差兩個字母。我們不知道乳牛與豌豆的共祖究竟生活在什麼時候，但是化石證據顯示：那必然在十億到二十億年前。就說十五億年前吧。以我們人類來說，十五億年可眞難以想像，在那麼悠長的歲月中，從那位遠古共祖分化出來的兩個生物世系，居然將原始訊息中的三○六個字碼保存了三○五個（這是平均數：也許一個世系保存了所有三○六個字碼，另一個世系保存了三○四個）。刻在墓碑上的字母，不過幾百年就難以卒讀了。

組蛋白H4這份DNA文件還有一個特徵，與石板不同，因此訊息能夠忠實保存下來，更令人覺得不可思議，那就是：它並不是因爲材質耐久，所以登錄的訊息能完整保存。這份文件一代又一代地反覆複製過，就像古代的希伯來經典，每八十年就由抄手（書記）隆重地謄錄一通，免得抄本耗損、字跡漫漶。從豌豆與乳牛的共祖，一直傳到今天的乳牛身上，這份組蛋白H4文件不知謄錄過多少次了，實際的次數說不準，但是可能經過兩百億次連續謄錄，應是合理的推測。經過兩百億次連續謄錄仍能準確地保存訊息內容的百分之九十九，這實在難以找到適當的標尺來打分數。

我們可以試著用一種傳訊遊戲來當標尺。請想像：有兩百億個打字員坐成一排；這一排可以環繞地球五百圈。第一個打字員打出一頁文件，然後傳給鄰座的打字員。他重打一遍，再將打出的複本傳給下一個打字員。他重打一遍，將打出的複本再傳給下一個打字員。如此這般，一直到複本傳到最後一位打字員手裡。好了，讓我們讀讀這份文件（假定所有打字員都有專業秘書的水準，也許讀到這份文件的是我們第一萬兩千代的曾孫）。你猜這份文件與原始文件會有何差別？

爲了回答這個問題，我們得對打字員的出錯率做些假定。讓我們將這個問題顚倒過來。每個打字員必須多麼仔細，才比得上DNA的表現？答案幾乎可說太過荒謬，不值一提。一

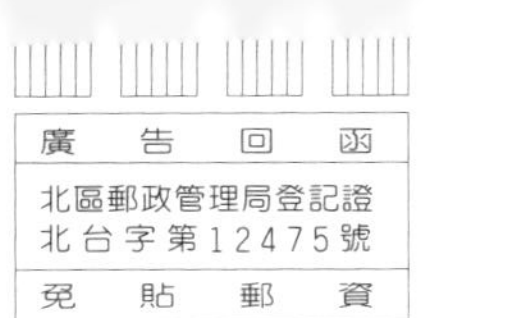

廣　告　回　函
北區郵政管理局登記證 北台字第12475號
免　貼　郵　資

116　台北木柵郵局第240號信箱

天下遠見出版公司　收

http://www.bookzone.com.tw

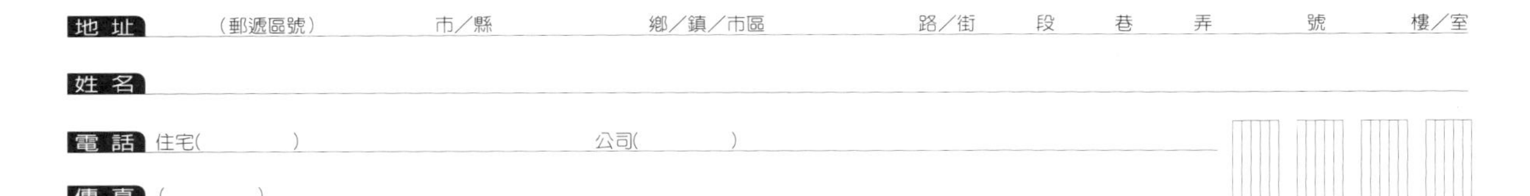

地址　（郵遞區號）　　市／縣　　鄉／鎮／市區　　路／街　段　巷　弄　號　樓／室

姓名

電話　住宅(　　　)　　公司(　　　)

傳真　(　　　)

◎如果您願意不定期收到天下遠見提供的資訊，請填寫下列資料寄回。(免貼郵票)

1．您的電子郵件信箱：______________________________

2．您所購買的書名：______________________ 書號：______________________

3．您的性別：□男 □女 您的生日：西元__________年_____月_____日

4．您的職業：□1.學生 □2.軍公教 □3.服務 □4.金融 □5.製造 □6.資訊 □7.傳播 □8.自由業

□9.農漁牧 □10.家管 □11.退休 □12.其他

5．您從何處得知本書消息？（可複選）

□1.書店 □2.網路 □3.書的天下 □4.報紙 □5.雜誌 □6.廣播 □7.電視 □8.他人推薦 □9.其他

6．您通常以何種方式購書？（可複選）

□1.書店買書 □2.網路購書 □3.傳真訂購 □4.郵局劃撥 □5.其他

7．您覺得本書價格 □1.偏高 □2.合理 □3.偏低

8．您對本書的評價（請填代號 1.非常滿意 2.滿意 3.普通 4.不滿意 5.非常不滿意）

____書名____內容____封面設計____版面編排____文／譯筆

9．讀完本書後您覺得 □1.很有收穫 □2.有收穫 □3.收穫不多 □4.沒收穫

10．您會推薦本書給朋友嗎？ □1.會 □2.不會 □3.沒意見

兆分之一！連續打一兆個字母，只准錯一個。換言之，整本《聖經》一次謄錄二十五萬個複本，只准錯一個字母。現在的秘書，每頁只出一個錯就算不錯了。算來組蛋白H4基因的出錯率必須放大五億倍才比得上。一排秘書輾轉抄錄這份以三〇六個字母寫成的文件，到第二十名，這份文件只保存了原始文件的百分之九十九。到了第一萬名秘書的手上，原始文件中的資訊只剩下百分之一。別忘了，整排秘書共有兩百億位，這時還有百分之九九・九九九五沒見到複寫本呢。

我承認，這個比較多少有點兒詐欺的成分，但是有趣的地方也在這裡，而且這個面相頗富玄機，值得討論。我的討論讓人產生的印象是：我們想測量的是複製過程中的出錯率。但是組蛋白H4文件不只要複製，還必須受天擇考驗。組蛋白關係生物體的生存，極為重要。染色體的結構工程就要用到組蛋白。也許組蛋白H4基因在複製過程中出過許多錯，但是帶有組蛋白H4突變基因的個體都無法存活，或者至少無法繁殖。為了讓比較公平些，我們應該在我們的想像實驗中加上些條件，例如每個打字員的打字機與一把槍連線，只要打字員一出錯，扳機就會扣動，無異找死。下一名打字員就自動遞補上來。（要是讀者覺得槍斃太殘酷了，也許可以想像打字員坐在彈射椅上，只要一出錯，就給彈射出去。但是槍斃比較符合天擇運作的邏輯。）

你看出來了吧，前面測量DNA恆定性的方法，就是檢查特定DNA片段（基因）在地質時間中的變化量，其實混淆了真正的複製忠實度與天擇的過濾效果。我們只能觀察到成功

的DNA變異（突變）。導致死亡的突變我們觀察不到。我們能夠測量到眞實的複製忠實度嗎？就是每一世代天擇開始運行之前的情況。可以。取所謂突變率的倒數就成了，突變率是可以測量的。結果，在任何一個複製DNA的事例中，任何一個字母複製錯誤（點突變）的機率略高於十億分之一。組蛋白H4基因在演化過程中實際發生的突變率遠低於這個數字，反映的是天擇保存這份古代文件的效能。

以基因的標準來說，組蛋白H4基因經得起十數億年歲月的消磨，是個例外，而非常態。其他的基因變化率就高了，想來天擇對於它們的變異較能容忍。舉個例子好了，血纖維蛋白胜肽（fibrinopeptides，在凝血過程中形成的蛋白質）在演化中的變化率與基本突變率相去不遠。這也許表示血纖維蛋白胜肽的結構即使出了什麼差錯也不是性命交關的事。血紅素基因的變化率則介於組蛋白與血纖維蛋白胜肽之間。血紅素在血液中執行重要的任務，它的結構的確重要；但是幾種不同的版本似乎都能圓滿達成任務。

這兒我們碰上了一個似乎難以自圓其說的現象，我們得好好想想才能脫困。演化速率最慢的分子，例如組蛋白，正是受到天擇嚴密監控的分子。血纖維蛋白胜肽演化的速率非常高，只因天擇並不在乎。它們能變就變了，所以演化速率接近自然突變率。我們覺得兩者似乎扞格不入，只因爲我們太過強調「天擇是演化的驅動力量」。因此，我們會覺得要是沒有天擇，就沒有演化了。反過來說，強大的天擇壓力也許會導致快速的演化。這樣想其實頗合理。可是我們發現天擇施展的卻是踩煞車的力量。要是沒有了天擇，演化的基礎速率，就是最大的可能速率。而所謂演化的基礎速率，與突變率是同意詞。

這一點都不難以解釋。只要我們仔細思量，就會覺悟那是理所當然的。以天擇爲機制的演化，不可能快過突變率，因爲說到底，突變是唯一創造種內變異的方式。天擇所能做的，是接受某些新的變異、排斥其他的變異。突變率必然是演化率的上限。實際上，天擇所關心的大部分是防止「演化變化」（簡稱「演化」）發生，而不是驅動演化。不過我得在這兒加上一句，我的意思並不是天擇只是個毀滅的過程。天擇也能創造，我會在第七章解釋。

可是突變率的確很低。換言之，即使沒有天擇，精確保存檔案的表現都令人印象極爲深刻。保守一點估計，即使沒有天擇，DNA都能精確地複製，大約五百萬個複製世代才會「抄錯」百分之一個字母。在我們的思想實驗中，打字員的表現比起DNA來，實在望塵莫及，即使沒有天擇。想達到DNA的基礎水準（沒有天擇的情況），每個打字員都必須：打一遍《新約》只錯一個字母。也就是說，就打字的本領而言，他們必須比典型的秘書好上四百五十倍。用不著說，這個數字比起「五億倍」教人覺得踏實多了，但仍然令人肅然起敬（前面說過，在天擇監控之下，組蛋白基因的複製出錯率，相當於謄錄整部《聖經》二十五萬次，只錯一個字母。）

但是我對打字員並不公平。我等於假定他們無法察覺自己犯的錯誤，並改正過來。我假定完全沒有「校對」這回事。在實務上，他們當然會校對。因此，我這排數以億計的打字員，不會讓文件的原始文本像我說的那麼容易失眞。DNA的複製機制會自動進行同樣的偵錯／除錯工作。要是它不做校對，就不會達成我報導過的複製正確率，那可是個驚人的成就。DNA的複製程序包含了各種校對步驟。由於DNA碼的字母不像刻在大理石上的象形文字，不是靜態的，校對更爲重要。

DNA上的「字母」分子非常小（記得我用過的比喻嗎？一本DNA《新約》一根大頭針的頭頂都放得下），因此不斷地受到衝擊——分子受熱後變得不安分，相互推擠是十分尋常的事。DNA分子本身也在不斷變動，好比訊息中的字母不斷更新。每一個人類細胞中，每天有五千個DNA「字母」退化，必須以修補機制立即補上。要不是修補機制隨時工作、不停工作，細胞核中的遺傳訊息就會逐漸消散掉。校對剛複製出的文本，只是正常修補工作的特例罷了。DNA儲存資訊既精確又忠實，主要就靠校對機制。

我們已經知道：DNA分子是一種神妙的資訊技術的核心。它能將龐大的精確、數位資訊收錄在極小的空間中；它又能將這份資訊保存很長一段時間，單位以百萬年計，雖然不可能不出錯，可是出錯率低得驚人。這些事實會帶領我們到什麼地方去？它們指引我們方向，朝向地球生命的核心眞理。本章一開始我談到柳絮、種仁，就在暗示那個眞理：生物是爲了DNA的利益而活，而不是顚倒過來。這可不是自明的眞理，但是我希望能夠說服你。DNA分子上的訊息，要是以個體生命史的尺度來衡量，幾乎可算不朽。DNA訊息（加減一些突變）的生命史是以百萬年到億年爲單位來衡量的；或者，換句話說，相當於一萬個個體到一兆個個體的生命史。每個生物個體都應視爲暫時的傳播媒介，DNA訊息在悠長的生命史中，不過以生物體爲逆旅罷了。

世上充滿了存有物……！沒錯，我沒有異議，但是這樣說不能幫助我們釐清問題。東西存在，要嘛因爲它們最近才出現，要嘛它們擁有一些特質，使它們在過去不可能給摧毀。岩石不會以很高的速率出現，一旦出現了，就堅硬得很，經得起歲月摧折。不然，就不是岩石了，而是沙。也眞是，有些岩石變成了沙，所以海濱才有沙灘。耐久的才會以岩石之姿存在世上。另一方面，露珠存在世上，不是因爲它們耐久，只因爲它們剛形成，還沒時間蒸發。我們似乎有兩種「存有性」（existenceworthiness）：露珠類，簡言之就是「可能出現但不會持久」；以及岩石類，「不容易出現，一旦出現了，就可能持續一段時間」。岩石有耐久性，露珠「易於問世」（generatability）。

DNA則左右逢源。DNA分子做爲一種實體存有物，就像露珠。在適當的條件下，它們很快就會出現，但是它們不能長期存在世上，幾個月內就會給摧毀。DNA分子不像岩石那樣耐久。但是它們序列中的字母「模式」卻像最堅硬的岩石一樣耐久。它們有本事存在幾百萬年之久，因此它們現在仍然存在。DNA與露珠最根本的不同是：新的露珠不是由老的露珠生產的。露珠與露珠都很相似，毫無疑問，但是它們不會特別像「親代」露珠。露珠與DNA分子不同，不會形成世系，因此不傳遞訊息。露珠的出現是自然發生的，而DNA訊息必需複製。

「世上充滿了東西，個個都有在世上混的本錢！」這樣的說詞不僅是廢話，而且無關痛癢，幾乎可笑，除非我們將這種說詞應用到一種特殊的耐久性上——以大量複本、世系表現的耐久性。DNA訊息的耐久性與岩石的是不同的種類，DNA訊息出現在世間的方式，也與露珠不同。就DNA分子而言，說它們「有在世上混的本錢」可不是泛泛之談，也不是廢話。原來DNA分子在世上混的本錢，包括建造像你、我一樣的「機器」，那可是已知宇宙中最複雜的東西了。這怎麼可能呢？

基本上，理由是：DNA的性質正是任何累積選擇過程必要的基本要素。第三章的計算機模型中，我們有意地將累積選擇的基本要素設計進去。如果累積選擇眞的會在世上發生，就必須有某些實體，而且它們的性質構成那些基本要素。現在讓我們看看那些要素究竟是什麼。我們必須記住一個事實：這些要素必然早已在地球上自然出現了，至少是以某種粗陋的形式存在著，否則累積演化，以及生命，絕不可能發生。我們正在談的，不一定只涉及DNA，而是生命在宇宙中任何地方出現都必需的基本要素。

當年，猶太人先知以西結（Ezekiel）給上帝的靈帶到堆滿枯骨的山谷中，他遵從上帝的命令，向枯骨說預言，使枯骨連結起來，生筋長肉。但是軀體沒有呼吸。缺的是生命要素。一顆沒有生命的行星有原子、分子、大塊的物質，隨機地互相推擠、依偎，服從物理定律。有時物理定律使原子與分子結合在一起，就像以西結的枯骨，有時物理定律使它們分裂、分離。原子有時會形成相當大的集結體，然後再度瓦解、分崩。但是它們裡面仍然沒有生氣。

以西結召喚四方之風，將生氣吹入枯骨形成的軀體中。像早期地球一樣沒有生命的行星，必須具備哪些生機，才有機會成為有生命的行星？不是生氣、不是風、也不是任何仙丹、妙藥。根本不是任何實體，而是一種性質，就是自我複製的性質。這是累積選擇的基本要素，必須出現能夠複製自己的實體，我叫它們「複製子」。至於它們怎麼出現的，細節仍不清楚，但它們是在尋常的物理定律支配下出現的，而不是奇蹟，殆無疑義。在現代生物中，這個角色幾乎完全由DNA扮演，但是任何能複製自己的東西都能勝任這個角色。我們猜測原始地球上的第一個複製子也許不是DNA分子。功能完全的DNA分子不大可能一下子就出現了，通常它得有其他分子的協助才成，而那些分子通常只有生物細胞中才有。最早的複製子也許比DNA粗陋而簡單。

另外還有兩個基本要素，通常只要第一個（自我複製）有了，就會自動出現。在複製自己的過程中，必然偶爾會出錯；即使DNA系統很精準，也是會出錯的，地球上第一個複製子就更容易出錯了。此外，至少有些複製子有「力量」影響自己的前途。這最後一個要素，聽來比實際上要邪惡。我的意思不過是：複製子的某些性質應會影響它們給複製的機率。這很可能是自我複製的基本事實導致的必然結果，至少會以簡陋的形式表現出來。

於是每個複製子都製造了好幾個自己的複本。每個複本都與原版相同，擁有原版的性質。當然，這些性質包括「製作更多自己的複本」（複本難免偶爾會夾帶錯誤）。因此，每個複製子都有潛力成為一個世系的始祖，子孫複製子瓜瓞綿綿。每個新的複本必然都是以原料建造的，就是四周遊蕩的小建材。想來複製子可以當作某種模型或模板。小建材在模型裡組裝在一起，於是另一個模型就產生了。然後複本脫離模型，自身成為複製另一個複本的模型。因此一個有增殖潛力的複製子族群就形成了。族群不會無限成長下去，因為原料的供應是有限的。

現在我們要討論論證的第二個要素。有時候複製並不完美。錯誤會發生。出錯的可能任何複製過程都無法完全消弭，只能降低發生的機率。這是高級音響製造商一直在努力的事，而DNA複製過程在降低出錯率方面，表現亮麗、非凡，我們已經談過了。但是現代生物的DNA複製機制是個高級技術，包括精密的校對技術，經過許多世代的累積選擇，已達成熟的境地。前面說過了，最早的複製子複製本領可能稀鬆平常多了，以忠實度而言，當然比不上今日的後出轉精。

現在回頭來看那群遠古的複製子族群，瞧瞧複製失誤會產生什麼後果。用不著說，那不是個由相同的複製子組成的單調族群，其中有變異。複製失誤的後果，也許就是喪失自我複製的能力。但是有些失真的複本仍能自我複製，只是與親代在其他方面有些不同。於是那些帶有錯誤的複本就在族群中繁衍了。

這兒使用「錯誤」（或「失誤」）這個詞，你千萬別誤會，得抹殺它的所有「貶義」。它是相對於高度忠實的複本而言的。複製錯誤搞不好能產生正面的結果，存活或複製本事反倒提升了，誰知道呢。我敢說許多精緻的美食都是意外創造的，原來廚師只想遵循食譜炮製一番，哪知出了岔，新奇的美食因而誕生。要說有什麼科學點子是我首創的，有時不過是誤解或誤讀別人的點子罷了。回到太古複製子吧。大多數複製錯誤也許會降低複製效率，甚至使複製機制當機，但是少數錯誤反而能提升複製效能，於是帶有這種複製「缺陷」的子代成爲更好的複製子，親代「原版」比不上。

「更好」是什麼意思？基本上，指的是複製效率更好，但是實務上呢？說到這兒，就得談第三個要素了。我說過，它就是「力量」，你很快就會了解我的理由。我以「小建材在模型裡組裝」討論過複製過程，我說過整個過程的最後一步就是複本脫離模型，成爲複製下一個複本的模型。可是「脫離」的時刻，「舊模子」的性質也許會有影響，例如一種我叫做「黏度」的性質。假定在太古的複製子族群中，由於過去累積的複製錯誤，已經有好些不同的變異品種，其中有些品種正巧比較黏——複本不易脫離。最黏的，複本平均要花一小時才能脫離，去幹自己的複製事業。比較不黏的，複製完成後，不要一秒鐘複本就脫離了，可以立即製造下一個複本。

最後哪個品種會在族群中占優勢？答案不言而喻。如果這是那兩個品種的唯一差異，比較黏的那個注定成爲族群中的少數。不黏的品種製造複本的速率，讓比較黏的品種瞠乎其後，望塵莫及。中間黏度的品種，則速率平平。於是一個朝向低黏度的「演化趨勢」就形成了。

這種基本的天擇過程科學家已經在試管中觀察到了類似的例子。有一種叫做Qβ的病

毒，寄生在大腸菌中。Ｑβ病毒有ＤＮＡ，但是有一條相關的ＲＮＡ分子，事實上Ｑβ病毒主要就是一個ＲＮＡ分子構成的。ＲＮＡ也能像ＤＮＡ一樣地複製。

在正常細胞中，蛋白質分子是根據ＲＮＡ「模板」組裝出來的，不同的ＲＮＡ「模板」組裝出不同的蛋白質。而ＲＮＡ「模板」是從保存在細胞檔案室中的ＤＮＡ主板翻製出來的。但是理論上，建造一個特別的機器（和其他的胞內機器一樣，也是一個蛋白質分子），以ＲＮＡ「模板」翻製更多ＲＮＡ「模板」是可能的。ＲＮＡ複製酶就是這樣的機器。在細菌細胞內這樣的機器通常毫無用處，細菌根本不會建造它。但是由於複製酶是個蛋白質，就像其他蛋白質一樣，細菌細胞中建造蛋白質的機器多才多藝，很容易轉而製造複製酶，就像汽車工廠中的機器工具，在戰時很快就能徵用來製造軍火：只要給它們正確的藍圖就成了。這正是Ｑβ病毒幹的事。

那個病毒幹活兒的零件是一個ＲＮＡ「模板」。表面上，它與細菌細胞中遊蕩的其他ＲＮＡ「模板」沒什麼差別，那些模板是從細菌ＤＮＡ翻製出來的。但是，要是你仔細閱讀那個病毒ＲＮＡ中的文本，就會發現其中包藏禍心：那是一份製造ＲＮＡ複製酶的計畫。別忘了，ＲＮＡ複製酶是製造ＲＮＡ「模板」的機器，因此那個病毒ＲＮＡ就能大量複製了，數量以指數成長……。

於是細菌的生命工廠就給這些自私的藍圖劫持了。我們甚至可以說，它是咎由自取。要是你在工廠裡設置的機器都很多才多藝，給它們任何藍圖都能順利製造出產品來，那麼遲早會出現一張藍圖，教那些機器製造那藍圖的複本。於是這些惡棍機器在工廠裡愈來愈多，到處都是，每個都吐出惡棍藍圖，製造複製自己的機器。最後，這個不幸的細菌撐不住了，裂開了，釋放出數以百萬計的病毒，侵入其他的細菌。這就是病毒在自然中的生命循環。

我把ＲＮＡ複製酶叫做機器，ＲＮＡ（模板）叫做藍圖，是有理由的，我會在另一章討論。但是RNA複製酶與RNA也都是分子，化學家可以將它們從生物體內抽出、純化，裝入瓶子，儲存在實驗室的試劑架上。這正是美國哥倫比亞大學的分子生物學家史匹葛爾曼（**Sol Spiegelman, 1914-1983**）與同事在一九六〇年代做的事。然後他們將這兩種分子一起放入試管溶液中，結果發生了有趣的事。在試管中，RNA分子就像個模板，專門合成自己的複本，但是這個過程必須有RNA複製酶的協助才能進行。先是，機器工具與藍圖分別抽出、儲存。然後，將它們在水中送做堆，並供應必要的小分子原料。雖然這時它們是在一個試管中，而不是活細胞，兩者都恢復了過去的老把戲。

從這個實驗再跨出一小步，就能在實驗室中觀察天擇與演化了。這只不過是（電腦）「生物形」模型的化學版。基本上，實驗是這麼做的：取一排試管，每一根都注入RNA複製酶溶液，以及合成RNA需要的小分子。每根試管都有機器工具與原料，但是啥事也沒發生，因爲缺了藍圖。現在將微量RNA倒入第一根試管。複製酶（機器工具）立即開始工作，製造出許多剛加入的RNA分子的複本，那些RNA分子在試管溶液的每個角落都可以發現。現在從這根試管取出一滴溶液，滴入第二根試管中。同樣的過程也在第二根試管中上演了，然後從第二根試管取出一滴溶液當種子，「種入」第三根試管，……，再下一根試管，如此這般，直到最後一根試管。

偶爾，由於隨機的複製失誤，試管中會出現稍微不同的（突變的）RNA分子。要是變異的RNA分子（突變種）比原先的優異，很快就會在試管中占數量的優勢（這裡不討論「優異」的緣由，純以觀察到的複製效率做判準）。不用說，試管取出的「種子」溶液，也是變異RNA占優勢。因此下一個試管中，原先的RNA與變異RNA都是種子。從出現變異RNA的試管起，檢驗一系列試管（「世代」），觀察到的現象就是不折不扣的「演化變化」（簡稱「演化」）。從許多回實驗的最後一根試管，蒐集到最具競爭優勢的變異RNA，裝瓶、貼標籤後可供日後使用。舉個例子好了，有個變異RNA叫做V2，比正常的Qβ RNA複製效率高很多，也許是因爲它比較小。V2與Qβ不同，它不必攜帶製造複製酶的藍圖。複製酶是由實驗者免費供應的。美國加州沙克研究所（Salk Institute）的奧格⑥以V2做過一個有趣的實驗。他的團隊爲它設計了一個艱困的環境。

他們在試管中加入了溴化乙錠（ethidium bromide），那是一種毒性試劑，能抑制RNA的合成，就是使機器工具（複製酶）故障。一開始，奧格使用的毒液非常稀薄。最初幾根試管中，毒劑使RNA合成的速率降低了，但是經過九根試管的移轉之後，經得起毒劑荼毒的RNA新品種就脫穎而出了（給「選擇」出來了）。變異RNA的合成率，相當於正常V2 RNA在沒有毒劑的試管中。然後奧格的團隊將毒劑加重一倍。RNA合成的速率再度降低，但是經過十根（以上）試管的移轉之後，經得起高劑量毒劑荼毒的新品種又演化出來了。然後，毒劑再加重一倍。

就這樣，以逐步加倍毒劑的程序，他們想演化出即使在極高濃度的溴化乙錠溶液中仍能複製的RNA品種。結果RNA V40演化出來了，它在十倍濃度的毒液中仍能複製——那是以抑制「祖先」種（V2 RNA）複製的濃度爲計算基準的。從V2演化成V40，要經過一百根試管的轉移（一百個「世代」；當然，在眞實世界中，每一次試管轉移都對應許多RNA複製世代，而不只是兩個世代）。

奧格也做了沒有動用複製酶的實驗。他發現RNA分子在這些條件下能夠自動地自我複製，只不過速率很慢。它們似乎需要其他的催化物質，例如鋅。這個發現非常重要，因爲在生命史的初期，複製子剛出現的時候，可能還沒有協助它們複製的酶。鋅倒可能有。

一九七六年，德國馬克斯・普朗克生物物理化學研究所做了一個實驗，與奧格的實驗互補。在生命起源的研究上，那是個影響力很大的研究機構，由諾貝爾獎得主艾根⑦領導。艾根的團隊在試管中放入複製酶與製造RNA分子所需的原料分子，但是不在溶液中播種（RNA分子）。然而，一個特別的RNA大分子自然地演化出來了，而且在以後的獨立實驗中，同樣的分子一再地演化出來！會不會是試管無意中給RNA分子「污染」了？仔細檢查後，這個可能給排除了。這實在是不得了的結果：同樣的大分子自動地發生了兩次？機率太低了！這比猴子在電腦鍵盤上隨意敲出哈姆雷特的一句話還不可能（還記得嗎？我們在第三章討論過）。那個特別的RNA分子，就像那句話在我們的電腦模型中演化一樣，是逐步、累積演化組裝成的。

反覆在這些實驗中產生的那個RNA分子，與史匹葛爾曼製造出的，大小相同，結構也相同。只不過史匹葛爾曼的RNA分子是從自然界的Qβ RNA「退化演化」出來的，艾根的卻幾乎可說是「無中生有」演化出來的。這張藍圖特別適應加了複製酶的試管環境。因此從兩個非常不同的起點出發，透過累積演化，抵達同一終點，可說是由環境選擇的。大型的Qβ RNA分子不太適應試管環境，卻非常適應大腸菌的環境。

這樣的實驗幫助我們了解天擇具有自動、非蓄意的性質。複製酶「機器」不「知道」它們幹嘛要製造RNA分子：它們那麼做，只不過是它們的形狀作祟，並非蓄意。RNA分子也沒有籌劃自我複製的策略。即使它們能思考，我們也得解釋會思考的實體為何會有自我複製的動機。就算我知道複製自己的方法，我也拿不準我會在生涯規劃中將複製自己列爲優先事項，幹嘛呀?!可是分子說不上動機。那個病毒RNA的結構只不過剛巧發動了細菌細胞中的機關，於是它的複本就源源不斷的生產出來了。任何實體，不管在宇宙中的任何角落，要是剛巧具有複製自己的絕佳本事，那個實體的複本就一定會源源不斷的現身，完全自動。還有呢，由於它們自動形成世系，又偶爾會出錯，於是在累進演化強有力的指引下，新版本的複製本領往往青出於藍，後來居上。這個發展道理極爲簡單，過程又是自動的，一切都在預料之中，簡直就不可避免。

在試管中，一個「成功的」RNA分子，關鍵在它有某種直接、內在的性質，可與我假設例子中的「黏度」比擬。但是「黏度」之類的性質並不引人入勝，只不過是複製子的基本性質罷了——直接影響複製利益的性質。複製子還可能影響其他的事物，那些事物對其他事物有影響，那些事物又影響到其他事物……，最後間接影響到複製子複製自己的機會。你可以看出，要是像前面說的因果長鏈果眞存在，我們反覆說過的基本原理仍然站得住。複製子只要有複製自己的本事，就會在世上占優勢，無論它的複製利益受多長的因果鏈影響，因果關係多麼間接，都不會改變這個原理。同理，世界會給這因果鏈上的環節占據。我們會討論那些環節，並對它們大爲驚奇。

在現代生物中，我們隨時都能看見它們。就是眼睛、皮膚、骨骼、腳趾、大腦、本能。這些物事是複製DNA的工具。它們是DNA造成的；眼睛、皮膚、骨骼、本能等彼此不同，也是DNA的不同造成的。導致它們的DNA，複製的機率受它們的影響，因爲它們影響身體的生存與繁殖——身體包含同樣的DNA，因此身體與DNA同舟一命。因此，DNA透過身體的特質，影響自己的複製。我們可說DNA有影響自己前途的力量，身體、器官、行爲模式則是那個力量的工具。

說到力量，我們說的是後果，能夠影響自身前途的複製子產生的後果，不管那些後果是多麼的間接。從因到果的鏈子由多少環節組成並不重要。如果「因」是一個能複製自己的實體，「果」不管多遙遠、多間接，都受天擇的監視。我要藉一個河狸的故事，來勾勒這個原理。故事的細節多是臆測之詞，但大體上不會太離譜。雖然沒有人研究過河狸大腦神經線路的發育，科學家研究過其他動物的，例如蠕蟲。我從那些研究摘取結論，應用到河狸身上，因爲對許多人來說，河狸比較有趣、宜人。

河狸的一個突變基因，只不過是一個字母的改變，而完整的基因組文本包含十億個字母；這個改變發生在基因G。隨著小河狸日漸發育長大，改變的字母也與文本中其他字母一起複製到所有細胞裡。大多數細胞中，基因G不會讀出來；其他的基因，只要涉及其他細胞類型的運轉，就會讀出。不過，發育中的大腦有些細胞會讀出基因G。它給讀出後，就轉譯成RNA。那些RNA工作複本在細胞裡四處遊蕩，最後有些撞上製造蛋白質的機器——核糖體。核糖體細讀RNA工作計畫，按規格生產新的蛋白質分子。每個蛋白質都有特定的胺基酸順序，因而折疊成特定的形狀。那些胺基酸順序是基因G的DNA鹼基序列決定的。基因G突變了之後，使原先的胺基酸序列發生了重大的變化，因此蛋白質分子的折疊形狀也改變了。

這些稍微改變了的蛋白質分子，在發育中的大腦細胞中由核糖體大量生產出來。它們是酶，就是在細胞中製造其他化合物（基因產物）的機器。基因G的產物會進入細胞膜，與細胞纖維有關，就是與其他細胞建立聯繫的管道。因爲原先的DNA計畫發生了微小的改變，這些細胞膜化合物有一些生產率就改變了。因此某些發育中的腦細胞彼此連結的情形也改變了。河狸大腦某一部分的神經線路於是就發生了微妙的變化——DNA文本的一個變化導致的間接、遙遠後果。

由於河狸大腦這一部分在整個神經網路的位置，正巧與河狸的築壩行爲有關。當然，不論河狸什麼時候築壩，都必須使用大部分大腦，但是基因G突變影響了大腦網路的特定部分，因而對行爲有一特定的影響。於是河狸在水中以嘴咬著圓木游泳時，會把頭抬得很高——比起體內沒有突變基因G的個體而言。這使得圓木上沾的泥巴不大可能在運送途中給水沖走，圓木彼此的附著程度因而增加。這麼一來，河狸將圓木塞入水壩後，圓木比較不容易鬆動。凡是體內有這個突變基因的河狸，塞入水壩的原木都不易鬆動。建造水壩的圓木比較緊密地附著在一起，是DNA文本的一個變化導致的後果——間接的後果。

圓木比較緊密地附著在一起，使水壩的結構更堅實，不容易給水沖垮。於是水壩攔住的湖水就增加了，湖中央的巢穴更爲安全，不容易受獵食動物的侵襲。這麼一來河狸生養成功的子女數量就會增加。要是觀察整個河狸族群，那些帶有突變基因的個體平均說來生殖成功率較高。那些子女通常都從父母繼承了同一突變基因的檔案複本。因此，在族群中，這個基因的這一形式數量會隨著世代遞嬗而愈來愈多。最後它成爲主流、正常形式，不能再以「突變型」指涉了。這時，河狸壩一般而言又改進了一級。

我承認這個故事只是個假說，細節也許不正確，但是那與我的論點無干。河狸壩的演化，受天擇的監控，因此眞實的情況除了細節外，與我的故事不會有什麼出入。這個生命觀的大意，我在《延伸的表現型》（*The Extended Phenotype*, 1982,1999）一書中解釋、演繹過，這兒就不重複了。你可能注意到：在這個虛擬故事裡，至少有十一個因果環節將基因與改善了的生存（生殖）串連在一起。

在實際的例子中，涉及的環節也許更多。那些環節每一個都是由DNA上的一個變化造成的，無論是對細胞化學的影響，後來對大腦細胞連結模式的影響，再後來對行爲的影響，或最後對水壩攔截的水量的影響。即使那些環節不只十一個，而是一百一十一個，也無妨。基因的變化（突變），只要影響自我複製的機率，就會受天擇的篩揀。這道理實在太簡單了，過程是自動的、不待籌度的。只要累積選擇的基本要素——複製、失誤、力量，都出現了，這樣的事（累積演化）是不可避免的。但是這如何發生？地球上，在生命出現之前，那些要素怎麼出現的？下一章，我們要討論如何回答這個困難的問題。

【注解】

①譯注：赫胥黎（Thomas Huxley），1825-95，與達爾文同時期的著名英國生物學家，達爾文的主要支持者。

②譯注：海克爾（Ernst Haeckel），1834-1919，德國演化生物學家，他指出第一個生命體有可能在原始的地球上，經由合適的化學物質自然組合而產生。

③譯注：孟德爾（Gregor Mendel），1822-84，奧國神父，用豌豆做實驗，發現了孟德爾遺傳定律，被尊爲遺傳學之父。

④譯注：費雪（R. A. Fisher），1890-1962，劍橋大學畢業，英國族群遺傳學家、統計學家，是「新達爾文理論」的奠基者。

⑤譯注：麥爾（Ernst Mayr），1904-，已自哈佛大學退休，原籍德國的美籍動物學家，專研太平洋區的鳥類。一九四二年的著名著作《分類學與物種原始》，使他成爲新綜合理論的催生者之一。麥爾九十餘歲高齡仍著書不輟，九十三歲著有《看！這就是生物學》，九十七歲著有《演化是什麼》。

⑥譯注：奧格（Leslie Orgel），英國人，一九五一年牛津大學博士。

⑦ 譯注：艾根（Manfred Eigen），1927-：一九五一年德國哥丁根大學博士，一九六七年諾貝爾化學獎得主。

第六章　天何言哉

飛翔如燕子、游泳如海豚、目光如鷹隼，

這樣設計精良的身體，可以單憑一股巧勁兒而來嗎？

那個運氣的尺度，絕不是以宇宙中的行星總數來衡量，

而是原子總數！

The Blind

偶然、運氣、巧合、奇蹟。奇蹟是這一章的主題之一，某些事我們認爲是奇蹟，那是什麼意思？我的論旨是：我們通稱爲「奇蹟」的那些事件，並不眞是超自然的，自然界本就有一些多少可說「不太可能」的事，發生機率各有高低，奇蹟就是其中的一部分。換言之，果眞奇蹟發生了，也只是罕見的幸運罷了。世事本就不易截然劃分成自然事件與奇蹟的。

當然，有些事即使有發生的可能，也因爲令人覺得不可思議，完全不予考慮。但是我們還是得先做計算，才能判斷。爲了做計算，我們必須知道有多少時間讓那件事發生，以更一般性的說詞來說，就是那件事有多少機會發生。要是時間是無限的，或機會無限，任何事都可能發生。我們常用「天文數字」表示龐大的數量，「地質時間」表示渺焉悠邈的時間，兩者結合後，我們依據日常生活經驗建立的「奇蹟」判準就給顚覆了。我要以一個具體的例子，來發揮這個論點，那就是本章的另一個主題——「起源」。這個例子是地球上生命起源的問題。爲了充分發揮我的論點，我會隨意選一個生命起源的理論，仔細討論，現在有好幾個生命起源理論，其實任何一個都能當作例子。

在我們的解釋中，我們容許運氣扮演一個角色，但分量不會太重。問題在於：多少算「不太重」？比較不可能的巧勁兒在法庭上我們最好提也別提，可是地質時間年湮代遠，我們振振有辭倒也理直氣壯，可是總有個限度。所有解釋生命的現代理論，都以累積選擇爲關鍵。它將一系列講得過去的幸運事件（隨機突變），串接成非隨機的序列，使序列終點的產物，讓人瞧著覺得需要天大的運氣才成得了，簡直不可能就那麼偶然地出現了，即使整個宇宙的歷史再拉長個百萬倍也不成。累積選擇是關鍵，但是它總得有個開頭，我們免不了要假定一個單步驟偶然事件，才好談累積選擇的起源。

那破天荒的第一步的確難以跨出，因爲事件的核心，似乎蘊藏了一個矛盾。我們所知道的複製過程，似乎需要複雜的機具裝備才能完成。有了複製酶這種「機器工具」，RNA分子片段才能演化，演化過程不但能重演，還會朝向同一終極目標匯聚，而要不是你仔細考慮過累積選擇的力量，你一定會覺得達到那個終極目標的「機率」簡直小得可憐。DNA分子以細胞內的複雜機具複製，文件在複印機中複製，一旦沒有了複製機具，它們似乎都不能自動複製。複印機可以複製出製造自己的藍圖，但是無法無中生有。要是電腦配備了適當的程式，生物形很容易複製，但是它們無法自己寫程式，或者造一架電腦跑那個程式。只要我們可以將複製以及累積選擇視爲理所當然，「盲目的鐘錶匠」理論就非常有力。但是，要是複製需要複雜的機具，我們就麻煩了，因爲我們知道：世上出現複雜機具的唯一方式是累積選擇。

用不著說，現代的生物細胞處處可見經過天擇長期淬鍊的痕跡，它們是特製的機器，專門複製DNA與合成蛋白質。細胞是個精確的資訊儲存器，效能教人歎爲觀止，上一章我們討論過。細胞非常小，簡直超級的小，可是論設計之精密、複雜，與較大的眼睛同一等級。任何人只要動過腦筋，都同意：像眼睛那麼複雜的器官不可能一蹴可幾。很不幸，至少細胞中用來複製DNA的機具也適用這個結論，不只我們人類與變形蟲的細胞如此，原始生物也一樣，如細菌與藍綠菌。

總之，累積選擇能製造複雜的物事，而單步驟選擇不行。但是除非先有某種最低限度的複製機具與複製子力量（效應），累積選擇無從進行；而已知的複製機具又似乎太複雜了，不經過許多世代的選擇累積，根本不會出現。有些人認為這是「盲目鐘錶匠」理論的根本缺陷。他們認為這反而證明了：當初必然有個設計者，祂不是個盲目的鐘錶匠，而是一個有遠見的超自然鐘錶匠。根據他們的論證，創造者也許不會控制演化事件的日常過程；也許祂沒有設計老虎與綿羊，也許祂沒造過一棵樹，但是祂的確安裝了世上第一具複製機器，並安排了複製子力量（效應），那架複製DNA與蛋白質的機具，使累積選擇以及整個演化史有機會展開。

這個論證一聽就知道站不住腳，它擺明了就是弄巧成拙。有組織的複雜物事正是我們難以解釋的東西。要是有組織的複雜物事可以任我們說了算，就說世上已有DNA與蛋白質複製引擎那種有組織的複雜物事好了，解釋更有組織的複雜物事就容易了，拿它們當引子就成了。看官，那可是貫串本書大部分篇幅的主題呢。但是，當然嘍，任何神祇要是能夠匠心獨運，設計出像DNA與蛋白質複製機器那麼複雜的物事，祂至少得和它們一樣的複雜、有組織才成。要是我們還要假定祂具備更為先進的功能，例如聽取禱告、赦免罪過，那祂就是更為複雜的物事了。召喚一個超自然的設計者來解釋DNA與蛋白質複製機器的起源，其實什麼都沒解釋，因為設計者的起源沒有解釋。你必須說什麼「上帝是自有永有的」，而要是你容許自己以那種懶惰的方式溜走，你大可以同樣地說「DNA是自有永有的」或者「生命是自有永有的」，就心滿意足了。

我們得拋棄奇蹟，不以不大可能發生的事當作突破歷史的關鍵，不依賴巧妙的巧勁兒、或大型偶發事件，還得將大型偶發事件分解成小型偶發事件的累積序列，才能建構出令理性的心靈滿意的解釋。但是在這一章裡，我們要討論的是：爲了重建那關鍵的生命第一步，那是一個單一事件，我們究竟能容許多大的「不可能」、「奇蹟」式因素。我們要建構一個解釋生命的理論，爲了心安理得，我們所能容許的單一事件究竟是什麼樣的？我講的可是純屬巧合、簡直像奇蹟的事件呢！

猴子在打字機鍵盤上隨機敲出「我覺得像一隻黃鼠狼」這行字，運氣得非常非常好，但是那仍然是可以估計的。我們計算後，知道那是一比十的四十次方的運氣（必須押注那麼多次——十的四十次方，才能贏一次的勝率）。這麼大的數字沒有人眞的能理解或想像，我們逕自將這種等級的勝率視爲不可能。但是雖然我們的心靈無法理解這種層次的勝率，我們也不該一聽到這些數字就驚惶地逃跑。十的四十次方也許眞的很大，但是我們仍然可以將它寫在紙上，用它來計算。說到底，還有更大的數字咧，例如十的四十六次方，它可不只是一個「較大的」數字而已：你必須將十的四十次方加一百萬遍，才能得到十的四十六次方。要是我們能一次動員十的四十六次方隻猴子，每隻都發給一架打字機呢？（怎麼可能你就甭管了。）怪怪！好傢伙！有一隻就莊嚴地打出了「我覺得像一隻黃鼠狼」，另一隻打的是「我思故我在」。

當然，問題在：我們無法動員那麼多猴子。即使宇宙中所有的物質都化爲猴子的血肉，也沒有那麼多猴子。一隻猴子在打字機上敲出「我覺得像一隻黃鼠狼」，是個奇蹟，而且是個數量級極爲巨大的奇蹟，巨大的程度我們算得出來，我們的理論要解釋的是實際上眞正發生過的事，絕容不下它。但是我們得先坐下、計算，才能得到這個結論。

好了，生命起源這碼事得靠運氣，可是碰那種運氣，不但我們貧弱的想像力不可思議，連冷靜的計算都告訴我們：門兒都沒有，你說怎麼著吧。但是，讓我重複這個問題：我們在假設中容許的運氣或奇蹟，必須是什麼樣的才會心安呢？可別只是因爲這個問題涉及龐大的數字而逃避它。它是個非常恰當的問題。我們至少知道爲了計算答案我們需要哪些資訊。

現在我有個絕妙的點子。讓我們先討論：地球是宇宙中唯一有生命的地方呢，還是宇宙中到處都有生命？回答我們前面問的問題，要看我們對這個問題提出的答案。我們確實知道生命出現過一次，就在地球上。至於宇宙中其他地方有沒有生命，我們毫無概念。要說沒有也是絕對可能的。有人計算過，認爲宇宙中必然還有一些地方有生物。他們的論據是這樣的：宇宙中算得上適合生物生存的行星，至少有一億兆個（十的二十次方）。我們知道生物在這裡（地球）出現了，因此生命在其他的行星上出現，並不是那麼不可能。因此結論幾乎必然是：在那些億萬又億萬個行星中，至少有一顆有生物。

這個論證的破綻在於它的推論：生命既然已經在這裡出現過了，就不會是難如登天的事。請注意，這個推論中藏著一個沒有明白說出的假設：無論什麼事，只要在地球上發生過，就可能在其他地方發生，而這卻是原先的問題（宇宙中其他的地方也有生命嗎？）所要追究的。換言之，那種統計論證（「既然生命在地球上發生過了，宇宙中其他地方必然也會有生物」）其實根本就將「待證實的論點」當做「已知的假設」。當然，這個論證的結論不見得因爲這個謬誤而錯了。我想其他的行星上搞不好眞的有生物。我不過想指出：推出那個結論的論證，其實不是論證，而是預設立場。也就是說，那個論證其實只是個假設。

爲了方便討論，讓我們考慮一下相對的假設：生命只出現過一次，就是在地球上。這個假設很容易招人反感，我們難免會反對。舉例來說，這個假設難道不會令你想起中世紀？在中世紀，教會教導我們地球是宇宙的中心，天上點點繁星只是娛人眼目的裝飾。有些人更離譜，居然以爲天上的星星會在乎我們渺小的生命，甚至還費心對我們施展星象魔力。宇宙至廣，行星數量何止恆河沙數？地球何德何能，竟然成爲宇宙中唯一的生命居所？銀河系在宇宙算老幾？太陽系在銀河系又算老幾？地球是生命唯一的家？憑什麼？老天！求求你告訴我爲什麼我們的地球會蒙恩寵？

我眞的很遺憾，因爲我實在很慶幸我們已經逃脫了中世紀教會那種狹隘心態，我也瞧不起現代的占星家，但是我不得不說：前一段那些義憤的「算老幾？」說詞全是空話。咱們這顆不起眼的地球是生命出現過的唯一行星，沒有什麼不可能的，完全可能！我想指出的是：如果宇宙中只有一個行星出現過生命，那顆行星必然就是地球，用不著多說！因爲我們正在這裡討論這個問題。要是生命起源的機率非常非常低，因此宇宙中只有一顆行星發生過，那麼地球必然就是那顆行星。這麼一來，我們就不能用地球上有生命的事實做出「生命必然也會在其他行星上出現」的結論。那是循環論證。我們必須先用一個獨立的論證，證明生命在行星上出現的機率是高是低，然後再討論宇宙中究竟有多少行星已出現了生命。

不過那可不是我們一開始想要探討的問題。我們的問題是：關於地球上生命起源這檔事，我們可以容許多大的運氣？我說過，這個問題的答案要看生命在宇宙中起源過幾次而定。宇宙某一特定類型的行星中，要是任選一個，生命會發生的機率有多大？暫不管機率大小，不妨先給這個數字取個名字，我們就叫它「自然發生機率」吧，簡稱ＳＧＰ（spontaneous generation probability）。我們要計算的是：有複製能力的分子在一個典型行星大氣層中的「自然發生機率」。要是我們手邊有一本化學教科書，就可以坐下來計算，或到實驗室在模擬大氣中放電，試試運氣。假定我們竭盡所能，得到了一個小得可憐的估計值，就說十億分之一吧。這個機率的確太小，簡直等於奇蹟，因此我們根本不能期望在實驗室中重現這麼一個極其幸運的事件。

不過，為了方便討論，我們也可以假定生命在宇宙中只出現過一次，於是我們的生命起源理論就必須有很大的運氣成分，因為宇宙中生命可能發生的行星，數量何止萬千。有人估計過，宇宙中有一億兆個行星（十的二十次方），即使以我們覺得毫無希望的SGP（十億分之一）來計算，有生物生存的行星也該有一千億顆。總之，在考慮特定的生命起源理論之前，我們得先決定我們容許多大的運氣，以數字表示的話，我們容許的最大運氣，就是N分之一，N代表宇宙中適合生物起源的行星數量。「適合」一詞藏了不少東西沒明白說出，但是我們可以為那份運氣提出個上限，根據我們的論證就是一億兆分之一。

請想想這個數字的意義是什麼。我們去找一位化學家，對他說：拿出教科書與計算機來；削尖鉛筆、發動腦筋；在腦子裡動員公式，並在實驗室的燒瓶中灌入原始行星大氣層（在生物出現之前）的成分——甲烷、氨（阿摩尼亞）、二氧化碳等氣體；將它們混合加熱；在燒瓶中的模擬大氣裡放電花，記得腦筋也需要智慧的火花點燃；顯顯你的化學家本事讓咱們開開眼，算算一顆典型行星自然產生「生物分子」的機率——就是有複製能力的分子。或者我們可以換個方式問，我們得等多久，行星上的隨機化學事件（原子、分子因熱擾動而發生的隨機推撞）才會產生有複製能力的分子？

這個問題的答案，化學家也不知道。大部分現代化學家大概會說：以人類壽命的標準而言，我們必須等上很長一段時間，不過以宇宙時計來衡量的話，也許就不算長了。根據地球化石史，我們大約得等十億年，因為地球大約在四十五億年前形成，而最早的生物化石，出現在三十五億年前的地層中。但是「行星數量」論證的意旨是：即使化學家說我們得等待奇蹟，或必須等億萬又億萬年——比宇宙的歷史還長許久，我們仍然可以冷靜地接受他的「判決」。宇宙中行星的數量搞不好比億萬又億萬還多。要是每顆行星的壽命至少與地球一樣長，那我們就有億萬又億萬又億萬個「行星年」供生命發生。那就成了。瞧！我們以乘積將奇蹟翻譯成務實政治了。（譯按，搜尋外太空智慧生物，例如美國的SETI，需要經費，募款時必須說出道理來，不然公家、私人都不會贊助。）

這個論證中其實藏了一個假設。說眞格的話，事實上不只一個，而是好幾個，但是我想討論的只有其中的一個。那就是：一旦生命（就是複製子與累積選擇）出現了，就一定會發展到閃耀智慧的階段——有些生物擁有足夠的智慧，能夠沈思自己的起源。不然，我們的生命起源理論就不需要那麼大的運氣成分了。說得精確一些，我們的生命起源理論中，在任一行星上發現生命的最大機率，就是宇宙中的行星總數除以「生命演化出智慧的機率」。

「有足夠的智慧，能夠沈思自己的起源」在我們的理論中居然是個變項，也許你會覺得奇怪。爲了了解我的理由，請你考慮一下另一個假說選項。假定生命起源的發生機率並不低，但是後來的智慧演化，機率卻低得不得了，非得天大的運氣不可。假定智慧起源極難發生，因此宇宙中雖然生命已在許多顆行星上出現了，卻只有一顆行星有智慧生物。那麼，由於我們知道我們已經聰明得可以討論這個問題，因此地球就是那顆行星。現在再假定生命起源，以及生命起源之後接著的智慧起源，都是非常不可能的事。那麼任何一顆行星，就說是地球好了，不但出現生物，而且生物還演化出智慧的機率，就是兩個很低的機率相乘的結果

——一個更低的數字。

這就好像在說明我們在地球上怎麼出現的理論中，可以預設一定「配額」的運氣。這個分量有個上限，就是宇宙中合格行星的數量。既然我們有一定分量的運氣配額，我們可以將它視爲稀有商品，小心合計運用的方式。要是我們爲了解釋生命起源而幾乎用光了配額，那麼我們理論中的後續部分（大腦與智慧的累積演化）就沒有多少運氣可以利用了。要是生命起源沒有用光運氣配額，等到累積選擇開始後，接著的生命演化就有一些運氣可以利用了。要是我們想在智慧起源的理論中用盡運氣配額，那麼生命起源就沒有多少運氣成分了：我們必須想出一個理論，說明生命的發生幾乎是個不可避免的結果。要是我們在建構理論的兩階段都沒用光運氣配額，我們可以將餘額用來推測「生命出現在宇宙其他地方」。

我個人的感覺是：一旦累積選擇妥善地上路了，以後的生物與智慧演化，相對而言，需要的運氣就不多了。我覺得累積選擇只要上路了，就有足夠的力量，智慧演化就算不是無可避免的，至少非常可能接著發生。也就是說，只要我們願意，可以將運氣配額一古腦兒用在生命在行星上起源的理論上。因此，在建構生命起源的理論時，我們手上可以運用的機率，以一比一億兆（或者任何我們相信的宇宙行星數量）爲上限。這是我們的理論可以容許的最大運氣。舉例來說，假定我們想提議DNA與它以蛋白質爲基礎的複製機器完全是自然發生的，純屬巧合。這樣的巧合要是發生的機率不小於一億兆分之一，我們就不必介意它的誇張模樣。

我們給運氣保留的空間似乎太大了。容許了這麼大的運氣，搞不好DNA或RNA都能自然形成。但是我們還需要累積選擇，這麼大的運氣成就的物事可成不了氣候。組成一具設計精良的身體，飛翔如燕子，游泳如海豚，或目光如鷹隼，可以單憑一股巧勁兒（即單步驟選擇）嗎？那個運氣的尺度，就不是以宇宙中的行星總數來衡量了，而是原子總數！總之，我們需要大量的累積選擇才能解釋生命。

但是，在我們的生命起源理論中，雖然我們可以容許很大的巧勁兒（發生機率一億兆分之一），我直覺地認爲我們需要的巧勁兒不必那麼大，一些就夠了。生命在行星上出現，以我們的日常尺度來衡量，或者以化學實驗室的標準來說，的確是件不大可能的事，不過它仍然有發生的可能，而且在宇宙中已經發生了，不只一次，而是很多次。我們可以將這個以行星數量爲基礎的統計論證視爲絕招，不輕易動用。

在本章結尾處，我會提出一個看來矛盾的論點：我們正在尋找的理論，在我們的主觀判斷裡，搞不好必須看來不可能，甚至像個奇蹟。（都是我們的主觀判斷搞的鬼。）不過，一開始就打定主意找不讓人覺得「不可能」的理論，仍然是明智的。要是我們剛才提議的理論（「DNA與它以蛋白質爲基礎的複製機器完全是自然發生的，純屬巧合」）實在太不可能了，如果我們堅持的話，非得假定生命在宇宙中極爲罕見不可，甚至可能只在地球上發生過，那麼我們最好另外找個比較說得過去的理論。好了，我們還有什麼點子嗎？必須是個比較可能發生的事件，只要累積選擇就能讓它發生。大家都得天馬行空，有得想了。

「天馬行空」這詞通常都帶著貶義，但是這兒用不著。大家得記住：我們討論的事件發生在一個不同的時空中，那是在四十億年前，當時的世界與今日的截然不同。舉個例好了，當時的大氣中絕對沒有游離的氧分子。要是不「天馬行空」，教我們怎麼想？雖然當時的地球化學到現在已經變了，化學的定律卻沒變。定律還是定律，才是定律。現代化學家熟悉那些化學定律，因此可以做一些有根據的臆測；那些臆測必須合理，由化學定律嚴格把關。你不能大咧咧地隨便臆測，天馬行空也得有個譜，從科幻小說中任意捻出個什麼「超驅動力」、「時間彎曲」、「無限的不可能引擎」來搪塞可不成。關於生命起源，大多數臆測都違反化學定律，根本不必考慮，即使我們動用絕招（以行星數量爲基礎的統計論證），也救不回來。因此仔細地過濾臆測是個有建設性的知識操兵。不過你得是個化學家才成。

我是個生物學家，不是個化學家，我必須依賴化學家搞定他們本行的把戲。理論並不少，而不同的化學家有不同的最愛。我可以將這些理論攤在你的面前，一視同仁。要是我寫的是給學生用的教科書，那會是個適當的做法。可是本書不是給學生用的教科書。本書的基本想法是：爲了了解生命，或宇宙中任何東西，我們都不需要假定有個設計者存在。這裡討論的是：我們尋找的解答究竟是什麼德行？回答問題得針鋒相對，絲絲入扣，什麼樣的問題，就得有什麼樣的答案。讓我來解釋。我想我最好舉一個生命起源理論做例子，而不要羅列一堆理論，來說明我們怎樣回答我們的基本問題——累積選擇如何讓生命起源這檔事有個開頭？

我該選哪個理論做爲代表性的例子呢？大多數教科書青睞的一「族」理論都是從有機「太古濃湯」假設衍生出來的。地球上還沒有生命的時候，原始大氣層很可能與現在仍沒有生命的行星一樣。沒有氧，但氫、水、二氧化碳倒不少，可能還有一些氨、甲烷，以及其他的簡單有機氣體。化學家知道像這種沒有氧的大氣，是有機化合物自然發生的溫床。他們在燒瓶中灌入氣體，模擬地球早期大氣的組成，再以電極在燒瓶中放電，模擬閃電，並用紫外線照射燒瓶中的氣體。當年大氣中還沒有氧，更不會有臭氧層吸收紫外線，因此地面受到的紫外線輻射，比今天的強多了。這些實驗的結果，令人很興奮。在這些燒瓶中，有機分子自然形成了，有一些與那些通常只在生物體內發現的，屬於同一類型。還沒有DNA或RN

A，但是有嘌呤、嘧啶——DNA與RNA的構成單位。也有胺基酸，就是蛋白質的建材。對這一類理論來說，「複製的起源」仍然是缺環。所有建材還沒有集合起來，形成一個能夠複製自己的長鏈分子，例如RNA。也許有一天它們會出現。

我說過，我想討論的是：爲了適當地回答我們的問題，得找哪一類型的解答？但是，無論太古濃湯裡出現了DNA（或RNA）沒有，我都不想拿它當例子。反正我已經在《自利的基因》裡（*The Selfish Gene*，一九七六年初版；一九八九年新版）討論過太古濃湯了。這次我要舉一個不怎麼流行的理論當例子，它最近已經開始有證據支持了，要是給它一個公平的機會，搞不好會脫穎而出呢。它很大膽，所以吸引人，而且任何解釋生命起源的理論都必須擁有的特質，它都可以做範例。它就是「無機礦物質理論」，一九六〇年代由英國蘇格蘭格拉斯克大學的化學家坎史密斯（A. G. Carins-Smith）發展出來的。坎史密斯寫過三本書闡釋這個理論，最近的一本是《生命起源的七個線索》（*Seven clues to the origin of life*, 1985），將生命起源當成一樁推理疑案，需要福爾摩斯之流的神探才能揭開謎底。

根據坎史密斯的看法，DNA／蛋白質機制大概出現得相當晚，也許三十億年前吧。到了那時候，累積選擇已經不知進行了多少世代——那時的複製子不是DNA，而是非常不同的東西。DNA出現後，由於複製效率高，對自我繁衍的影響更大（即上一章所說的「力量」），於是先前孕育了DNA的複製系統，地位就給襲奪了，最後湮滅，與世相忘。根據這個看法，現代DNA複製機制後來居上，顚覆了先前較原始的基礎複製子。這樣的襲奪、顚覆大戲搞不好不只發生了一次，但是原先的複製過程必然非常簡單，只要我所謂的「單步驟選擇」就能出現了。

化學家將他們的研究領域劃分成有機與無機兩大分支。有機化學是研究一個特定元素的化學——碳（C）。無機化學研究其他的元素。碳元素非常重要，宜其獨占化學一個分支，一方面生命的化學就是碳的化學，另一方面碳化學的性質不只適合生命，還適合工業生產，例如塑膠工業的製程。碳原子的基本性質，適合做生命的基本建材與工業合成物，因為它們可以鍵結在一起，形成大分子，種類不計其數。矽元素（Si）也有一些這樣的性質。雖然現在地球上的生物全是碳化學產品，可是在宇宙其他角落裡演化出來的生物未必會以碳化學為基礎，即使地球生物也不總是碳化學的產物。坎史密斯相信地球上最早的生命源自有複製能力的無機晶體，例如矽酸鹽。果真如此，有機複製子以及最後的DNA必然是後來居上、取而代之的篡位者。

坎史密斯提出了幾個論證，指出這個「取代」理論頗有可取之處。舉例來說，石頭構成的拱形結構，非常穩固，即使不用黏著劑（如灰漿、水泥），也能屹立多年。複雜的結構要演化出來，就像建一座石拱門，不但不准用灰漿，還一次只准放置一塊石頭。這個差事你要是想得天眞一點兒，會覺得「門兒都沒有」。一旦最後一塊石頭就位了，拱門就完成了，但是在建造的中間階段，未完工的拱門一直都不穩固。不過，要是在建造時你不但可以加石頭，還能拿掉石頭，那就好辦了。你可以一開始先壘一堆石頭，然後以這堆石頭為基礎建一個拱門。等到拱門建好了，連拱門頂中間那塊石頭都安上了，所有石頭就定位了，再小心將支撐的石頭移開，大概只要一點點運氣，拱門就站得住了。

倫敦近郊的史前巨石陣（Stonehenge），乍看之下難以理解是怎麼建造的，但是只要想到當年的建築工人使用了某種支撐架構就能恍然大悟了，他們也許用的只是土堆成的斜坡，只是現在已經不在那兒了。我們看見的是最後的產品，而建造過程中使用的支撐架構，就必須推測了。同樣地，DNA與蛋白質是一座拱門的兩個支柱，拱門穩固又優雅，一旦所有建材同時就位了，就屹立不搖。要說這座拱門是以一步一腳印的方式建成的，實在很難想像，除非早先有過某種支架，只不過後來完全消失了。那個支架必然也是由先前的累積選擇建構的，我們現在只能猜測那個過程是怎麼回事。但是它必然是有力量的複製子幹的好事。（譯按，所謂「力量」指的是對自己前途的影響力，見上一章。）

坎史密斯的猜測是：最早的複製子是無機物的晶體，黏土與泥土中就有。所謂晶體，是大量原子或分子有秩序的固態組合。原子與小分子會自然地以固定而有秩序的方式結合起來，那是因爲它們有些我們可以稱之爲「形狀」的性質。它們會以特定的方式組合成晶體，就好像它們「想要」那麼做似的，其實只因爲它們的「形狀」不容許其他的組合。它們「偏好」的組合方式決定了整個晶體的形狀。另一方面，晶體內任一部分都與其他部分完全一樣，甚至在鑽石之類的大晶體中也是一樣——只有出現「瑕疵」的地方例外。要是我們縮小到原子那麼大，就可以在晶體內看見整齊的原子行列，行列不計其數，每行的原子也不計其數，一直線綿延到天邊；四面八方全是重複的幾何形，令人歎爲觀止。

因爲我們感興趣的是複製，我們必須知道的第一件事就是：晶體可以複製自己的結構嗎？晶體是許多層原子（或類似的玩意）構成的，而且層層相因。原子（或離子，暫不論它與原子的差別）在溶液中可以自由四處浮盪，不過要是碰巧遇上一個晶體，它們就會自然而然地嵌入晶體表面。食鹽（氯化鈉）的溶液中，鈉離子與氯離子混雜在一起，略無章法，頗似混沌。食鹽的晶體中，鈉離子與氯離子緊密整齊的穿插排列，兩者永遠保持九十度的夾角。溶液中浮游的離子一旦撞上一個晶體堅硬的表面，通常會嵌在那兒。它們嵌在那兒的方式，恰好能夠在晶體表面形成一個新層，結構與原來的表面層完全一樣。就這樣，晶體一旦形成，就會成長，每一層都與原來那層一模一樣。

有時晶體會在溶液中自發地形成。有時溶液中必須「撒種」才會出現晶體，塵粒可以當「種子」，在別處形成的晶粒也成。坎史密斯鼓勵我們進行如下的實驗。在一杯非常熱的水中，溶入大量軟片定影劑「海波」（這是俗名，學名爲硫代硫酸鈉）。然後讓這杯溶液冷卻，小心別讓塵粒掉入。這時溶液已經「過飽和」了，隨時都會有結晶析出，「只欠東風」——還沒有促成這個過程的晶「種」。接著，我還是引用坎史密斯在《生命起源的七個線索》中的話吧：

> 小心揭開杯子的蓋子，在溶液表面投下一粒海波結晶，然後注意以後發生的事，你一定會覺得驚訝的。你會看見你的晶粒在「長大」：它不斷碎裂，碎片也會長大……不久你的杯子裡就會都是晶體，有的長達幾公分。再過幾分鐘，結晶過程全都停止了。這杯魔液已經失去魔力了——不過，要是你想再表演一次，只要再加熱一次、再讓它冷卻，重複上述過程就成了……過飽和的意思是在溶液中溶入過多的溶質……過飽和溶液冷卻後，簡直就是「不知該做什麼」。所以我們得告訴它：加入一粒海波結晶，這粒晶體就是海波結晶的範式，其中不知有多少單位已經排列組合成海波結晶特有的模式。這杯溶液必須「下種」。

有些化學物質有幾種不同的結晶模式。例如石墨與鑽石都是純碳的晶體。它們的組成原子完全一樣。這兩種物質唯一的差別，就是碳原子排列組合的幾何模式不同。在鑽石中，基本的晶體單位是碳原子組成的四面體，那是極爲穩固的結構。因此鑽石非常堅硬。在石墨中，碳原子組成六角形平面，層層疊起；由於層與層之間的鍵結很微弱，所以層與層很容易相對滑動。難怪石墨摸起來滑手，可以做潤滑劑。不幸得很，「種」出海波晶體的方法不能用來「種」鑽石，不然你就發財了。但是再仔細一想，即使你能，也不會因此發財，因爲任何笨蛋都能做的事，不可能讓人發財。

現在假定我們有一杯過飽和溶液，溶質像海波一樣，很容易從這樣的溶液中析出，也像碳一樣，有兩種結晶的模式。一種也許與石墨多少有點類似，就是原子成層地組合，形成扁平的晶體；另一種形成鑽石形的立體結晶。現在我們在這杯過飽和溶液中同時投入一小片扁晶、一小塊鑽石形晶粒。會發生什麼事呢？我們可以發揮坎史密斯的文字來描述。注意以後發生的事，你一定會覺得驚訝的。你會看見你的兩種晶體在「長大」：它們不斷碎裂，碎片也會長大。扁平晶體種子產生了一大堆扁平晶體。塊狀晶種產生了一群塊狀晶體。要是一種晶體成長、分裂得比另一種晶體快，我們觀察到的就是個具體而微的「天擇」了。但是這個過程仍然缺乏一個重要的元素，因此不能導致演化（變化）。那個元素就是遺傳變異（或等價的玩意）。光兩種結晶形態還不夠，必須每一種都有一連串微小變異，每個變異都能世代相傳，有時還會突變，形成新的變異形式。眞實的晶體有相當於遺傳突變的性質嗎？

黏土、泥巴、岩石都是由微小的晶體構成的。在地球上它們的量十分巨大，而且可能一

向如此。要是你用掃描電子顯微鏡觀察某些黏土或其他礦物質的表面，你會為眼前的美景讚嘆不已。晶體的模樣多彩多姿，像成排的花或仙人掌行列，像玫瑰花瓣的花園，像多汁植物橫切面那樣的微小螺旋體，像叢生的管風琴風管，像複雜的多角形摺紙作品，以及逶迤如蠕蟲或擠出的牙膏。放大倍率提高後，有秩序的模式看來更令人驚艷。到了原子位置都能顯示的倍率，晶體表面看來就像機器織出的人字花紋一般，極其規律。但是，注意，這是要點，你可以看見瑕疵。在一大片極規律的人字花紋中，會有一小塊脫序，或者是人字的夾角稍有不同，或者人字的兩撇不對稱等等。幾乎所有自然形成的晶體都有瑕疵。瑕疵一旦出現了，要是新的晶層在瑕疵層之上形成了，通常會複製那個瑕疵。

晶體表面任何一個地方都可能出現瑕疵。要是你和我一樣，常思考資訊儲存量的問題，你就可以想像在一個晶體表面可以創造出多少不同的瑕疵模式。那是個龐大的數量。上一章裡我們想像過將《新約》文本編進一個細菌的DNA裡，同樣的計算幾乎可以用來談任何一個晶體。DNA比起一般的晶體，長處在：已有一套方法可以讀取它的資訊。現在暫不談讀取技術，我們很容易設計出一套編碼系統，使晶體原子結構中的瑕疵對應於二元數字（以0與1寫成的數字）。我們可以將《新約》文本編進一個與大頭針「圓頂」一樣大的礦物質晶體。以大一點的尺度來說，儲存音樂的雷射唱片就是以同樣的原理製作的。音樂音符先由計算機轉換成二元數字。然後以雷射在光碟的光滑鏡面上刻出微小的瑕疵模式。每個雷射刻成的小坑對應於1（或0，約定俗成即可）。雷射唱盤播放音樂，就是以雷射光束讀取瑕疵模式，再由專門的計算機將二元數字轉換成聲波，經過擴大線路放大後我們就聽見音樂了。

雖然雷射光碟今天主要用來儲存音樂，你也可以將整套大英百科全書存入一張光碟，再以同樣的雷射技術讀取。在原子尺度上的晶體瑕疵，比刻在雷射光碟表面上的「坑」小多了，因此以面積論，晶體能夠儲存的資訊多得多了。一點不錯。在尺度上，DNA分子與晶體可以類比，而DNA儲存資訊的容量的確令人印象深刻。雖然黏土晶體理論上可以儲存大量資訊，像DNA分子或雷射光碟一樣，可是沒有人認為黏土的確幹過那檔子事。在坎史密斯的理論中，黏土與其他礦物質晶體的角色是最初的「低桿」複製子——它們最後給「高桿」的DNA取代了。在地球上，它們在水中自然形成，不像DNA需要複雜的機具才能生產；它們會自然生成瑕疵，有些可以在晶體的新生層複製。要是有「適當」瑕疵的晶體後來破碎了，我們可以想像它們扮演「種子」的角色，形成新的晶體，每個新生晶體都「繼承」了「親代」的瑕疵模式。

於是我們現在對於生命在太古地球上的發生經過就可以臆測勾畫了。起先是自然形成的礦物質晶體，它們有複製、繁衍、遺傳、突變等性質，要不是這些性質，某種形式的累積選擇根本無法開展。不過在這幅圖畫中，還缺一個要素，就是「力量」——複製子的性質必須影響自身的複製前途。我們將複製子當作一個抽象的概念來討論的時候，我們會認為「力量」也許只是複製子直接的、內在的特性，例如黏性。在這一基本的層面上，使用「力量」這個詞似乎有點兒「割鷄用牛刀」，太小題大做了。我使用這個詞，只因為在後來的演化階段中它就不會只是黏性之類的性質。

舉個例子好了，蛇的毒牙有何「力量」？答案是：使DNA上的毒牙基因進入下個世代（以及以後的世代），因為它對毒蛇的存活有間接的影響。無論最初的「低桿」複製子是礦物質晶體，還是後來直接演化成DNA的有機物前驅，我們都可以猜測它們擁有的「力量」是直接而基本的，例如黏性。蛇的毒牙或蘭花的花朵，是先進層次的「力量」，都是後來才演化出來的。

對黏土而言，「力量」有何意義？什麼樣的偶然性質能提升黏土在田野中繁衍散布的機會？黏土的成分是矽酸鹽、金屬離子之類的化學物質，河、溪的水就是它們的溶液，是上游岩石風化後溶入水流的。那些化學物質在下游處，要是條件適當，就會從溶液中結晶出來，形成黏土。（事實上我所說的河、溪，指的更可能是地下水而不是地面上奔流的溪水。但是為了簡化行文，我會繼續使用河、溪等詞。）在河、溪中，任何一種黏土晶體的形成，除了其他的條件外，與水流的流速與模式都有關。但是沈澱的黏土也可以影響水流。那是因為黏土沈澱後，溪床的高度、形狀、質地都會改變。當然，那不是有意的。假定有一種黏土剛好能夠改變泥土的結構，所以河水的流速提升了。結果這種黏土反而給沖掉了。根據我們的定義，這種黏土就不「成功」。另一種不成功的例子，就是本身的性質反而創造了使競爭對手坐大的條件。

當然，我們並不認為黏土「有意」在世上繼續存在。我們談的，一直都是無意的結果，就是複製子剛巧擁有的性質導致的事件。我們再舉一種黏土當例子好了。這種黏土恰巧能夠減緩河水流速，因此提升了自身沈澱的機會。用不著說，這種黏土會愈來愈普遍，因為它恰巧能夠以有利於自己的方式操縱河水。這種黏土就是成功的黏土。但是，到目前為止，我們討論的只是單步驟選擇。累積選擇呢？

讓我們做進一步的臆測。假定有一種黏土，可以淤積成堤，更增加了自身沈澱的機會。這是它的結構上有一種獨特的瑕疵造成的無意結果。在任何河流中，只要這種黏土存在，淤堤上的水流就會成爲靜滯的淺水池，河水的主流就會岔開，另闢河道。在這些淺池中，會有更多這種黏土沈澱。任何一條河流只要湊巧給這種黏土的種子晶體「感染」了，一路上就會出現許多這種淺水池。好了，由於河流改道了，在乾季中淺水池很容易乾涸。黏土乾燥後，在陽光下不免龜裂，表層破碎後隨風飄揚，成爲空氣中的灰塵。每一顆塵粒都「繼承」了親代的特有瑕疵結構，就是造成河床淤堤的那種性質。上一章一開始我就提到窗外的柳樹正在迎風飄撒遺傳資訊，同樣地，我們也可以說每顆塵粒都攜帶了淤塞河、溪的「指令」——到頭來等於「製造更多塵粒」的指令。塵粒隨風飄蕩，可以穿越很長的距離，有些可能掉落另一條溪流，而那條溪流從來沒給「感染」過。河溪一旦受「感染」，就會出現「造堤」黏土的晶體，於是整個沈澱、淤堤、乾涸、風飄循環再度開始。

將這個循環稱作「生命」循環，等於迴避一個重要的問題，但是它的確是一種循環，而且與眞正的生命循環一樣，能夠促成累積選擇。由於有些河溪是源自其他河溪的塵粒「種子」感染的，我們可以將各個河溪區分成親代與子代。源自甲溪的塵粒「種子」感染了乙溪之後，乙溪中的淺水池最後乾涸了，製造了許多塵粒，感染了丙溪與丁溪。以它們各自的淤堤黏土來源而言，我們可以將這四個溪流的關係安排成一棵「家族樹」。每一條受感染的溪，都有一條「親」溪，它自己的「子」溪又可能不只一條。每一條溪都可以比擬成一具身體，這具身體的「發育」會受塵粒「基因」的影響，最後它產生新的塵粒「種子」。源自親代河溪的種子晶體，以塵粒的形式開始新的「世代」循環。每顆塵粒的晶體結構是從親代河溪中的黏土複製出來的。它將那個晶體結構傳遞到子代河溪中，在那兒它生長、繁衍，最後再度送出「種子」。

祖先晶體結構一代一代保存下來，不過在晶體成長過程中偶然發生的錯誤，會改變原子排列組合的模式。同一晶體的新生層會複製同樣的瑕疵，要是那個晶體碎成兩塊，就會形成兩個同樣晶體的族群。那麼要是改變了的晶體結構使淤積／乾涸／風蝕循環的效率也改變了，就會影響那種晶體在以後世代中的複本數量。舉個例子來說，改變了的晶體可能更容易分裂（「繁殖」）。由改變了的晶體形成的黏土在許多情況中可能更容易淤積。它也許在陽光下更容易龜裂。它也許更容易化爲塵土。塵粒可能更容易迎風揚起，就像柳樹種子上的絨毛（整個叫柳絮）。有些種類的晶體也許可以縮短「生命循環」的時距，結果加速了它們的「演化」。它們在連續的「世代」中有許多機會演化出愈來愈好的本事，更容易繁衍接續的世代。換言之，累積選擇的原始形式有許多機會演化。

以上這些純屬想像力的操作，源自坎史密斯的點子，而礦物質的「生命循環」可能有許多種，每一種都可能在地球生命史的關鍵時刻發動累積選擇，我們談的只是其中一種而已。舉例來說，說不定晶體的不同「變體」不是以塵粒的形式進入新的河溪，而是將它們的河溪切割成許多小溪，將晶體流布四方，最後那些小溪與新的河溪匯合，於是感染了新的河流系統。有些變體也許會使瀑布沖擊岩石的力道更大，加速岩石的沖蝕，於是使岩石中的礦物質晶體更容易溶入河流中，到了下游就形成新的黏土了。有些晶體變體也許可以製造情境，使競爭原料的「對手」不易存在。有些變體也許會成爲「獵食者」，可以分解「對手」，並將「對手」的組成分子納爲己用。

請記住：我並不是在談「有意的」設計製作，無論是黏土，還是以DNA爲基礎的現代生物。我的意思只不過是：世上往往布滿特定類型的黏土（或DNA），那是因爲它們剛巧擁有某些性質，使它們不僅在世上持續存在，還容易散布四方；一切都自然而然，卻理所當然。

現在讓我們進入論證的下一階段。有些晶體世系也許碰巧催化了某種化學反應，合成了新物質，那些物質又有利於晶體的世代傳承。這些衍生出來的化學物質不會（至少一開始不會）自己形成世系，可以區分出所謂親代與子代，它們由每一世代的晶體（初級複製子）重新製造。它們可以視爲晶體世系的複製工具，原始「表現型」（phenotypes）的起源。坎史密斯相信：當年的無機晶體複製子有許多本身並不複製的工具，其中以有機分子扮演的角色最突出。現代商業無機化學工業常利用有機分子，因爲有機分子對液體流動率、對無機分子的分解與生長都有影響。簡言之，那些影響在當年也可能是晶體世系複製成敗的關鍵。

舉例來說，有一種叫做蒙脫石（montmorillonite）的黏土礦物質（主成分是含水鋁矽酸鹽，「蒙脫」是法國西部的地名），遇上一種叫做羧甲基纖維素（carboxymethyl cellulose，簡寫CMC；牙膏中的保水定型劑）的有機分子後，很容易碎裂。另一方面，羧甲基纖維素的量要是很少，反而會對蒙脫石產生相反的影響，就是使蒙脫石不易碎裂。影響紅酒口感的單寧（tannins，葡萄皮裡的成分），是另一種有機分子，鑽油業常使用，因爲可以使泥土容易鑽透。鑽油業者能利用有機分子改變泥土的流動性，方便石油鑽探，不斷複製自己的礦物質怎麼會不能？沒有理由相信累積選擇不會導致同樣的「念頭」。

就這一點而言，坎史密斯的理論得到了意外的贈品，益發令人信服了。原來其他的化學家爲了支持傳統的有機太古濃湯理論，早就認爲當年黏土礦物質發揮過功能。例如安德森（D. M. Anderson）在一九八三年寫道：「在地球歷史上，有複製能力的微生物，很早就在黏土礦物質或其他無機物質的表面附近出現了，那個過程涉及非生物的化學反應與化學程序，也許數量還不少。在學界這個觀點已獲得廣泛支持。」那麼黏土礦物質如何協助生命的發生呢？他列舉了黏土礦物質的五大功能，例如「以吸附作用提升化學反應物質的濃度」，不過我們不必在這裡一一詳述，即使不了解也無妨。從我們的觀點來說，重要的是：所謂黏土礦物質的五大功能全都能「反過來說」。安德森的論證顯示了有機化學合成與黏土表面可以有密切的關係。因此他無意中加強了相反的論點：黏土複製子合成有機分子，並利用有機分子達成自己的目的。

早期地球上，蛋白質、醣類等有機分子，以及其中最重要的核酸，例如RNA，對坎史密斯所謂的黏土複製子究竟有什麼用處？他仔細討論過這個問題，不過這裡我不能詳談。他認爲RNA一開始只是純粹的「結構劑」，就像鑽油業者利用單寧或我們使用肥皂與清潔劑，都是爲了它們能影響其他物質的結構。RNA之類的分子，由於它們的骨幹帶負電荷，往往會形成黏土粒子的「外衣」。

再討論下去的話，我們就得進入超過我們程度的化學領域。現在我們只要記住：RNA之類的分子早就出現了，它們的複製能力是後來才發展出來的。還有，使它們演化出複製能力的，是礦物質晶體「基因」，目的在改進RNA分子（或類似分子）的製造效率。但是，一旦新的複製分子出現了，累積選擇的新類型就會開始發展。新的複製子原先只是配角，卻因爲複製效率驚人，而將原先的主角——晶體，取代了。它們繼續演化，不斷改進，最後成爲我們現在知道的DNA基因碼。原先的礦物質複製子就像個老舊的支架，給挪到一邊，所有現代生物都是從後起的共祖演化出來的，大家的遺傳系統都是從它那兒來的，因此不但基因代碼完全相同，生化機制也大體相同。

我在《自利的基因》中臆想過：我們現在也許正處於另一個遺傳革命的前夕，一種新型的遺傳系統即將替代傳統的DNA系統。DNA複製子（基因）爲自己建造了「續命機器」——即生物的身體，包括我們的身體。身體演化出種種裝備，協助基因達成複製、繁衍目的，大腦——隨身計算機，就是裝備之一。大腦演化出以語言、文化傳統爲工具與其他大腦溝通的能力。但是文化傳統創造了新情境，爲新型複製子敞開了演化之門。新型的複製子不是DNA，也不是黏土晶體，而是資訊模式，它們只能在大腦中發榮滋長，或在大腦的人工產品中，例如書籍、計算機等等。我把這些新的複製子叫做「謎因」（meme），好與「基因」（gene）有個區別。但是，只要世上有大腦、書籍、計算機，這些謎因就能從一個大腦散布到另一個大腦中，從大腦到書中，從書到大腦，從大腦到計算機，從計算機到計算機。它們在傳布的過程中也會發生變化——突變。也許突變謎因能夠施展我叫做「複製子力量」的影響力。

記得嗎？我所說的影響力，只要能影響複製子繁衍可能性的，都算。受這種新型複製子影響的演化——謎因演化，仍在襁褓期。在我們稱爲「文化演化」的現象中，可以觀察到謎因演化的跡象。文化演化比起以DNA爲基礎的演化，快了不知多少倍，因此更讓人不由得沈思生命史上的「替代」（顚覆／篡位）事件。要是一種新的複製子篡位事件已經開始了，可想而知，結果必然是這種複製子的親代——DNA，給遠遠拋在後面，望塵莫及，祖代（黏土，要是坎史密斯對的話）就用不著說了。果眞如此，計算機大概會是先鋒吧。

在遙遠的未來，擁有智慧的計算機會不會有一天開始臆想自己已消失的根源？搞不好它們之中眞有一個會得到一個相當異端的結論：它們源自一種古代的生命形式，以有機化學（碳化學）爲基礎，而不是以矽晶爲基礎的電子學，那才是它們身體的建造原理。說不定會出現一個機器坎史密斯寫出一本叫做《電子篡位》的書來。他不知怎地發現了某個電子版的「拱形結構」隱喩，因而了悟計算機不可能自然地出現，必然源自累積選擇，而且是一種早期的形式。他會仔細地重建DNA分子，把它視爲可能的早期複製子，而且是電子機制篡位的對象。他說不定聰明得猜得到DNA也幹過篡位那檔事，而更古老、更原始的複製子是無機的矽酸鹽晶體。要是他也信仰善有善報、惡有惡報，儘管DNA已在地球生命史上獨領風騷三十億年以上，最後還是給推翻了，讓位給以矽晶爲基礎的生命形式，往日風華，竟成回憶，這算不算天道好還呢？

那是科幻小說，而且也許聽來不可思議。無妨。現在的坎史密斯理論，甚至所有其他的生命起源理論，也許你都覺得不可思議，難以相信。你認爲坎史密斯的黏土理論與比較正統的有機太古濃湯理論都太離譜，不可能是事實嗎？隨機地將原子胡亂組合一氣，最後就能形成能夠複製自己的分子！你覺得需要奇蹟才成嗎？那麼讓我告訴你，有時我也這麼認爲。但是我們要更仔細地深究這個有關奇蹟與「絕無可能」的問題。我的目的是說明一個表面看來矛盾的論點，就因爲它看來矛盾，所以很有意思。這個論點就是：要是生命起源這檔事對我們的清明意識而言不顯得神祕難解，我們科學家才該擔心呢！就正常的人類意識而言，對生命起源這檔事，我們應該找尋的正是一個顯得神祕難解的理論。我要用這個論證結束本章。換言之，我們要討論所謂奇蹟究竟指的是什麼。也可以說，它是演義我們早些時候以行星數量所做的論證。

言歸正傳，奇蹟究竟是什麼？奇蹟就是一件會發生的事，可是令人極端意外的是，它居然發生了。要是大理石的聖母馬利亞向我們揮手，我們應當視爲奇蹟，因爲我們所有的知識與經驗都告訴我們大理石像不會那樣行動。我剛說完：「現在讓閃電來劈我吧」。要是閃電果眞這時擊中了我，我們會視爲奇蹟。但是實際上這兩件事科學都不會判定「絕無可能」。「非常不可能」倒無疑問，而且石像揮手比閃電劈人更不可能。閃電本來就會劈人的。我們任何一個都可能遭雷擊，但是在任何時候這事發生的可能性都非常低。（不過根據《金氏紀錄》，美國維吉尼亞州有一個人給雷擊中過七次，外號「人類避雷針」。）我虛擬的故事中唯一令人覺得不可思議的，就是我給雷劈中與我出言不遜兩者的巧合。（譯按，禍福無門，唯人自召？）

巧合就是加倍的不可能。在我一生中，任何一分鐘內遭雷擊的機率都低於千萬分之一，這還是保守的估計呢。我在任何一分鐘召喚雷擊的機率也很低。到寫書的這一刻，我只幹過一次，我已活過三十九萬分鐘，我看以後我不會再犯了，因此這麼幹的機率大概可說是五十萬分之一。兩件事「巧合」的機率是兩者機率的乘積，因此就是五兆分之一。要是這種數量級的巧合眞的發生在我身上，我會視爲奇蹟，而且以後說話一定會小心。但是，雖然這樣的巧合實在離譜，我們仍然能夠計算它的機率。它發生的機率並不等於0。

再說大理石像的例子。大理石像中的分子一直不斷地彼此推擠，方向不定。由於分子彼此的推擠相互抵消，石像的手就保持不動。但是，要是所有分子湊巧同時向同一方向運動，石手就會移動。然後要是那些分子同時反向運動，手就會回到原來的位置。因此一個大理石像向我們揮手是可能的。這種事發生的機率低得難以想像，但還沒有低到無法計算。我有一位同事是物理學家，好意地爲我計算過。結果得到了一個天文數字：我們窮整個宇宙的年紀都不足以寫完那個數字中的0。理論上，要是一頭乳牛有那等運氣，搞不好一躍就上了月球。好了，論證的這個部分，結論是：有些事可能發生，我們憑想像就可知道，可是比較起來，我們挾計算之力得以進入馳騁的奇蹟領域，廣袤多了。

現在讓我們討論這種我們認爲可能發生的事。我們憑想像認爲可能發生的事只是個子集合，而實際上可能發生的事則是個大得多的集合。有時那個子集合甚至比實際上的還要小。這與光好有一比。我們的眼睛是設計來處理一個狹窄的電磁頻寬波段的（那個波段我們稱爲光），正好位於一個頻譜的中間左右，頻譜的一端是無線電長波，另一端是X射線短波。光波段很狹窄，它以外的射線我們看不見，但是我們可以計算它們的性質，也可以製造儀器偵測他們。

同樣地，我們知道個兒頭的尺度與時間的尺度可以向兩個方向延伸，一直進入我們視線不及之處。我們的心靈無法應付天文學處理的遙遠距離，也無法應付原子物理學處理的微小距離，但是我們能用數學符號表示那些距離。我們的心靈無法想像皮秒（picosecond；一兆分之一秒）那麼短的時距，但是我們可以計算皮秒，我們也可以建造運算速度以皮秒爲單位的計算機。我們的心靈無法想像長達百萬年的時距，更不要說地質學家的計算動輒就是十億年了。

我們的眼睛只能看見狹窄的電磁波波段，那是天擇打造的，我們的祖先已經是那樣了。大腦也一樣是天擇打造的，無論對個兒頭還是時間，都只能應付很狹窄的一個「波段」。我們可以假定我們的祖先用不著處理日常生活經驗以外的個兒頭與時間，因此我們的大腦從沒有演化出足夠的想像力，以想像那些不尋常的尺度。我們的身材不過一兩公尺，大約位於我們所能想像的範圍中央，也許不是巧合。人生不滿百，剛好也落入我們所能想像的時間範圍中間。

關於奇蹟與「絕無可能」之事，道理也一樣。請想像一個漸進的「不可能」標尺，相當於從原子到星系的個兒頭標尺，或者從皮秒到十億年的時間標尺。在標尺上我們將各種標誌點都標上。在左手端，都是極端確定的事件，例如「太陽明天依舊東升」的或然率——記得嗎？這是數學家哈地以半個便士打賭的事。接近左端的都是機率不低的事，例如以兩顆骰子擲出六一對，機率是三十六分之一。我預期我們會經常擲出六一對。朝向右手端的另一個標誌點是橋牌比賽中出現「完美局」的機率。所謂完美局，就是四位橋牌手都拿到一套花色完整的牌，機率是2,236,197,406,895,366,368,301,559,999（兩千兩百三十六兆兆……）分之一。我們就叫它一「狄隆」（dealion）吧，算是「不可能」的單位。要是一件事的發生機率，根據計算是一「狄隆」，可是眞的發生了，我們就該斷定那是奇蹟，除非我們懷疑其中有詐——那倒比較有可能。但是它有可能淸淸白白地發生，而且比起大理石像向我們揮手，它發生的機率高得太多了。

不過，我們已經討論過，即使大理石像向我們揮手這檔事，也在事情發生的或然率標尺上有個正當的位置。我們可以計算它發生的或然率，儘管可能必須以十億分之一「狄隆」爲單位。在骰子擲出六一對與橋牌的「完美局」之間，是的確會發生的事，只是發生機率或高或低罷了，包括任何一人遭雷擊、在足球賽賭局中贏得大獎、高爾夫球場上一桿進洞，等等。在這個範圍中，有些事巧合的程度會讓我們禁不住脊梁骨發麻，例如在睡夢中見到一位幾十年沒見的人，醒來後得知那人就在那夜過世了。這些令人毛骨悚然的巧合，要是我們碰上了或是我們的朋友碰上了，管教你印象深刻，但是他們發生的機率，可能必須以十億「狄隆」爲單位。

我們已經建構了一根測量「不可能」的數學標尺，標誌點或基準點都在上面標明了，現在我們要勾勒出一個小範圍，涵蓋我們在日常生活或思緒中可以處理的那些事件。那個範圍的寬度，可以與電磁波頻譜上我們的眼睛可以看見的那個狹窄波段比擬，或是個兒頭與時間標尺上我們可以想像的那個範圍——就是以我們的身材與壽命爲中心的狹窄範圍。結果那個範圍起自左手端的「確實會發生」，向右直到小型奇蹟，例如一桿進洞或夢境成眞。於是可以計算卻很罕見的事件全都落在可以想像的範圍之外——一個大得多的範圍。

我們的大腦是天擇打造來評估機率與風險的裝備，就像我們的眼睛是評估電磁波波長的裝備。我們配備了大腦，可以在心裡計算風險與機會，可是只著眼於那些對人的一生有用的或然率範圍。舉例來說好了，我們要是用箭射一頭水牛，讓它牴傷的風險有多大？要是我們在雷雨中躲在孤立的樹下，給雷劈的風險有多大？要是我們游泳過河，溺死的風險如何？這些我們可以接受的風險，與我們不滿百的生年是相稱的。要是我們的身體可以活一百萬年，我們也願意活那麼久，我們就應該以不同的尺度衡量風險。舉例來說，你應該養成習慣，絕不穿越馬路，因爲要是你每天穿越馬路，不出五十萬年就會給車子碾過。

我們的大腦演化出意識，會對風險與機會做主觀評價，評量的依據就是壽命。我們的祖先一直需要對風險與機會做出決定，因此天擇使我們的大腦可以用我們的壽命做基準，以評估機率。要是在某個行星上，有一種生物可以活一百萬個世紀，他們可以理解的風險範圍，就會朝向右手端延伸過去，遠超過我們的範圍。他們玩起橋牌，會期望「完美局」經常出現，要是眞的發生了，大概也不會大驚小怪，非寫信告訴家人不可。但是，要是一個大理石像向他們揮手，他們就會畏懼、害怕，因爲即使他們的壽命比我們長很多，這等規模的奇蹟也極其罕見。

以上的討論與生命起源的理論何干？記得嗎，我們展開這個論證，是從我們對坎史密斯理論與太古濃湯理論的感覺談起的。我們覺得它們聽來有點不可思議，因此不可能是眞的。這個理由使我們很自然地覺得該排拒這些理論。但是請記住，我們的大腦所了解的風險，只是可以計算的風險標尺上左側的一個小範圍。我們的主觀評價認爲看來像是值得下注的賭局，與它實際上值不值得下注無關。一位壽命達一百萬世紀的外星人，主觀判斷必然與我們不同。某個化學家提出理論，對第一種複製分子的起源做了猜測，在那位外星人看來，可能覺得頗爲可能，而我們只演化出不滿百年的壽命，不免會認爲那是令人驚訝的奇蹟。我們怎能判斷誰的觀點才是正確的，我們的還是長壽外星人的？

這個問題的答案很簡單。像坎史密斯提出的理論或太古濃湯理論，若要討論它們的可能性，得從長壽外星人的觀點來看才會正確。因為那兩個理論都假設了一個特定的事件：某種能夠複製自己的實體自然形成，而這種事件大約十億年才發生一次。從地球誕生到第一個類對我們似細菌的化石，大約有十五億年。我們的大腦意識以十年為單位，十億年才發生一次的事，對我們當真罕見得足以稱為重大奇蹟。對長壽外星人而言，它就不怎麼像奇蹟了，他們的感受可能相當於我們在高爾夫球場上一桿進洞。我們大多數人也許都知道某人知道某人一桿進洞的故事。就判斷生命起源的理論而言，長壽外星人的主觀時間量尺有相關性，因為那把尺約略等於生命起源涉及的時間量尺。要是以我們的主觀量尺來衡量，誤差可能達一億倍。

事實上我們的主觀判斷還可能錯得更離譜。我們的大腦是自然組裝的，它的功能不只是評估短時距中的事物風險；它只能評估發生在我們身上的事，或者我們認得的一小撮人。因為大腦不是在大眾傳播媒體主導的情境中演化。有了大眾傳播媒體之後，若有一件不大可能的事發生在任何人身上、或任何地方，我們都會在報上讀到，或《金氏紀錄》中。要是世界上任何一個地方出現了個演說家，他公開聲明一旦說謊就遭雷劈，結果就給雷劈了，我們在報上讀到消息，一定會驚疑不置。但是世上有幾十億人，這樣的巧合的確可能發生，因此表面看來像是巧合的事，實際上未必那麼巧。

我們的大腦也許是自然組裝來評估發生在我們身上的事用的，或是村子裡的幾百個人，他們生活在彼此的鼓聲距離內，我們的部落祖先接收到的新聞，不出那幾百人範圍。要是我們在報上讀到一則新聞，說是一件驚人的巧合發生在維吉尼亞或印第安納的某人身上，我們一定會覺得印象深刻，比「我們在正常的情況下」還要驚訝。大眾傳播媒體以世界人口為抽樣對象，而我們的大腦卻在祖先的見聞範圍內演化，不會超過幾百人。因此在世界上不算罕見的事，由演化時見聞受制於生活範圍的大腦來判斷，就會令人印象分外深刻，算起來世界新聞令人反應過度的程度，可達幾億倍。

數量推估與我們對於生命起源理論的判斷也有關係。不是因爲地球上的人口數量，而是因爲宇宙中的行星數量，生命可能已經出現的行星數量。這正是我們先前在本章討論過的論證，因此在此不必多說。回到我們衡量事物發生可能性的漸進量尺上，上面有橋牌狀況與擲骰子的機率。在這個以「狄隆」與百萬分之一「狄隆」爲刻度的量尺上，標明以下三點：假定每個太陽系生命都會出現一次，那麼在十億年之內，生命在一顆行星上起源的機率。要是每個星系生命出現一次，生命在一顆行星上起源的機率。要是生命只在宇宙中發生一次，任意選擇一顆行星會發現生命的機率。將這三個點取名爲太陽系數字、星系數字、宇宙數字。記住宇宙中大約有一百億個星系。我們不知道每個星系中有幾個太陽系，因爲我們只能見到恆星，而不是行星，但是我們先前引用過一個估計數字，那就是宇宙中也許有一億兆顆行星（十的二十次方）。

要是我們得評估坎史密斯理論之流所假定的事件是否可能發生，我們應該以這三個數字來衡量，而不是我們的主觀意識。至於這三個數字中哪一個最適當，則視以下三個敘述中我們認爲最接近眞相的那一個而定：

一、生命在整個宇宙中只出現在一顆行星上（那麼，那顆行星必然是地球，我們先前討論過）。

二、生命大約在每個星系發生一次（在銀河系中，地球就是那顆幸運的行星）。

三、生命起源是件非常可能的事，因此每個太陽系都可能發生一次（在我們的太陽系，地球就是那顆幸運的行星）。

這三個陳述對生命的獨特性有不同的觀點。實際上，生命的獨特性也許落入陳述一與陳述三之間。我爲什麼要那麼說？講白一點，我們爲什麼會排除第四種可能性，就是生命起源是比陳述三給人的印象還要可能發生的事件？這不是個有力的論點，但是，既然我們已經將它提出來了，也不妨說一說。要是生命起源是件比太陽系數字預設的還要可能的事件，我們就應該期望到現在我們已經與地球之外演化出的生命連絡上了，即使不是面對面，也該有無線電接觸。

常有人指出化學家從未在實驗室中成功地複製生命自然發生的過程。他們運用這個事實的方式，就好像它可當作證據，用來駁斥那些化學家想測驗的理論。但是，事實上你可以抗辯，要是化學家輕易就能在試管中讓生命自然發生，我們就得擔心了。因爲化學家的實驗只進行了幾年，而不是幾億年；從事這些實驗的化學家，只有少數幾個，而不是幾億個。要是幾個人幹上幾十年實驗就能使生命自然發生，那麼生命的自然發生就是非常可能的事件，因此生命在地球上應該發生過許多次，在地球附近（接收得到地球發射的無線電）的行星上也應該發生過許多次。當然，這些說詞全規避了重要的問題，那就是：化學家是否成功地複製了早期地球的條件，但是，就算我們信任他們好了，由於我們不能回答這些問題，這個論證還是值得運用的。

要是以尋常的人類尺度來衡量，生命起源是個可能的事件，那麼地球附近無線電波發射距離內的許多行星，應該早就發展出無線電技術了（請記住：無線電波每秒前進近三十萬公里），而且我們使用無線電通訊器材幾十年了，至少也該接收到一次其他行星發射過來的無線電波吧。要是我們假定他們與我們同時擁有無線電技術，那麼在無線電波的發射範圍內，大概有五十顆恆星。但是五十年只不過是一瞬間，而且要是另一個文明的發展程度與我們的幾乎同步，必然是個重大的巧合。要是我們在計算裡包括那些一千年前就發明了無線電技術的文明，那麼就會有一百萬顆恆星在無線電波的範圍內（再加上繞行它們的行星）。要是我們將那些一萬年前就有了無線電技術的文明納入，恆星數以兆計的整個星系都在無線電波的範圍內了。當然，無線電信號穿越了那麼巨大的距離後，必然已經非常微弱了。

於是我們的結論似乎非常弔詭。要是一個生命起源理論描述的事件太容易發生了，我們憑主觀判斷就能確定，反而無法解釋我們的經驗：在宇宙中我們很少觀察到生命跡象。根據本論證，我們尋找的理論必然是看來似乎不大可能發生的那種，因爲我們的想像力受限於我們有限的存在（壽命與地球的時空限制）。這麼看來，坎史密斯的理論也好，太古濃湯理論也好，都似乎瀕臨「太過可能」的臨界點，反而頗有可能是錯的。這麼說了之後，我必須承認，由於在我的計算中仍有大量的不確定成分，果眞有位化學家成功地創造了自發生命，我也不會感到疑慮不安。

我們仍然不知道自然選擇（天擇）在地球上究竟是怎麼開始的。本章的目標只是解釋它必然是以哪一種方式發生的。目前學界對於生命起源理論尙無共識，但是這不該視爲整個達爾文世界觀的絆腳石，三不五時有人這麼想，但是我擔心那只是一廂情願。先前各章已經清除了其他的所謂絆腳石，下一章會處理另一塊，就是「天擇只能摧毀而不能創造」。

第七章 創意演化

Watchmaker

在演化中，我們可以觀察到明顯的進步特徵，

例如奔跑速度、飛行技巧、

視覺或聽覺的靈敏度不斷提升，

主要是由所謂的「軍備競賽」造成的。

The Blind

有時大家認爲天擇純然只是負面的力量，剷刈怪胎、弱者有餘，卻不足以建構複雜、美觀、精良的設計。天擇能刪削冗綴，用不著多說，可是一個眞正的創造過程不是該增益些什麼嗎？我們不妨以雕塑家的作品回答這個問題，他沒有在大理石上增益什麼，他的創作只是刪削冗綴而已，最後卻出現了富有美感的雕像。但是這個比喩會誤導讀者，因爲有些人感興趣的是這個比喩的錯誤訊息：雕塑家是個有意識的設計者，而我想舉證的卻是：雕塑家的創意表現在「損」的功力上，而不是「添加」。即使這個正確的訊息也不該過於誇張。因爲天擇也許只能「損」，而突變卻能「益」。突變與天擇攜手，在綿長的時間中可以建構複雜的事物，那與其說是刪刈，不如說是增益。創造這樣的結果，主要有兩個方式。第一個可以說成「大家一起來」（基因型共演化）；第二個就是「軍備競賽」。表面看來它們很不一樣，但是以「共演化」與「基因互爲環境」這兩個概念來討論的話，它們就頗爲融貫了。

我們先討論「大家一起來」（基因型共演化）。任何一個基因都有一個特定的作用，純然因爲有一個已存在的結構，它可以影響。任何一個基因都不能影響大腦的神經線路，除非先有一個大腦，它的神經線路正在形成。這樣的大腦不會憑空存在，除非先有個發育中的完整胚胎。這樣的胚胎也不會憑空存在，除非先有一套指令（基因），規定了種種化學與細胞事件的進行程序，這些事件受到許多因素的影響，像是許多其他的基因，以及許多非基因影響。基因的特定影響並不是它們的內在性質，而是胚胎發育過程的性質。胚胎發育是持續進行的過程，基因在特定位置（空）、特定時間（時）的作用，可以改變它的細節。這一點我們以計算機生物形具體而微地演示過了（請見第三章）。

胚胎發育的整個過程也許可以看成一個合作事業，有幾千個基因出力。發育中的生物體，有幾千個基因在工作，互相合作，一起將胚胎組裝出來。這樣的合作是怎樣成就的？了解這個合作事業的關鍵，就是：天擇青睞的基因，一直著眼於它們適應環境的本領。我們往往認為這裡所說的環境指的是外在的世界，也就是受氣候、獵食者支配的世界。但是從基因的觀點來看，它們的環境中最重要的部分也許是它遇到的所有其他基因。基因會在哪裡「遇到」其他的基因呢？大部分在生物個體的細胞中。每個基因由於遺傳的緣故，都會出現在一系列生物個體中。在每個生物體的細胞中，每個基因都可能遇到以前沒見過的基因。只要它能與任何可能遇上的基因族群合作無間，就會受天擇青睞。

任何一個基因都在一群基因中工作，而它必須適應的工作環境，不只是恰好出現在某個生物體內的那群基因。它必須適應的基因族群，至少在實行有性生殖的物種中，是物種的基因庫，就是有交配潛力的個體體內所有基因的集合。在任何一個時刻裡，任何一個基因的複本都必須處於一個生物體的一個細胞中。基因的每個複本都是一群原子的集合，但是那個集合並沒有永恆的意義。它有壽命，而且單位以月計。

我們已經討論過，做為一個演化單位的長壽基因，不是任何特定的物質結構，而是文本檔案中的「資訊」，一代又一代遺傳下去的是資訊。這個文本複製子擁有許多分身。空間上，它的分身出現在許多不同的生物個體中，時間上，它的分身出現在一系列世代中。這樣來看，我們就能討論某個基因在一個生物體內與另一個基因的遇合了。它也「預期」它的分身會在不同的身體、不同的世代中遇上各種不同的基因，更別說不同的地質時代了。成功的基因能在其他基因構成的環境中發揮作用、優游不迫；須知不同的生物個體體內，各有不同的基因族群，要成功就得從眾。想在這樣的環境中「發揮所長」，無疑就是與其他基因合作無間。要是以生化路徑為例，最能看出這一點。

生化路徑就是一串化學物質，它們構成連續步驟，完成某個有用的過程，例如釋放能量，或合成一個重要物質。路徑中的每個步驟都需要一個酶——一種大分子，瞧它的長相就覺得像是化學工廠中的機器。在一個生化路徑中，不同的步驟需要不同的酶。有時為了達成某個有用的目的，有兩個（以上）生化路徑可供選擇。雖然它們都可以達成同一個目的，必經的中間步驟往往不同，起點通常也不同。兩者都能完成任務，選哪一個都沒有關係。對任何一個動物，最重要的是：別兩個同時動用，因為會造成化學混淆，使效率不彰。

現在假定製造化學物質D的「路徑一」循序需要三種酶：A_1、B_1、C_1，而路徑二需要A_2、B_2、C_2。每個酶都由一個特定基因製造。因此為了演化出「路徑一」生產線，組裝A_1、B_1、C_1的三個基因必須「共演化」（也就是一起演化，或協同演化）。為了演化出第二條生產線（「路徑二」），組裝A_2、B_2、C_2的三個基因也必須協同演化。這兩個共演化事件最後由那一個脫穎而出，不必事先計畫好。任何基因只要與當時正巧在基因庫中占主流地位的其他基因相得益彰，就會受天擇青睞。要是基因庫中剛巧B_1、C_1數量很大，就會助長A_1的氣候（而不是A_2）。反過來說也成，要是基因庫中剛巧B_2、C_2數量很大，「氣候」就有利於A_2，而不是A_1。

當然，實情不會那麼簡單，但是至少你會了解我的論點：某個基因受天擇青睞的「氣候」，最重要的面相是基因庫中已經占優勢的其他基因；那些基因最有可能與它共享一個生物身體。由於這些「其他」基因也受制於同樣的「氣候」，因此我們可以想像基因團隊的演化，就是朝向合作解決問題的方向演化。基因不演化，它們得在基因庫中生存，不成功，就成仁。演化的是基因「團隊」。其他的團隊也許也可以幹同樣的事，甚至幹得更好。但是一旦有一個團隊在物種基因庫中居於主流地位，它就自然而然地享受了那個地位帶來的好處。居少數的團隊很難突破「少數」限制，切入主流，即使「非主流」團隊最後會更有效率，也難逃這樣的命運。主流團隊不容易取代，不爲別的，憑數量優勢就夠了。這倒不是說占多數的團隊永不會給「輪替」。果眞的話，演化之輪就會卡住了。但是「惰性」的確是演化過程的內建性質。

用不著說，這類論證不止適用於生物化學。只要是一群相得的基因，互相合作完成一項任務，就可以用同樣的論證說明它們的演化，不管它們共同建造的是眼睛、耳朵、鼻子、行走的四肢，或一個動物身體所有的合作零件。適合咀嚼肉塊的牙齒與適合消化肉類的腸道頗爲速配，製造那種牙齒的基因在製造那種腸道的基因當道的氣候中，就容易受青睞。另一方面，適於咀嚼植物的牙齒在適於消化植物的腸道當道的氣候中才受青睞。這兩個例子反過來說都成立。與肉食有關的基因往往組成演化團隊，一起演化；素食基因團隊亦然。

也眞是，任何一個生物身體內，有作用的基因都可視爲一個團隊的成員，它們合作無間，才造就了一個有生命的身體，因爲在演化史上它們（它們的祖先複本）互爲環境的一部分，而天擇著眼的是整個環境。要是我們問道：爲什麼獅子的祖先養成肉食習慣，而羚羊的祖先養成了草食的習慣？答案可能是：當年純屬意外。意外，意思是：當初獅子的祖先也有可能養成草食習慣，羚羊的祖先染上肉食的習慣。但是一旦有個世系開始組合一個基因團隊，專門處理肉塊而不是草葉，朝向肉食動物演化的列車就開動了，而且動力不假外求。另一個世系若開始組合一個基因團隊，專門處理草葉而不是肉塊，演化列車就會朝另一個方向開動，即草食動物，動力也不假外求。

參與這種合作事業的基因，數量愈來愈多，是生命演化史早期必然發生過的重大事件。細菌的基因組很小，基因數量不多，比動物、植物的差得遠了。基因數量增加，也許是透過各種基因複製的機制造成的。還記得嗎？基因不過是一串攜帶了訊息的符號而已，就像電腦磁片上的檔案；基因可以拷貝到染色體上的不同位置，正如檔案可以拷貝到磁片上的不同位置。我把本章檔案拷貝到一張磁片上，根據記錄上面有三個檔案。所謂記錄，我指的是計算機的操作系統告訴我的訊息：「上面有三個檔案」。我可以下指令要計算機讀取任何一個檔案，計算機就會在螢幕上顯示一份文本，看來乾淨俐落、句讀分明。

而事實上，在電腦磁片上整份文本的安排可完全不是那副模樣，一點也不乾淨俐落、句讀分明。你可以「眼見爲信」，只要自己寫個程式「閱讀」磁片上每個磁區實際登錄的資訊就成。原來那三個檔案每個都分裂成許多片段，散布在磁片上，三個檔案的片段混雜在一起，其中還間雜著死掉的老檔案，因爲我早就「刪除」了，所以忘了。也許某個文件片斷在磁片上六個地方都有，字句只有微小的差異。

爲什麼會這樣？理由很有趣，值得節外生枝，花點篇幅討論，因爲這個例子提供了一個很好的類比，方便我們了解染色體上遺傳訊息的登載模式。你下了刪除檔案的指令後，計算機看來像是服從了，實際上它並沒有「洗掉」那份檔案的文本。它刪除的是指涉那份檔案的所有指標。那就好像一位圖書館管理員受命銷毀《肉蒲團》，可是實際上他只是從圖書卡片櫃中抽掉了《肉蒲團》的書卡，書仍然留在書架上。對計算機而言，這是最經濟的做事方式，因爲洗掉某個檔案的指標，它先前占據的空間就自動容許新檔案寫入。因此將那個檔案占據的空間清理出來，是浪費資源的無謂之舉。老檔案不會消失，除非它占據的空間全給新檔案利用了。

但是這個舊瓶裝新酒的過程，不是一氣呵成的。新檔案不會剛好與舊檔案同樣大小。計算機儲存新檔案的時候，會先找第一個可用的磁區片段，在其中能寫下多少就寫多少，要是寫不完，才搜尋第二個可用的磁區，如此這般，直到整份檔案都寫在磁片的某些地方了。我們覺得每份檔案都是單獨、有序的訊息串，其實是假象，只因計算機仔細記錄了所有檔案片段的位址。我們在書報雜誌上常見的「文轉十三頁」，就等於那些位址的指標。任何一個文本片段在磁片上都可以發現好幾個複本，因爲一份文本通常會修改、編輯好幾回，每回（幾乎相同的）文本都至少會儲存一份。表面看來「儲存」也許就是儲存同一份檔案。但是正如我所說的，整份文本事實上重複地散布在磁片的可用空間裡。因此某個特定文本片段有許多複本散布在磁片上，就不足爲奇了，尤其是使用了很久的磁片。

現在我們知道物種的DNA操作系統的確非常古老，而且我們有證據顯示：從長程的角度來觀察，它處理基因的方式與計算機處理磁片上的檔案的方式，頗有雷同之處。有些證據來自「內子」（intron）與「外子」（exon）的區別，有趣極了。自七〇年代起，科學家就發現任何一個單獨的基因，都不是儲存在一個地方，每個基因都不是一份可以連續讀取的DNA文本。要是你將染色體DNA的鹼基序列完全定序，就會發現有意義的序列片段（外子）

中間穿插了無意義序列（內子）。任何一個有功能的基因實際上都給切割成許多片段（外子），中間插入了無意義的內子。每個外子似乎都以「文轉十三頁」之類的指標做結。一個完整的基因由一連串外子構成，DNA操作系統把它們綴合在一起，翻譯成製造蛋白質的指令。

此外，科學家還發現了染色體DNA上散布了舊的基因文本，它們已經不再作用，但是還是認得出來。對計算機程式師來說，這些「基因化石」片段的分布模式，與一張老磁片上的文本分布模式，竟然出奇地相似。某些動物的染色體DNA上，有很高比例的基因事實上從來沒有讀取過。這些基因不是沒有意義，就是過時的化石基因。

偶爾，化石文本會復活，我寫這本書的時候，就發生過。有一次計算機發生失誤（或者，公平一點來說，是人的錯誤也不一定），意外地將儲存了第三章檔案的磁片「洗掉」了。當然，文本本身並沒有眞的給洗掉。洗掉的是所有指標——每個外子起訖位址的紀錄。計算機的操作系統無法從磁片上讀取任何東西，但是我可以扮演基因工程師的角色，檢查磁片上的所有文本。我看到的是一個令人困惑的拼圖，每一小塊都是文本片段，有的是新近的，有的是古老的化石。我把文本片段拼湊起來，就將那一章復原了。但是大多數片段我都不知道是新近的，還是化石。那不打緊，除了一些不太重要的細節必須重新編輯，它們沒有什麼區別。至少有些化石，或者過時的「內子」，再度現身了。它們救我脫困，也省了我重寫整章的麻煩。

現在我們已有證據，在現存物種中，化石基因偶爾也會復活，在休眠了幾百萬年之後再度發揮功能。我不想在這兒描述細節，因爲那會逸出本章論證的主線太遠，別忘了我們已經節外生枝了。我的意思主要是：物種基因組的基因數量也許會增加，因爲基因可以複製。重新啓用現有基因的化石複本是一個方法。另外還有更直接的方法，就是將基因複製到染色體的不同位置上，就像電腦檔案複製到磁片的不同區段裡，甚至不同的磁片上。

人類有八個不同的球蛋白基因，分布在不同的染色體上，它們負責製造血紅素之類的蛋白質。科學家推測它們全都源自同一個祖先球蛋白基因。大約在十一億年前，那個祖先基因複製過一次，成爲兩個基因。我們可以定出這個事件發生的年代，因爲根據另外一套證據，我們可以算出球蛋白的一般演化速率（請見第五章及第十一章）。那兩個基因中，一個成爲所有脊椎動物血紅素基因的祖先。另一個基因演化成所有製造肌球蛋白的基因。所有肌球蛋白都屬於同一個蛋白質家族，與肌肉有關。後來各種不同的基因複製事件，產生了所謂的α、β、γ、δ、ε、ζ球蛋白。令人興奮的是：我們可以建構所有球蛋白基因的完整系譜，甚至定出每個分家點的年代，例如δ與β在四千萬年前分家的；ε與γ在一億年前分家。

這八個球蛋白儘管源遠流長，現在仍然在我們的身體裡效力。它們分散在一位祖先的染色體上，我們從祖先遺傳了它們——分別位於不同的染色體上。分子與它們很久以前的表親分子共同分享同一個身體。用不著說，大量這類複製已經進行了很久，必須以地質年代的尺度來衡量，而產品分布在所有染色體上。在這個重要的方面，眞實的生物比第三章介紹的生物形還要複雜。那些生物形只有九個基因。它們演化，全因爲那些基因發生了變化，從來不是因爲基因增加了。即使是眞實的動物，這種基因複製也十分罕見，因此我在第五章說每個物種的全體成員使用同一個DNA位址系統，並不算離譜。

一個物種的基因組在演化過程中合作基因的數量增加了，複製基因不是唯一的方法。另

一個可能的方法是從其他物種採借基因，甚至極爲疏遠的物種，雖然這種事件更爲罕見，卻可能造成非常重大的結果。舉例來說，豆科植物的根有血紅素，而其他植物沒有。因此我們幾乎可以確定：那些血紅素闖入豆科植物的途徑是源自動物的交叉感染，也許病毒扮演了「媒婆」的角色。

就我們正在討論的問題來說，一個特別重大的事件發生在所謂「眞核細胞」（有明確細胞核的細胞）起源的時候。這是美國生物學家馬古利斯①的理論，最近愈來愈當紅。除了細菌，所有生物細胞都是眞核細胞。基本上，生物世界可以劃分爲細菌與眞核生物兩大類。我們就是眞核生物界的一份子。我們與細菌的主要差異，就是我們的細胞中有獨立的微小迷你細胞，包括細胞核（存放染色體的地方）、粒線體（其中布滿複雜地摺疊起來的胞膜，請見第一章的圖一），在植物的細胞中，還有葉綠體。粒線體與葉綠體都有自己的DNA，它們的複製與繁衍都獨立於細胞核中的染色體DNA。你身體裡的粒線體，全都來自母親卵子中的一小群粒線體。精子太小了，容不下粒線體，所以粒線體完全是由母系遺傳的，男性的身體是粒線體的遺傳「絕戶」。順便提一下，這也意味著我們可以利用粒線體沿母方追溯我們的祖系。

根據馬古利斯的理論，細胞中的粒線體、葉綠體，以及幾個其他胞器都是細菌的後裔。也許在二十億年前，幾種細菌發現了合作生活、互蒙其利的祕密。不知道過了多少年，它們緊密地整合成一個合作單位（最後演化成眞核細胞），我們甚至難以察覺它們曾經是獨立生活的細菌。

眞核細胞一旦發明了，就出現了一個嶄新的設計空間。從我們的觀點來看，也許最有趣的是細胞可以製造巨大的身體，每個包括數以兆計的細胞。所有細胞都實行分裂增殖，每個子細胞都有一整套基因。我在第五章裡提到過在大頭針針帽上增殖的細菌，顯示分裂生殖可以在極短的時間內產生一大群細胞。一分爲二，二分爲四，再分裂，就是八個。這麼逐步加倍，從八到十六，再32，64，128，256，512，1024，2048，4096，8192……只不過二十代，用不了多少時間，就數以百萬計了。只要四十代，就會有數以兆計的細胞。要是細菌的話，數量雖龐大，可得各奔前程、自求多福。許多眞核生物也一樣，例如變形蟲之類的原生生物。生命演化史上的一大步是一個細胞的所有後裔都聚合在一起，不再各奔前程。從此高階結構就可能演化了。這個發展我們以計算機生物形演示過，只不過尺度非常小而已。

到了這時，總算可能建造大型身體了。人體的確是個龐大的細胞族群，全都源自一個細胞——受精卵；因此每個細胞都是其他細胞的表兄弟、子女、孫子女、叔伯等等。我們的身體由十兆細胞組成，分裂個幾十代數量就足夠了。那麼多細胞可以分成兩百一十種不同的類型（當然，不同的人有不同的分類法），全都是同一套基因建造的，不過細胞種類若不同，啓動的基因就不同。肝臟的細胞與大腦的細胞不同，骨細胞與肌細胞不同，就是這個緣故。

基因透過多細胞身體的臟器與行爲模式發揮作用，能夠籌劃保障自己繁衍利益的方法，那些方法個別細胞怎麼都單幹不來的。多細胞身體使基因有操縱世界的能力，大型身體能夠製造的工具，規模之大個體戶只能瞠乎其後。不過，身體裡的細胞是間接地達到操縱世界的目的的，它們更爲直接的影響發生在微小的細胞尺度上。舉例來說，它們會改變細胞膜的形狀。然後大量的細胞彼此互動，造成大規模的集體效應，例如一條手臂、一條腿、或（更爲間接的）河狸水壩。我們以肉眼就能觀察到的生物特質，大多數是所謂的「突現性質」。甚至只有九個基因的生物形都會表現出突現性質。在眞實的動物中，突現性質是細胞互動而以整個身體表現出來的性質。一個生物體就是一個完整的功能單位，我們可以說它的基因影響的是整個生物，即使實際上每個基因的複本只在它棲身的細胞中才有直接的影響力。

一個基因的環境，最重要的部分就是它在世代傳承的一系列身體中最可能遇見的其他基因，我們已經討論過了。這些基因在物種中不斷重新排列、重新組合。我們可以將一個實行有性生殖的物種想像成一個機器，專門在基因庫中將相互速配的基因組合起來，同時不斷變換每組的排列方式。根據這個觀點，物種就是不斷變換排列組合的基因集合，那些基因在物種內互相碰頭，不會遇上其他物種的基因。但是不同物種的基因雖然不會在細胞內做近距離的交會，也可以說是彼此環境中的重要部分。它們的關係往往以敵意維繫而不是合作，但是我們可以以同一個符號來表現兩者，一負一正就成了。說到這裡，我們就要開始進入本章的第二個主題了，軍備競賽。獵食者與獵物之間，寄生蟲與寄主之間都有軍備競賽，甚至同一物種的雄性與雌性之間也有——不過這是一個比較難纏的論點，我不會進一步討論。

軍備競賽在演化的時間尺度上進行，畢竟個體的壽命太短了。某個生物世系（例如獵物）的生存裝備，因為受到另一個生物世系（例如獵食者）的裝備不斷演進的壓力，於是也跟著不斷地演進，這就是軍備競賽。任何生物個體，只要敵人有演化的能力，就會捲入軍備競賽。我認為軍備競賽極為重要，因為演化史上的「進步」性質，主要是軍備競賽的結果。演化本質上無所謂的進步，與早些時候的偏見正相反。想明白其中的道理，只要考量過這個問題就成了：要是動物必須面對的問題，完全是氣候和無機環境的其他面相造成的，那麼演化史會有什麼風貌？

動植物在一個地方經過許多世代的累積選擇後，就會適應當地的條件，例如氣候什麼的。要是當地很冷，動物體表就會演化出厚實的毛髮或羽毛。要是氣候乾燥，它們的皮膚就會演化成皮革或分泌蠟質，避免體液散失。對當地條件的適應演化，影響了它們身體的每一部分：體型與顏色、內臟、行為、細胞中的化學等等。

要是一個動物世系的生活條件一直很穩定；例如又乾又熱，它們繁衍了一百個世代，仍然不變，那個世系就可能停止演化了，至少就適應當地的溫度與溼度而言，可以這麼說。那些動物會儘可能地適應當地的條件。這麼說並不意味著完全不可能將它們重新設計，變得更好。我的意思只是：它們不可能再透過微小的（因而可能的）演化步驟改善了。以生物形空間打個比方的話，它們的鄰居沒有一個能比得上它們。

演化會停頓，直到環境條件發生了變化：冰河期開始了，當地的平均降雨量改變了，常颳的風向改變了。在演化的時間尺度上，這樣的變化的確會發生。結果，演化通常不會停頓，而是不斷地與環境變遷亦步亦趨。要是當地的平均氣溫穩定地下降，而且這個趨勢持續了幾個世紀，動物的連續世代就會受到穩定的天擇「壓力」，例如必須以「長毛外套」因應氣候的變遷（長毛象就是一個例子）。要是幾千年之後，氣溫下降的趨勢逆轉了，平均氣溫再度上升，動物受到新的天擇壓力，再度被迫朝「輕薄外套」的方向演化。

但是到目前為止，我們考慮的只不過是環境的有限部分，就是天氣。氣候對動物與植物非常重要。氣候模式在較長的時間尺度上（以世紀為單位）變遷，因此生物得與時變化，它使演化持續運轉，不致停頓。但是氣候模式的變遷沒有一定的規律可循。動物棲身的環境中有些部分卻有比較穩定的變遷模式，就是朝向不利於生存的方向發展，動物當然得亦步亦趨，與時變化。環境的這些部分就是生物本身。對鬣狗之類的獵食者，環境中有個部分至少與氣候一樣重要，就是牠的獵物——牛羚、斑馬、羚羊的族群也有消長變化。對平原上的羚羊和其他草食哺乳類，氣候也許很重要，但是獅子、鬣狗等肉食動物也很重要。經過累積選擇，動物不僅能適應棲境的氣候，還有本事逃脫其他物種的追獵，或騙過獵物。而且演化不只隨天氣的長期變動而起舞，獵物還得因應追獵者習性或裝備的長期變化，與時屈伸、步步為營。當然，追獵者也得盯緊獵物的演化。

任何生物，只要讓某個物種生活「難過」，我們不妨當它是那個物種的「敵人」。例如獅子是斑馬的敵人。要是我們反過來說「斑馬是獅子的敵人」，也許會令人覺得冷酷。在這一對物種的關係裡，斑馬扮演的角色似乎太無邪了，動用「敵人」這種飽含負面語意的詞，簡直是欲加之罪。但是每一頭斑馬都會竭盡所能地抗拒獅吻，站在獅子的立場，斑馬這麼不上道，不是讓牠的日子難過嗎？要是斑馬與其他的草食獸都成功地拒絕了獅吻，獅子就會餓死了。因此根據我們的定義，斑馬是獅子的敵人。絛蟲之類的寄生蟲是宿主的敵人，宿主也是絛蟲的敵人，因為他們會演化出對抗絛蟲的招數。草食動物是植物的敵人，植物的應對之道是長刺、製造有劇毒或味道惡劣的化學物，因此也算是草食動物的敵人。

動物與植物世系會在演化過程中緊盯敵人的動靜不放，它們追躡氣候的變化，與時屈伸，也不過如此。獵豹的獵食裝備與戰術要是日益演化精進，對瞪羚而言，與氣候持續轉趨惡劣無異，因此得亦步亦趨緊追不放。但是兩者有重大的差異。氣候在長時段中會有變化，但不是特意朝著有敵意的方向發展。它不會刻意地以「搞」斑馬為目的。在幾個世紀中，獵豹會變化，平均降雨量也會變化。但是平均雨量的變化模式並不固定，有升有降，沒有特定的韻律與理由，獵豹則不同，光陰似箭，世代更迭，往往幾百年後追獵瞪羚的本領就比先祖高強了。因爲獵豹的世系傳承受到累積選擇的壓力，而氣候條件不會。獵豹會變得腿更快、眼更銳、齒爪更利。無論非生物條件看來多麼有敵意，其中不一定潛伏著敵意升級的趨勢。生物敵人卻有那種趨勢，且是在演化的時間尺度上才觀察得到的。

要是獵物沒有相應的趨勢的話，肉食哺乳類的「進化」趨勢很快就會停滯了，像人間的軍備競賽一樣（那是因爲經濟的理由，我們稍後就要討論）。反之亦然。瞪羚也受累積選擇的壓力，不比獵豹的壓力輕；牠們也會逐代改善，跑得更快、反應更靈敏、身形隱藏得更自然。牠們也能演化成值得尊敬的對手——獵豹的對手。從獵豹的觀點來看，年平均溫度不會系統地逐年變得更好或更壞（當然，對一個適應良好的物種而言，任何變化都會使日子難過，但這裡且不說它）。瞪羚一般而言卻會系統地逐年變得「更壞」——更難獵殺，因爲它們逃避獵豹的本事更大了。同樣的，要不是瞪羚的獵食者一直不斷地「進化」，瞪羚的「進化」趨勢也會停頓。一方改進了，另一方就得跟進，亦步亦趨。反之亦然。在以十萬年爲單位的時間尺度上，我們可以觀察到這種「惡性盤旋」的過程。

在時間尺度較短的人世，敵國間的對抗往往表現在軍備競賽上。我們在演化世界裡觀察到的現象，類比成軍備競賽非常適切，有些學者批評我不應以人文術語描述自然，我才懶得理睬呢，那麼生動的術語，幹嘛不用。前面我以簡單的例子介紹「軍備競賽」的概念，就是瞪羚與獵豹的鬥爭，目的在說明生物敵人與無機條件的重大差異。生物敵人會演化變化（「進化」），氣候之類的無機、無惡意條件也會變遷，但不是系統的演化。但是現在我得承認，我的論點雖然恰當，我的討論卻有誤導讀者之嫌。要是你想一想，就會發現我描繪的軍備競賽至少有一個方面太簡單了些。以奔馳的速度來說吧，根據軍備競賽這個概念，獵豹與瞪羚會一代跑得比一代快，總有一天跑得比音速還快。牠們現在還沒跑那麼快，永遠也不會跑那麼快。在我繼續討論軍備競賽之前，我有義務先消弭誤解。

爲了澄淸軍備競賽這個概念，我要說的第一點是這樣的。關於獵豹的打獵本領與瞪羚逃避獵食者的本領，我的討論製造了牠們會不斷向上提升的印象。讀者也許因而產生維多利亞時代很流行的想法：進步無可避免、無計迴避，每一代都會比親代更好、更健康、更英勇。自然的實況絕非如此。任何有意義的改進可能都得在較大的時間尺度上才能發現，我們習慣的世代就演化而言實在太短了。此外，「改善」也不是連續進行的。那可是三天打魚、兩天晒網的事，有時停滯不前，說不準還倒退一些，而不像軍備競賽給人的印象——死命向前、義不反顧。

物種間的軍備競賽，對觀察者來說緩慢而無規則，生存條件的變化或者說非生物力量的變化（我以「氣候」做代表），可能會「淹沒」競爭的結果。物種很可能在很長的時段內沒有在軍備競賽上表現任何進步的徵兆，甚至一點演化變化都沒有。有時軍備競賽以滅絕收場，然後新的軍備競賽又從頭開始。然而，即使有這麼多保留，動植物的精巧、複雜裝備目前仍然以軍備競賽這個概念來解釋最令人滿意。軍備競賽的概念意味著演化可能是逐步不斷進化的過程，這種現象的確會發生，即使它實際上以間歇發作、斷斷續續的模式進行；即使進步速率實在太慢，我們無法親眼目睹（人壽幾何！），甚至史料難徵（也不過五千年吧！）

我要說的第二點是：我叫做「敵人」的關係，比獵豹／瞪羚故事的雙邊關係所能反映的更複雜。例如一個物種可能有兩個敵人（甚至更多），而它們更是死敵。我們常聽說「畜生吃草，對草有利」，其中有幾分道理，原因在此。牛吃青草，因此是青草的敵人。但是在植物世界中青草還有其他敵人，要是不加箝制，搞不好禍害比牛群還大。牛群吃草，使青草受害，但是與青草競爭的雜草受害更重。因此整體而言，牛群對草原的影響對青草有利。這麼說來，牛群反而是青草的朋友，不是敵人。

不過，牛仍然是青草的敵人，因爲好死不如惡活，每一棵青草都不想讓牛吃掉，任何一棵突變青草要是體內有對抗牛的化學武器，就會比同類播下更多種子（其中帶有製造化學武器的基因指令）。即使以物種而言牛可算青草的「朋友」，天擇也不會青睞送上門讓牛吃的青草個體！像青草與牛／獵豹與瞪羚等兩個生物世系的關係，以軍備競賽來形容非常方便，但是我們不應忽略一個事實，就是：兩造各有其他敵人，也在同時進行軍備競賽。這一點這裡我就不多談了，但是前面已經說了的，可以進一步發展，用來解釋某個軍備競賽最後穩定下來，不再升高的理由——所以獵食者的追獵速度沒有演化到超音速的地步。

對軍備競賽我要做的第三點澄清，其實也是一個有趣的獨立論點。在我假設的獵豹／瞪羚例子裡，我說過獵豹不像天氣，牠會一代又一代地進化，變成更好的獵者，更高強的敵人，獵殺瞪羚的裝備更先進。但是這不意味著牠們殺死瞪羚的成功率更高。軍備競賽概念最要緊的一點就是競爭雙方都在進化，都讓對方的日子更難過。我們沒有什麼理由（至少我們還沒說過）期望其中一方會穩定地占另一方的便宜。事實上，軍備競賽概念就它最純粹的形式來說，意味著：競爭兩造在裝備上會有明顯的進步，可是鬥爭的成功率仍然○成長。獵食動物的獵殺裝備進化了，但是同時獵物也進化了，脫逃本領愈來愈高強，因此獵殺成功率毫無成長。

因此，要是利用時間機器使不同時代的獵食者與獵物相會，接近現代的一定比古代的跑得快，無論獵食者還是獵物。我們不可能從事這個實驗，但是有些人假定某個天涯海角的孤立動物群（例如澳洲或東非海岸的馬達加斯加島）可以當作古代動物，到澳洲走一趟，無異藉時間機器回到古代。由於澳洲土著物種遇上現代西方人引入的「外來物種」後往往難逃滅絕的命運，那些人認爲那是因爲土著動物是「古老的」、「過時的」形式，牠們的下場就像與現代核子潛艇對抗的古代北歐海盜船。但是「澳洲土著動物群是個『活化石』」的假設，根本難以論證。也許有人能堅實的論證，但是，難！我覺得那個假設也許只反映了一種自大的勢利心態，就像有些人把澳洲土著當作粗野的流浪漢一樣。

無論在裝備上有多大的進化，成功率仍然是○，這個原理已經由美國芝加哥大學的范韋倫（**Leigh van Valen**）取了一個令人難忘的名字「紅后效應」。在《愛麗絲鏡中奇緣》（*Through the looking glass*, 1872）裡，「紅后」抓著愛麗絲的手，拖著她在鄉野裡沒命地跑，愈跑愈快，愈跑愈快，但是無論她跑得多快，她們依舊停留在原地。愛麗絲當然覺得困惑，就說：「啊！在我的國家裡，要是你很快地跑，而且跑了很久，像我們這樣，通常你會到達另一個地方的。」紅后回答：「那可是個緩慢的國家。現在，在這兒，你得沒命地跑，才能停留在原地。要是你想到別處去，你必須跑得更快，至少是其他東西移動速度的兩倍才成。」

紅后標籤令人莞爾，但是要是太當眞，以爲競爭兩造在演化過程中的相對進步程度絕對是○，那就錯了。另一個誤導人的地方是故事中紅后說的話。她的話實在費解，與我們對眞實世界的常識抵觸。但是范韋倫的「紅后」演化效應一點都不費解。它完全符合常識，只是你得聰明地運用常識。不過，儘管軍備競賽的現象沒什麼費解的地方，它導致的狀況，卻能令有經濟頭腦的人覺得過於浪費。

舉例來說，爲什麼森林中的樹都長那麼高？簡單的答案是：所有的樹都很高，矮樹就無法生存，因爲它只能在其他樹的樹蔭中「乘涼」，照不到陽光。這是實情，但是令有經濟頭腦的人反感。因爲那似乎太沒道理了，太浪費了。要是大家都長到樹冠頂層那麼高，大家都能享受大約同樣分量的陽光，沒有一棵樹「敢」矮小一些。要是它們都矮一些就好了！要是它們能夠結盟，一致同意將森林樹冠頂層的高度降低，所有的樹都蒙其利。它們仍然得競爭在樹冠頂層露頭的機會，以享受同樣分量的陽光，但是它們付出的代價較少，不必浪費資源長得更高。整個森林經濟體都受惠，當然少不了每棵樹的好處。不幸得很，天擇才不管整個經濟體呢，不容同業聯盟與協議！就是因爲樹與樹世世代代都在軍備競賽，森林的樹冠頂層才愈來愈高。在那個過程中，樹長得愈來愈高，可是長高本身可沒有什麼好處。在軍備競賽中，長高的目的只是想比鄰居稍微高一點。

軍備競賽一旦起了頭，森林樹頂的高度就逐漸提升了。但是長高給樹帶來的好處並沒有提升。事實上，樹木爲了長高，必須消耗更多資源。樹一代一代地長高，但是到頭來把總帳算一算，你可以說它們維持原來的高度還比較划得來。這兒就與愛麗絲與紅后的故事接上頭了，但是你一定明白得很，這裡沒什麼是讓人費解的。軍備競賽的特徵就是：誰都不爭先，個個都蒙利；有一個爭先，個個都恐後。無論是人間的軍備競賽還是自然的。我得再度提醒各位，我的討論仍然是簡化了的。我並不認爲森林中的樹每一世代都比前一世代高，我也不認爲森林中軍備競賽一定還在進行。

森林的例子彰顯了軍備競賽另一個重要面相：它不一定只發生在異種成員之間。同種成員要是擋住了陽光，任何一棵樹都會受害，與受異族侵害無異。搞不好同種成員的傷害更重，因爲生物更受同種成員競爭的威脅。同種成員依賴完全相同的資源生活、生殖，因此比異族更難纏。同種成員，雄性與雌性之間、父母與子女之間都有軍備競賽。我在《自利的基因》中討論過這些題材，這裡就不多談了。

我們還能藉森林的例子討論兩種軍備競賽的大致區別——對稱的軍備競賽與不對稱的軍備競賽。競爭雙方想達到的目標要是大致相同，就是對稱的軍備競賽。森林中的樹彼此競爭陽光，是個好例子。不同的樹種並不以完全相同的方式生存，但是就我們所討論的競賽而言，它們競爭的是同一個資源（樹頂的陽光）。不是受到陽光的照拂，就是側身於陰影中，一方的成功讓另一方覺得失敗。由於成敗對雙方的影響是一樣的，因此是對稱的軍備競賽。

不過，獵豹與瞪羚的軍備競賽是不對稱的。那是眞正的軍備競賽，不僅一方的成功讓另一方覺得失敗，成敗對雙方的影響並不一樣。雙方想達到的目標非常不同。獵豹想吃瞪羚。瞪羚不想吃獵豹，牠們想逃避獵豹的尖牙利齒。從演化的觀點來看，不對稱的軍備競賽更有趣，因爲那種競賽比較可能促成極度複雜的武器系統。從人類的武器技術史找些例子，就能明白其中的道理。

我可以舉美國與蘇聯做例子，但是我們實在不需要提特定的國家。工業先進國家的軍火商製造的武器也許會銷售到許多國家。一個成功的攻擊武器，例如能夠貼著海面飛行的飛魚飛彈（法製反艦飛彈），往往是研發反制武器的「請帖」，例如能夠干擾飛彈控制系統的儀器。研發反制武器的通常是敵對國家，但是本國也能研發，甚至同一個軍火商。想研發反制某一飛彈的干擾器，有哪個公司比製造那個飛彈的軍火商更有資格？同一公司兩者都生產，向交戰雙方兜售，沒有什麼不可能。我懷疑搞不好這種事眞的發生過，要是你說我憤世嫉俗我也認了。這樣的事更生動地凸顯了軍備競賽「裝備精進、效果僵持、耗費徒增」的面相。

從我現在的觀點來看，人間的軍備競賽是敵對的軍火商支持的或是同一個軍火商支持的，並不重要，而且這樣才有趣。重要的是用來對抗的裝備彼此是「敵人」——還記得我在本章對「敵人」下過特別的定義嗎？飛彈與衡著它設計的干擾裝置彼此是敵人，因爲一方的勝利等於另一方的失敗。至於它們的設計人彼此是不是敵人，毫無關係，雖然我們也許比較容易假定他們是敵人。

到目前爲止，我對這個例子（飛彈與反飛彈裝置）的討論還沒有強調演化的、進步的面相，而這個面相才是我在這一章討論它的主要理由。我想說的是：某個飛彈的特定設計不只促成了針鋒相對的反制武器（例如無線電干擾器）。那個反飛彈裝備一旦問世，也會刺激飛彈設計的改進——針對那個特定干擾器的「反反制」。飛彈設計似乎陷入了一個正回饋迴路，透過它對反制手段的影響，每一個改進都是下一個改進的序曲。裝備陷入不斷改進的循環圈。爆炸性的失控演化就是這麼發生的。

目前的飛彈與反飛彈武器，經過多年的反制／反反制焠鍊之後，已經發展到極爲精良的水準。但是，就初衷而言，競賽雙方可有寸進？按常理說，我們沒有理由期待任何一方會有任何進展，那就是紅后效應。要是飛彈與反飛彈武器以同樣的速率改進，最先進、複雜的型號與最原始、簡單的型號，對抗反制武器的本領應無差別，不是嗎？設計不斷進步，成就乏善可陳，就是因爲競賽雙方都有同樣程度的進步。一點不錯，正因爲兩方的進步幅度幾乎一樣，在設計的水準上才會達到那麼精良的程度。要是一方大幅領先，就說飛彈干擾裝置好了，另一方就會放棄飛彈這種武器了：它會「絕種」。演化中的紅后效應一點不像愛麗絲的故事那麼令人費解，它是「進化」概念的基礎。

我說過不對稱的軍備競賽比對稱的更可能導致有趣的進化結果，現在我們以人類的武器做例子，就可以明白其中的道理。要是一個國家有了兩百萬噸級的炸彈（相當於一〇七顆美國丟在廣島上空的原子彈），敵國就會發展五百萬噸級的炸彈。第一個國家就會發憤圖強，發展一千萬噸級的炸彈，激得第二個國家非發展兩千萬噸級的不可，事情就這麼繼續下去……。這是眞正的進步型軍備競賽，就是必然會導致進步的軍備競賽：每一方的任何進展都激起對方的反制，結果某個特徵就隨時光流逝而穩定成長，以這個例子來說，就是炸彈的爆炸威力。

但是在不對稱競賽中，例如飛彈與反飛彈裝備，敵對雙方的武器設計完全針鋒相對、絲絲入扣，而對稱型軍備競賽就沒有那種特色了。反飛彈裝置是專門針對飛彈的某些特性設計的；設計師對飛彈的構造與功能有非常深入的了解。爲了對抗反飛彈裝置，第二代飛彈的設計師也必須深入了解它。而爲了提升炸彈的威力，根本不必考慮對手的炸彈是怎麼設計的。用不著說，敵對雙方也許會剽竊對方的創意、模仿對方的設計。但是那即使發生了，也不過是「額外的」。俄國人設計炸彈，不必以對付美國炸彈的設計細節爲前提。不對稱的軍備競賽就不同了，敵對國家之間的武器競賽，必然針鋒相對、互相剋制，一代又一代的對抗、攻防之後，武器系統就愈來愈精密、複雜了。

生物世界也一樣，任何不對稱的軍備競賽，只要一方必須破解對方的招式才能保命、生殖，長期下來必然會導致精密而複雜的設計。這一點獵食者與獵物間的軍備競賽表現得最清楚，而寄生蟲與宿主之間的鬥爭更慘烈。蝙蝠的電子、超音波武器系統（我們在第二章討論過），複雜又精密，我們推測就是在這類軍備競賽中焠鍊出來的。事實上，我們可以在另一方身上，找到這場競賽的證據。蝙蝠捕食的昆蟲演化出了同樣精密複雜的反制系統。有些飛蛾甚至會發出類似蝙蝠的超聲波，似乎有退敵的效果。幾乎所有動物都有「被吃」或「吃不到」的風險，動物學中的大量細節都是長期而慘烈的軍備競賽創造的，不然實在沒道理。英國著名動物學家考特（H. B. Cott）在《動物彩妝》（*Adaptive coloration in animals*, 1940）那本經典中，就以「軍備競賽」做類比，也許那是生物學中第一份討論「軍備競賽」的文獻：

> 蚱蜢或蝴蝶的欺敵彩妝似乎複雜得過分，毫無必要，但是我們在做出那種結論之前，必須先搞清楚昆蟲天敵的知覺與辨識本領。不然我們也可以在不考慮敵人裝備之前，就批評某艘戰艦的裝甲太厚，或它的大砲射程太遠。事實上，在叢林中進行的原始鬥爭與文明世界的戰事無異，我們可以觀察到一場盛大的演化軍備競賽正在進行。結果防禦的一方演化出速度、警覺、裝甲、多刺、挖地道的本事、夜間活動的本領、分泌毒液、惡劣的氣味以及保護色（如僞裝）；進攻的一方則演化出種種反制手段，如速度、奇襲、埋伏、誘餌、銳利的視覺、利爪、利齒、刺、毒牙、迷彩。要是追逐者加速了，逃命者就必須跑得更快；攻擊武器要是威力加強了，防禦裝備也得升級；因此對手的知覺本領提升了之後，己方的暱踪裝備（保護色）也得更完美。

人類技術的軍備競賽比較容易研究，因爲進行速度比生物界的快多了，甚至年年有進展，我們可以親眼觀察。而生物的軍備競賽，我們通常只觀察得到結果。生物死亡後偶爾會變成化石，我們有時可以在那些罕見的標本上觀察到軍備競賽的「過渡」階段，那就算是直接證據了。這類標本中最有趣的例子，涉及電子戰，這場戰事我們可以從動物化石的腦容量推測出來。

大腦不會變成化石，但是頭骨會，頭骨的空腔是容納大腦的地方，要是謹慎地解釋的話，是腦容量的可靠指標。記住，我說的是「要是謹慎地解釋的話」，這一點很重要。關於腦容量，涉及的問題很多，這裡只舉幾個例子。體型大的動物往往腦容量較大，部分原因只是牠們的體型大，牠們不見得因此而「更聰明」。大象的大腦比人類的大，但是我們認為我們比大象更聰明，我們的大腦實際上「更大」，因為相對於大象而言，我們的體型小多了。這個看法大概是對的。我們的大腦以整個身體來說占很大的比例，大象的大腦占的比例小多了，而且我們的腦顱非常鼓脹，一眼就可以看出。

這不只是物種的虛榮而已。任何大腦也許都有很大一部分負責身體的日常運作，所以身體要是很大，就會需要很大的大腦。我們必須找出一個方法，將大腦裡負責身體運轉的部分除去，以剩下的部分當作動物真正腦量的指標。這樣才好比較不同動物的腦量（braininess，「大腦智慧」）。總而言之，我們必須給腦量下個精確的定義，讓它成為大腦智慧的可靠指標。對這個問題，每個人都能成一家之言，但是最權威的指標也許是美國大腦演化史大師杰利森（**Harry Jerison**）設計的「腦商」（encephalization quotient, EQ）。

計算腦商的實際過程十分複雜，必須取腦容量與體重的對數，再以一個主要動物群（例如哺乳類）的平均數進行標準化。心理學家使用的智商（IQ），是每個人的原始分數以整體的平均分數校正過得到的數值，腦商也是。根據定義，智商一百等於群體的平均數（中人之資），同樣地，腦商要是一，在體型相等的哺乳類中，就算普通了（平均水準）。在這兒數學的細節不重要。以文字來敘述的話，腦商就是腦量的指標，我們以腦量期望值來衡量特定物種（如犀牛或貓）的腦容量大小。腦量期望值是以體型相同的「同類」（如哺乳類）計算出來的。至於計算的方式，至今依然百家爭鳴。人類的EQ是7，犀牛的是0.3，這個事實也許不能解釋成人類比犀牛聰明23倍。但是EQ也許能讓我們估計動物大腦中究竟有多少「計算能力」——就是維持身體運轉之外的「剩餘」腦力。

現代哺乳類的腦商差異相當大。老鼠的EQ是0.8左右，比哺乳類的平均值稍低。松鼠高一些，大約1.5。在松鼠生活的空間中，也許需要較大的腦力來控制精確的跳躍，在樹枝迷宮中活動，甚至需要更大的腦力才能找出有效的路徑，因爲樹枝不見得彼此相連。猴子都在平均值以上，猿類甚至更高，尤其是我們。在猴子裡，有些類型比其他類型的腦商高，有趣的是，那與謀生的方式有些關係：以昆蟲、水果維生的猴子，腦量大，以樹葉爲主食的猴子，腦量較小。由於樹葉到處都有，動物大概不需多少腦力就能找到，而水果、昆蟲就不同了，動物必須主動搜尋、甚至以更積極的行動才能找到、捕捉，有人因此論證生業決定腦量大小。不幸現在看來實況更複雜，其他的變項也許扮演更重要的角色，例如代謝率。

整體而言，哺乳類中肉食者的腦商通常比牠們獵食的素食者高。讀者也許能想出一些點子來解釋這個現象，但是那些點子不容易測驗。不過，無論理由是什麼，這個現象似乎已是確立的事實。

以上談的都是現代動物。杰利森的貢獻是將已滅絕的動物的腦商計算出來，那些動物現在只有化石傳世。他必須根據頭骨化石製作腦腔模型，才能估計腦容量。這是個大量依賴猜測與估計的過程，但是誤差值不大，不致於影響整個研究的結論。因爲製作化石頭骨的腦腔模型的方法，可以用現代動物來校正誤差程度。我們可以假定某個現代動物只剩下一個乾枯的頭骨可供研究，先以石膏製作它的腦腔模型、再估計腦容量，最後與眞的大腦比較，就能知道估計值有多準確。

杰利森以現代動物評估過這個方法後，對於他估計出的化石動物腦容量深具信心。他的結論是，第一，要是以百萬年爲尺度來觀察哺乳類的大腦演化，腦容量有逐漸增大的趨勢。在任何時間點上，當時的素食者腦容量都比獵食牠們的肉食者低。但是後來的素食者比先前的素食者腦容量高，後來的肉食者也比先前的腦容量高。在化石紀錄中，我們觀察到的似乎是肉食者與素食者在進行長期的軍備競賽，更精確地說，一系列重新啓動的軍備競賽。這個發現正好與人類的軍備競賽十分類似，特別令人滿意，因爲大腦是哺乳類（無論肉食者還是素食者）的隨身電腦，而且電子學也許是現代人類武器技術中進展得最神速的要素。

軍備競賽如何收場？有時結局是一方滅絕，我們不妨假定另一方就會停止進化，搞不好還會因爲經濟的緣故而「退化」（我們一會兒就會討論）。有時經濟壓力也許會迫使一場軍備競賽完全停滯下來，即使其中一方（在某個意義上）一直居於領先地位。以奔跑的速度來說吧。獵豹與瞪羚究竟能跑多快，必然有個上限，就是物理學定律規定的限制。但是獵豹與瞪羚都沒有達到那個上限，雙方都以較低的標準得過且過，我相信那是出於經濟的考量。達到高速的技術可不便宜；腿骨得長、肌肉得強而有力、肺活量得大。任何動物要是眞的必須跑得那麼快，都能演化出這些條件，但是必須付出代價。速度愈高，代價愈大，用不著說，但是速度提升一倍，代價卻不只一倍。這裡談的代價是以經濟學家所說的「機會成本」來衡量的。所謂機會成本不只是單純的購買成本，而是爲了得到某樣東西所必須放棄的事物的總值。送孩子到私立學校上學，你不只要付學費，成本還包括：你因此而買不起的車、渡不起的假。（要是你很有錢，這些你都負擔得起，那麼送孩子上私立小學的機會成本就算不了什麼。）獵豹為了長出更大的肌肉，必須付出的代價包括：牠利用同樣資源的其他方式，例如製造母乳餵養幼兒。

當然，我不是說獵豹在腦袋裡做過成本會計的算計。這種事是天擇做的。一頭獵豹若沒有巨大的腿肌，也許跑得不夠快，但是牠省下的資源可以生產更多母乳，也許因此能養大另一個豹仔。獵豹體內的基因若在奔馳速度、製造母乳和其他代價之間達成最佳妥協方案，就能生養較多豹仔。奔跑速度與製造母乳之間的最佳妥協方案是什麼，並不顯而易見。想來不同的物種會有不同的方案，說不定在特定物種中最佳方案還會起伏變化。我們可以確定的是，這類妥協是不可避免的。獵豹與瞪羚達到牠們能夠負擔的最高速度後，牠們的軍備競賽就結束了。

牠們各自的停損點也許不會讓牠們成為旗鼓相當的對手。最後獵物也許以較多的預算從事防禦裝備，而獵食者以較少的預算強化攻擊武器。其中的道理用一則伊索寓言的教訓就能扼要地說明白：兔子跑得比狐狸快，因為兔子為了保命，而狐狸只為了飽食。以經濟術語來說就是：將資源移作他用的狐狸，生殖成就較高，全力加強獵殺技術的狐狸，生殖成就反而低。另一方面，在兔子族群中，經濟利益的槓桿偏向花費較多資源提升逃命速度的個體。這種「種內」（物種之內）競爭經濟的結果是：「種間」（物種之間）的軍備競賽停止了，即使其中一方保持優勢，依然穩定。

我們不可能目睹正在動態變化中的軍備競賽，因為軍備競賽在地質時代的任何一「刻」（如現在）都不是「進行式」。但是我們現在可以觀察到的動物，都能算是過去軍備競賽的產物。

總結本章的論旨：受天擇青睞的基因，不是爲了它們的內在本質，而是它們與環境的互動。任何一個基因的環境中，其他基因都是特別重要的成分。爲什麼？大致的理由是：其他的基因也會在演化世系中變化。後果主要有兩種。

第一，能夠與其他基因合作的基因才受青睞；別忘了，它與最可能遇上的其他基因是在合作才有利的情況下遇合的。在同一個物種基因庫中，這一點特別眞實，因爲同一物種的基因往往得分享同一個細胞。（不過這並不是唯一講究合作的場域。）這個事實引導互相合作的基因演化成大幫派，最後演化成身體——基因合衆國的產物。任何一個生物的身體都是由一個基因合衆國建造的大型載具，或「生存機器」，目的在保存合衆國每一基因公民的複本。它們積極合作，因爲合作才能使生命共同體（身體）生存與生殖，大家都獲利，也因爲它們構成了環境的重要部分，天擇在那個環境中特別青睞能夠合作的素質。

第二，環境並不總是有利於合作。基因在地質時代的旅程中，有時會進入對抗才有利的情境。特別是不同物種的基因。（但是這不是唯一的情況。）這裡強調不同物種，理由是它們的基因不會混合——因爲不同的物種不能交配。在一個物種中受青睞的基因，爲另一個物種的基因提供了演化的環境，結果往往演化成軍備競賽。在軍備競賽的一方，例如獵食者，每個受天擇青睞的遺傳改進，都改變了對方（如獵物）基因的演化環境。在演化中，我們可以觀察到明顯的進步特徵，例如奔跑速度、飛行技巧、視覺或聽覺的靈敏度不斷提升，主要是由這種軍備競賽造成的。這類軍備競賽不會一直進行下去，而會穩定下來，例如到了改進成本成爲個體難以承受之重的地步。

這一章很難，但是本書非有這一章不可。要是沒有這一章，讀者不免覺得天擇只是個毀滅的過程，最多像個淘汰過程。天擇也是創造的力量。我們已經討論過天擇創造的兩個方式，一個是透過種內基因的合作。我們的基本假設是：基因是「自私」的實體，在物種基因庫中竭力製造自己的複本。但是任何一個基因的環境都包括基因庫中其他受青睞的基因，因此善於與其他基因合作，就會受青睞。因此由大量細胞構成的身體才會演化出來。基因在個別的細胞中合作，細胞在個別的身體中合作，最後所有基因都獲利。難怪現在世上存在的是身體，而不是在太古濃湯中互相激戰的個別複製子。

因爲基因是在其他同種基因提供的環境中受天擇錘鍊的，所以身體演化出整合融貫的目標（生命的意義？）。但是基因也在異種基因創造的環境中受錘鍊，於是軍備競賽就發生了。而軍備競賽是另一個推動演化向我們描述爲「進步」、複雜「設計」的方向進行的巨大力量。軍備競賽本身就有不穩的失控傾向。它們衝向未來，一方面似乎既無謂又浪費，另一方面卻表現出進步的特徵，使旁觀的我們特別著迷。下一章要討論一個爆炸、失控演化的特例，就是達爾文叫做「性擇」的現象。

【注釋】

① 譯注：馬古利斯（Lynn Margulis），1938-，曾任波士頓大學生物學教授，現任麻州大學傑出講座教授、美國航空暨太空總署行星生物計畫共同主持人，一九八三年獲選爲美國國家科學院院士。《演化之舞》（*Microcosmos*）的作者之一。

第八章　性擇

Watchmaker

要是一隻雄孔雀擁有極為性感的裝飾，
即使必須以生命為代價，
都可能在死前將性感特徵遺傳下去，
因為牠順利繁殖的機會非常高。

The Blind

人類的心靈慣用比喻。非常不同的過程，只要些許的相似之處都能讓我們念茲在茲，非鑽研出一個說法不可。在巴拿馬，我大半天都在觀察切葉蟻密密麻麻地進行肉搏大戰，我心裡不由得將眼中的殺戮戰場與我見過的第一次世界大戰照片比較——一九一四年十月英國遠征軍的巴善代爾（Passchendaele）之役（位於比利時，接近法國國境）。我幾乎可以聽見槍砲聲，聞到煙硝味。我的第一本書《自利的基因》（1976）才出版不久，就有兩位傳教士分別來找我，他們都發現我書中的核心概念可以類比原罪教義。達爾文只將「演化」概念應用於生物界——生物在無數世代的繁衍過程中形態會變化。追隨他的人卻不由自主地在每一件事裡都看見了演化，像宇宙的生成變化、人類文明的發展階段、女人裙子的長度。有時比喻非常有用，妙用無窮，但是比喻也容易過度附會，牽強的比喻不僅沒有用處，甚至妨礙思路，但是那種比喻卻容易讓我們自以為得計。我常收到古怪的來信，都習以為常了，所以知道無益的胡思亂想有個特徵，就是沈迷於附會的比喻。

另一方面，有些科學史上最偉大的進展，就是因為有個聰明人發現了有用的比喻，讓已經了解的題材成為揭開難題神祕面紗的線索。關鍵在他不穿鑿附會，也不放過有用的比喻。成功的科學家和語無倫次的怪人，以靈感的品質分高下。不過我認為在實務上，兩者的差別不在「注意」到有用比喻的本領，而在你得拒絕愚蠢的比喻、追尋有用的比喻。科學進展也可以比擬成（由天擇驅動的）演化，這個比喻究竟愚蠢還是有用，暫且不談了，現在讓我們回到本章的主題。我想討論的是兩個相關的比喻，它們都能給我們靈感，但是我們得謹慎，免得過於穿鑿。第一個就是爆炸；許多不同過程都與爆炸有相似之處，因此可以擺在一起。第二個就是將文化的發展與真正的達爾文演化類比，「文化演化」這個詞已經流行一陣子了。我認為這些比喻可能蠻有用的，不然我幹嘛花一章談它們。但是請讀者留意：比喻必須小心使用。

爆炸的諸多性質中，我的著眼點是工程師所熟知的「正回饋」。了解正回饋最好從「負回饋」下手，也就是正回饋的反面。負回饋是大多數自動控制與調節的基礎，最乾淨俐落、最著名的例子就是瓦特①發明的蒸汽調速器。引擎要有用，就得以定速發出旋轉力量，至於正確的轉速，則視工作而定，例如推磨、紡織、打水等等。在瓦特之前，工程師必須解決的問題是：轉速由蒸汽壓力決定。只要加熱鍋爐，引擎轉速就增加，可是磨坊或紡織機需要的是穩定的動力。瓦特的調速器是個自動閥，可以調節推動活塞的蒸汽量。瓦特想出的點子是使閥門與引擎動力掛鉤。引擎轉速愈快，閥門就關得愈小；引擎轉速一旦慢下來了，閥門就大開。因此引擎轉速下降後很快就會加速，轉速升高後很快就會減速。瓦特調速器測量引擎轉速的機制簡單而有效，基本原理至今仍適用。鍋爐的溫度往往會大幅起伏，但是只要事先調整好，引擎在調速器控制下就能以幾乎恆定的速度旋轉。

瓦特調速器的原理就是負回饋。引擎的輸出值（這裡指轉速）「回饋」引擎（通過蒸汽閥）。因為高輸出值對輸入值（這裡指蒸汽量）有負面影響，所以這種回饋是「負」的。反過來說，低輸出值會提升輸入值，兩者的關係也相反。但是我介紹負回饋概念，只為了拿它和正回饋做比較。讓我們找一架瓦特蒸汽器，並做一個關鍵的修改：把調速器與蒸汽閥的關係顛倒過來。於是引擎轉速一旦上升，蒸汽閥就大開。反過來也一樣，引擎速度一慢下來，蒸汽閥門就會縮小。一具正常的瓦特引擎，通常轉速一下降，就會自動修正這個趨勢，使速度上升，維持在事先設定的速度上。但是我們動過手腳的引擎完全相反：它的速度一旦慢下來，就會變得更慢。不久它就完全停住了。另一方面，要是它不知怎地速度升高了一些，它不但不會像瓦特引擎一樣抑遏這個趨勢，反而會助長加速趨勢。顛倒過來的調速器會強化速度提升的趨勢，引擎轉速就更快了。由於加速會正向回饋，引擎速度再度提升，……。最後引擎解體，失控的飛輪穿牆而出，或者因爲蒸汽壓力無法繼續提升，引擎轉速達到了極限值。

瓦特調速器利用的是負回饋原理，我們將那個調速器動了手腳，用來演示正回饋——與負回饋相反的過程。正回饋過程具有不穩定的失控性質。一開始只不過是微小的變化，由於正回饋的影響，就會循逐漸加速盤旋而上，最後不是釀成大禍，就是因爲其他過程而停留在某個較高層次上。工程師發現將一大群不同的過程分爲負回饋、正回饋兩類用途很廣。這兩個比喻用途很廣，因爲所有過程都有共同的數學模式，而不只是意義模糊的連類比擬。生物學家研究體溫控制與防止過度進食等機制，發現工程師發展出來的負回饋數學蠻有用。無論在工程界還是生物界，正回饋系統不像負回饋系統那麼常見，但本章的主題是正回饋。

工程師與生物的身體很少利用正回饋系統，利用得較多的是負回饋系統，理由是：讓系統在接近理想值的情況下運作非常有用。不穩定的失控過程不但沒用，往往非常危險。在化學裡，典型的正回饋過程就是爆炸，我們通常使用「爆發」這個詞來描述任何正回饋過程。例如，我們也許會說某個人脾氣火爆。我有個小學老師，有教養，有禮貌，平常是很溫和的人，但是偶爾他會發脾氣，他自己也知道。課堂上要是有人特別頑皮，起先他不會說什麼，但是他的面孔顯示他的心情極不正常。然後他會以輕柔、理性的聲調開始說：「老天。我受不了了。我就要發脾氣了。躲到桌子下面。我在警告你們。我要爆發了。」他的聲音不斷升高，到了高峰後他會抓起任何他抓得到的東西，不管是書，是板擦，還是紙鎮、墨水瓶，迅速將它們連珠丟出，力道與暴力就不用說了，可是目標不明確，只不過是那個調皮同學的大致方向而已。然後他的脾氣就逐漸消退了，第二天他會對那個同學表示最親切的歉意。他知道自己失控了，他親眼見到自己成爲正回饋迴路的受害者。

但是正回饋不只導致失控的增長，也會導致失控的遞減。最近我出席牛津大學校務會議，參與一場辯論，主題是要不要頒給某人榮譽博士學位。那次的人選引起了爭議，倒很不尋常。我們投完票，計票花了十五分鐘，等著聽結果的人就相互交談。在某一刻，談話聲很奇異地小了下去，然後就是一片寂靜。這就是一種正回饋過程的結果。它是這麼進行的：在任何談話聲交織的嘈雜中，噪音程度會隨機起伏，通常我們不會注意到。這些隨機起伏有一次在寂靜的方向上恰巧比通常的程度明顯了一些，結果有人注意到了。由於每個人都急著知道投票的結果，那些聽出噪音（隨機）降低的人就抬起頭來，停止交談。大廳中的噪音水平因此而降低了一些。於是更多人注意到噪音降低而停止談話了。一個正回饋過程就這麼啓動了，它的進展非常快，最後大廳沈浸在一片寂靜中。等到我們發現那只是虛「靜」一場之後，有人笑出聲來，接著噪音就緩慢上升，回復到先前的水平。

正回饋過程中最受矚目也最壯觀的，就是使某些事物失控地增加的那些情況（而不是遞減）：核子爆炸、情緒失控的小學老師、酒館裡的爭吵、聯合國中不斷升高的猛烈抨擊。（讀者還記得我在本章一開始就提出的警告嗎？）我們討論國際事務時常用「升高」這個詞，就隱含了正回饋的概念：例如我們說中東是「火藥桶」，或我們想找出衝突「爆發點」的時候。關於正回饋，大家最熟知的表述方式就是耶穌在〈馬太福音〉（25:29）中所說的：

「那已經有的，要給他更多，讓他豐富有餘；而那沒有的，連他所有的一點點也要奪走。」本章要討論演化中的正回饋。生物有些特徵看來似乎是正回饋的產物，換言之，它們的演化類似爆炸的失控過程。前一章的主題「軍備競賽」可以視爲這種過程的例子，只是比較不惹眼而已。至於壯觀的例子，得在廣告性象的器官裡找。

舉個例子好了，我在念大學的時候他們就想讓我相信雄孔雀的尾巴不過是個普通的器官，像牙齒或腎臟一樣是由天擇打造的，功能是讓大家一看就知道牠是孔雀，而不是其他的鳥。你相信嗎？他們從來沒有說服過我，我想你大概也不會相信。我認爲雄孔雀的尾巴是正回饋的產物，一眼就可以看出。那樣的尾巴必然是失控的、不穩定的「爆發」造成的，是孔雀演化史上的重大事件。達爾文在《人類原始與性擇理論》（1872）中鋪陳過這個想法，後來偉大的演化學者費雪花了更多筆墨來論證、表述。他在《天擇的遺傳理論》（1930）中有一章專門討論性擇理論，他的結論是：

雄性羽飾，以及雌性對這種羽飾的性趣，因此必然會做伙演化，只要這個過程不受反選擇力量的嚴厲反制，演化速度就會不斷增加。要是這樣的制衡完全不存在，我們很容易看出演化速度會與既有的演化結果成正比，也就是說，演化結果與演化時間的指數成比例，換言之，是幾何級數關係。

這是典型的費雪睿見；他認為「很容易看出」的事，其他人要到半個世紀後才能完全了解。他光是給了個「說法」：吸引異性的羽飾演化速度會以幾何級數不斷增加，最後爆發，而不屑詳加解釋。生物學界花了大約五十年才趕上費雪，終於將他必然使用過的那種數學論證完全重建出來（他或許在腦子裡推理過，或用過紙筆，那我們就不知道了）。美國加州大學聖地牙哥分校的數學生物學家藍德（Russell Lande）以現代數學為費雪的「說法」建構過數學模型，現在我要以散文來解釋這些數學概念。費雪在他那部經典之作的〈序言〉中寫道：「我怎麼努力都無法使本書讀來容易。」我不像他那麼悲觀，但是我願意引用《自利的基因》一位仁慈評者的話，「讀者請小心在意，腦筋得動得快」。這兒我要特別感謝我的同事葛拉芬（Alan Grafen），雖然他不願意居功。他過去上過我的課，在同儕間以心眼靈活出名，但是他有一個更罕見的本事，他不只腦筋快，還能以正確的方式向旁人解說事情。多虧他的指點，我才能完成本章的中段。

在討論這些困難的事物之前，我必須話說從頭，先談談性擇概念的起源。性擇理論就像這個領域裡的大部分事物，是達爾文發明的。雖然達爾文特別強調存活與生存奮鬥，他很明白生存與存活只不過是達到目的的手段。那個目的就是繁殖。一隻鳥就算活到高壽，要是不能繁殖，也不能把牠的體質特徵遺傳下去。不論什麼體質特徵，只要能使動物順利生殖，天擇都會青睞，存活只是生殖戰鬥的一部分。在這場戰鬥的其他部分裡，吸引異性的個體才能成功。達爾文看出了這一點，要是一隻雄性環頸雉、雄孔雀、雄天堂鳥擁有極為性感的裝飾，即使必須以生命為代價，都可能在死前將性感特徵遺傳下去，因為牠順利繁殖的機會非常高。達爾文知道雄孔雀拖著那種尾巴必然會妨礙行動、威脅生存，但是他認為那種尾巴為雄孔雀增添的性感魅力，足以抵銷不便不利，還綽綽有餘。對於野地觀察到的現象，達爾文總愛在人類馴化生物的事業中（人擇）尋找可以比擬的例子。他將雌孔雀比喻成育種專家，所有的家生動物都是在她們的引導之下演化的，只不過雌孔雀憑的是突發的美感興致。我們可以將雌孔雀比擬爲一個以「悅目」原則揀選生物形的人。

達爾文對雌性動物的突發興致沒有深入探討，他認爲雌性就是那樣。在他的性擇理論中，「女性有突發的興致」是個公理，就是不必證明的假定，而不是有待解釋的現象。他的性擇理論說服不了人，這是一部分理由。最後費雪拯救了這個理論，不幸的是，許多生物學家忽視了他的睿見，不然就是誤解了。朱里安・赫胥黎（請見第一章注釋①）等人反對性擇理論，因爲以「女性突發興致」之類的說法做爲科學理論的基礎，實在說不過去。但是費雪拯救了性擇理論，他認爲雌性對雄性的「偏見」也受天擇的制約，不折不扣，與雄性的尾巴一樣。雌性的口味是雌性神經系統的表現。雌性的神經系統是在體內基因的影響下發育的，因此過去世代受到的天擇也可能影響神經系統的特徵。其他的人以爲雄性體飾的演化是靜態的雌性偏見驅動的，費雪則不然，他認爲雌性口味與雄性體飾的關係是動態的。也許現在你已經可以看出這個觀點與爆炸性的正回饋過程有什麼關連了。

我們在討論困難的理論概念時，要是能在眞實世界中找到一個具體的例子，往往有很大的幫助。我的例子是非洲長尾黑鷺（long-tailed widow bird）的尾巴。其實任何性擇揀選出來的體飾都可以當例子，可是我心血來潮，想變個花樣，討論性擇時大家都用雄孔雀的尾巴做例子，我偏不。雄性長尾黑鷺是體型修長的黑鳥，肩上有橘色羽毛，大約像畫眉鳥那麼大，但是尾巴很長，在交配季節，可以長達四十五公分。在非洲的草原上，經常見到牠們在做眩目的求偶飛行，在空中盤旋、翻筋斗，像一架拖著長條廣告彩帶的飛機。不用說，在雨天裡牠們就飛不起來了。即使尾巴是乾的，那麼長的尾巴也是個累贅。我們想解釋長尾巴的演化，推測那個演化過程有爆炸的性質。因此我們的起點是一種沒有長尾的祖先鳥。假定祖先鳥的尾巴只有七・五公分長，也就是現代尾巴的六分之一。我們要解釋的演化變化，就是增加了五倍的尾巴長度。

我們在動物身上做任何測量，總會發現物種中大部分成員都相當接近平均值，但是有些個體稍高於平均值，有些個體稍低。這幾乎是通例，很少例外。因此我們相信祖先鳥族群中，尾巴長度有個分布範圍，有些個體稍長於七・五公分，有些不到七・五公分。要是我們假定尾巴長度是由許多基因控制的，應該不會引起爭議。每個基因都對尾巴長度有些影響，它們的影響加起來，再加上飲食等環境變數的影響，決定了每個個體尾巴的實際長度。大量基因的影響力若會加成表現，就叫「多基因」(**polygenes**)。我們測量的大多數體徵，如身高、體重，都受大量的多基因影響。我要介紹一個論證性擇的數學模型，它是個多基因模型，主要是由藍德發展出來的。

現在我們必須把注意力轉到雌性身上，看她們如何選擇交配對象。我假定雌性會選擇配偶，而不是雄性，似乎有性別歧視的味道。實際上，我是依據健全的理論推理，才預期會選擇配偶的是雌性（請見《自利的基因》），而事實上通常雌性才會選擇配偶。現代長尾黑鸞的雄性能吸引六隻左右的雌性當配偶，這是不錯的。換言之，牠們的族群中雄性「過剩」，找不到配偶的雄性無法繁殖。也就是說，雌性沒有找配偶的問題，因此有資格挑挑揀揀。雄性要是讓雌性覺得有魅力，好處可大了。雌性即使有吸引雄性的魅力，也沒什麼額外好處，因為她必然有雄性追求。

接受了「雌性掌握擇偶權」的假定後，我們就要採取下一個步驟，那個步驟是論證的關鍵，費雪就是以它困惑了達爾文的批評者的。我們不同意「雌性是善變的動物」，我們要將雌性的偏好當作受基因影響的變項，就像其他的生物特徵一樣。雌性偏好是個可以量化的變項，我們可以假定它受多基因控制，控制模式與雄性尾巴的長度一樣。這些多基因也許會影響雌性大腦一大群構造中的任何一個，搞不好還會影響眼睛；反正就是能影響雌性口味的任何東西。雌性無疑對雄性的許多體徵都有特殊的品味，牠肩羽的顏色啦、牠嘴喙的形狀啦，等等；但是這兒我們感興趣的卻是雄性尾巴的長度，因此我們只討論雌性對雄性尾巴長度的口味。我們因此可以用測量雄性尾巴長度的單位——公分，來測量雌性對雄性尾巴的口味。多基因會使某些雌性偏愛比平均長度還要長的雄性尾巴，某些雌性偏愛較短的尾巴，其他的雌性則偏愛中庸長度的尾巴。

現在我們可以討論整個理論中的一個關鍵睿見了。雖然影響雌性口味的基因僅僅表現在雌性的行爲中，它們也會出現在雄性的身體裡。同樣地，影響雄性尾巴長度的基因也會出現在雌性身體裡，不管它們會不會表現。身體裡有些基因就是不會表現，理由不難了解。要是某個男人身體裡有個製造長陰莖的基因，他的子女都可能繼承這個基因。那個基因也許會在他兒子身體裡表現，但是一定不會在女兒的身體裡表現，因爲女性根本沒有陰莖。但是，要是他的女兒生了個男孩，他這個孫子也可能繼承他的長陰莖基因，像他兒子的兒子一樣。身體攜帶的基因不一定會表現。同樣地，費雪與藍德假定雄性的身體也會攜帶影響雌性口味的基因，即使那些基因只在雌性身體裡表現。雌性身體也會攜帶影響雄性尾巴的基因，即使它們不在雌性身體裡表現。

假定我們有一具特別的顯微鏡，可以用來檢查任何一隻鳥細胞內的基因。然後我們找了一隻尾巴長的雄性來，檢查牠的基因。首先我們會察看影響尾巴長度的基因，結果發現牠的確擁有製造長尾巴的基因。這並不令人驚訝，因爲事實很明顯，牠的尾巴的確很長。現在讓我們尋找影響尾巴口味的基因。我們立刻就面臨了一個問題：我們從牠的外觀上找不到任何線索，因爲那些基因只在雌性身體裡表現。我們必須以顯微鏡來找。我們會看到什麼？我們會看到使雌性偏愛長尾巴的基因。反過來說，要是我們檢查一隻短尾雄性的細胞，應該會看到使雌性偏愛短尾巴的基因。這是整個論證的關鍵，我得仔細說明。

要是我是一隻有長尾巴的雄鳥，我父親的尾巴可能也很長。這是正常的遺傳現象。但是，由於我父親是我母親選中的配偶，她很可能有偏好長尾巴的基因。因此，要是我從父親遺傳得到了製造長尾巴的基因，我也很可能從母親那裡遺傳得到了偏愛長尾巴的基因。根據同樣的推論，要是你繼承了短尾基因，你也可能同時繼承了偏愛短尾的基因。

我們也可以將同樣的推論應用在雌性身上。要是我是一隻偏愛長尾雄性的雌鳥，我的母親也很可能偏愛長尾雄性。因此我的父親很可能尾巴很長，因爲牠是我母親選的。因此，要是我繼承了偏愛長尾的基因，我也很可能繼承了長尾基因，那些基因是否會在我的雌性身體裡表現與遺傳事實不相干。要是我繼承了偏愛短尾的基因，我的身體裡就很可能有製造短尾的基因。我們的結論是這樣的：任何一個個體，不論性別，都可能有使雄性製造某種特質的基因，以及使雌性偏愛那種特質的基因，不管那種特質究竟是什麼。

因此，影響雄性特質的基因與使雌性偏愛那種特質的基因，不會在族群中隨機散布，而是如影隨形、攜手同行。這種攜手同行的關係，有個聽來嚇人的學名，叫做連鎖不平衡（linkage disequilibrium）。可是在數學遺傳學家的數學式子裡，這種關係卻能變有趣的把戲。

它會導致奇異與美妙的結果，要是費雪與藍德是對的，雄孔雀與雄黑鸞的尾巴以及其他許多吸引異性的器官，都是因爲它造成的爆炸性演化形成的。這些結果只能用數學證明，但是用文字來描述也不是不可能，而且我們可以試試看，在非數學語言中得到一些數學論證的風味。讀者仍然得動腦筋才好了解，不過我想不會太難。論證的每一步驟都很簡單，但是攀登理解的高峰必須跨出許多步，要是你先前就有一步跨不出去，後面就舉步維艱了。

我們前面已經說過，雌鳥的口味可能有個範圍，例如從喜愛長尾雄性到喜愛短尾雄性。但是，要是我們針對一個特定鳥群做調查，我們也許會發現大多數母鳥的擇偶口味大致相同。我們可以用公分來表示一個族群中的母鳥品味範圍，就像我們以公分來表示雄鳥尾巴長度的範圍一樣。我們也可以用同樣的單位（公分）表示雌性品味的平均值。結果我們可能會發現雌性品味的平均值與雄性尾巴的平均值正好相同，假定那是七・五公分。這麼一來，雌性選擇就不會是影響雄性尾巴長度的演化力量。我們也可能發現雌性品味的平均值高於雄性尾巴的平均值，例如十公分。我們暫時接受這個差異，不討論它是怎麼來的，接著先討論一個明顯的問題：要是大多數雌性都偏愛十公分的尾巴，爲什麼大多數雄性實際上只有七・五公分長的尾巴？爲什麼整個族群的平均尾巴長度沒有在雌性性擇的影響下變成十公分？怎麼會有這二・五公分的差異的？

答案是：雌性品味不是雄性尾巴長度受到的唯一選擇力量。尾巴在飛行中扮演重要的角色，太長或太短都會降低飛行的效率。此外，拖著一束長尾巴活動，耗費更多能量，其實光是生長那麼長的尾巴就所費不貲了。雄性要是尾巴長到十公分，也許眞的能使雌性抓狂，但是牠得付的代價是：飛行不靈便、消耗更多能量、更容易讓獵食獸捕捉。我們可以這麼說，尾巴長度有個實用上限（與性擇上限不同），就是以一般的實用判準來衡量所得的理想長度，或者除了吸引異性的效果不考慮之外，以所有其他觀點來看都覺得理想的長度。

那麼我們應該期望實測的平均尾巴長度（在我們的假設例子裡，是七・五公分）與實用上限吻合嗎？不然，我們應該期望實用上限比實測的平均長度短，假定那是五公分吧。因爲實測值是實用選擇（使尾巴較短）與性擇（使尾巴更長）妥協的結果。我們可以猜想，要是雄性不必吸引雌性的話，平均尾巴長度就會朝向五公分縮短。要是不必擔心飛行效率與能量耗費的話，平均尾巴長度就會迅速向十公分推進。實際的平均長度（七・五公分）是個折衷方案。

我們剛剛擱置了一個問題：爲什麼雌性會願意偏愛一束偏離實用上限的尾巴？乍看之下，這麼做似乎很傻。一心追逐時尙的雌性，看上不符合實用判準的長尾巴，最後生下設計不良的兒子，飛起來旣無效率又不靈活。任何一個突變雌性要是不同流俗，恰巧特別中意符合實用上限的短尾巴，就會生下體態適合飛行的兒子，旣有效率又靈活，她的姊妹追逐時尙，可是生的孩子比不上她的。是嗎？但是有個困難。我以「時尙」做隱喩，是有道理的。突變雌性的兒子也許飛得不錯，但是族群中大部分雌性都不覺得牠有魅力。牠只能吸引「少數派」雌性，就是不同流俗的雌性；而所謂「少數派」雌性，顧名思義，就是比「多數派」

少的雌性，換言之，牠不容易找到配偶。一個族群中，若只有六分之一雄性有生殖機會，而每個幸運兒都享有大量配偶，那麼牠們最好迎合雌性大眾的口味，才能左擁右抱，占盡便宜，那些便宜足以彌補牠們體態的實用缺陷（飛行不靈動又無效率），還綽綽有餘。

讀者也許會抱怨：即使如此，整個論證仍然基於一個武斷的假設。那就是假定大多數雌性都偏愛不符實用判準的長尾巴。但是這種口味為什麼會流行？短尾巴也不實用，為什麼大多數雌性就不青睞呢？為什麼不乾脆喜歡符合實用上限的尾巴呢？為什麼流行口味不能與實用價值一致呢？答案是：這都有可能，甚至在許多物種裡已經實現了。在我假設的例子裡，雌鳥特別青睞長尾巴，的確是我任意杜撰的。但是無論大多數雌性碰巧青睞什麼，那種青睞無論多麼「沒道理」，演化的趨勢往往是維持那個主流，在某些情況下甚至會將那個主流推向誇張的方向發展。到了這裡，我的論證缺乏數學支持，就成了一個無可迴避的問題。我大可以請讀者相信藍德的數學推論已經證明了我的論點，然後就不再多說了。對我來說，這也許是最聰明的做法，但是我還是想試一次，以文字來解釋一部分數學推論的意義。

整個論證的關鍵，是我們先前論述過的「連鎖不平衡」，還記得嗎？控制尾巴長度的基因與偏愛那種尾巴的基因會「送做堆」。我們可以將這種「做伙因子」想像成可以測量的單位。要是「做伙因子」很高，那麼有關一個個體尾巴基因的知識，足以使我們相當準確地預測決定口味的基因。（口味基因的知識也能預測尾巴基因。）反過來說，要是「做伙因子」很低，有關一個個體尾巴基因的知識，就不能提供關於口味基因的確定線索。（口味基因的知識也不能預測尾巴基因。）

「做伙因子」的高低，受幾個因素影響，例如雌性口味的強度（她們可願意「容忍」看來不中意的雄性？）；雄性尾巴的實際長度受基因控制的強度（或者環境因素比較重要？）等等。要是「做伙因子」（控制尾巴長度的基因與偏愛這種尾巴的基因結合的程度）很高，我們就能演繹出如下的結果。每一次一隻雄鳥因爲擁有長尾巴而雀屏中選，中選的不只是決定長尾的基因而已。偏愛長尾巴的基因因爲做伙的緣故也同時中選。換言之，使雌鳥選擇某個擁有長尾巴雄鳥的基因，其實選擇了自己的複本。這正是「自我增強過程」最重要的因素：它有支撐自己的動能。已經朝向某一方向前進的演化，不假外力就可以朝那個方向持續前進。

我們也可以用現在已經出名的「綠鬍子效應」來表述這個結果。綠鬍子效應是學院中的生物學家想出的笑話，純屬虛構，但是對我們很有啓發。綠鬍子效應當初是用來解釋漢彌敦②親屬選擇理論中的基本原則，我在《自利的基因》第六章討論過。漢彌敦過世前是我在牛津大學的同事，他證明過：要是針對親近親屬的利他行爲是基因控制的，那些基因一定會受天擇青睞。理由很簡單：親屬體內也有那些基因的機率很高。「綠鬍子」假說將這個論點推廣了（雖然似乎不切實際）。根本的問題是：基因如何知道其他個體的身體裡也有自己的複本？這麼看來，親屬只是辨識他人身體裡有自己複本的一種方式。

理論上，還有更直接的辨認方式。要是出現了一個基因，它有兩個「效果」（許多基因都有一個以上的效果，這種基因很常見），就是使主人長出一個明顯的標記（例如綠鬍子），同時影響主人的大腦，使他無私地幫助有綠鬍子的人。我承認這是極不可能的巧合，但是它果眞出現了，演化的結果是很清楚的。綠鬍子利他基因會受天擇青睞，與針對親屬的利他基因會受天擇青睞的理由完全一樣。每一次綠鬍人互相幫助，其實就是造成這種行爲的基因在幫助自己的複本。於是綠鬍子基因就會在族群中散布，不假外力，勢不可擋。

沒有人眞的相信綠鬍子效應會以這樣簡單的形式在自然中出現，我也不信。在自然中，偏愛自己複本的基因，使用的標籤不像綠鬍子那麼特異（所以也比較合理）。親屬只是一種標籤。「兄弟」是比較抽象的概念，實際的認知也許只是「與我在同一個巢裡孵化的傢伙」，都是帶有統計意義的標籤。任何一個基因，若無私地幫助帶有這類標籤的個體，有很高的機率達到幫助自己複本的目的：因爲兄弟之間有共享基因的機率很高。我們可以將漢彌敦的親屬選擇理論當作實現綠鬍子效應的一個合理方式。我得順便說一句，我並不認爲基因有幫助自己複本的「意願」。我談的是結果，任何基因只要會幫助自己的複本，都會在族群中散布開來，無論有意無意。

所以親屬可以視爲實現綠鬍子效應的一個合理方式。費雪的性擇理論也可以解釋爲實現綠鬍子效應的另一個合理方式。要是雌性對雄性體徵有強烈的偏好，那麼根據同樣的推論，雄性身體裡往往會有使雌性偏愛牠的體徵的基因。要是一隻雄鳥繼承了父親的長尾巴，牠極可能同時從母親那裡繼承了使她選擇父親那種長尾巴的基因。要是牠有短尾巴，牠極可能也有使雌性偏愛短尾巴的基因。因此，雌性在選擇雄性的時候，不管她的標準是什麼，使她偏心的基因其實在選擇位於雄性體內的自身複本。它們以雄性的尾巴做爲標籤，選擇自己的複本，比起「綠鬍子基因」以綠鬍子做標籤的故事，這只不過是個比較複雜的版本。

要是族群中有一半雌性偏愛長尾雄性，另一半偏愛短尾雄性，決定雌性選擇的基因仍然會選擇自己的複本，但是哪一種尾巴會受天擇青睞就很難講了。也許整個族群會分裂成兩派，一派由長尾雄鳥與偏愛長尾的雌鳥組成，另一個則是短尾派。但是任何這種依雌性口味一分爲二的狀況都是不穩定的。在任何時刻，一旦雌性中有一派占了數量的優勢，無論那個優勢多麼微小，都會在以後的世代中不斷增強。因爲受少數派雌性青睞的雄性會愈來愈難找配偶；少數派雌性生的兒子不容易找配偶，於是她們的孫子都比較少。一旦少數派的數量變得更少，而多數派的數量優勢愈來愈大，那就是正回饋的典型特徵了：「那已經有的，要給他更多，讓他豐富有餘；而那沒有的，連他所有的一點點也要奪走。」只要是不穩定平衡，任何任意的、隨機的起點都有自我增強的傾向。正因為如此，我們鋸斷一棵樹的樹幹後，一開始也許不確定樹會倒向南方還是北方；但是，樹挺立了一段時間後，只要開始朝一個方向倒下，就大勢底定、難以挽回了。

現在我要在岩壁上釘入另一根岩釘，好讓我們順利攀上理解的峰頂，請讀者留意了。還記得嗎？雌性選擇將雄性尾巴朝一個方向拉扯，同時「實用」選擇也將雄性尾巴朝另一個方向拉扯，於是雄性尾巴的實際長度是這兩股拉力妥協的結果。（所謂「拉扯」是指演化趨勢。）我們現在就要討論一個叫做「選擇差距」的數值，就是族群中雄性尾巴的平均長度與雌性偏好的平均長度的差距。測量「選擇差距」的單位可以任意規定，就像攝氏溫度計與華氏溫度計的單位一樣。攝氏溫度計規定水的冰點是○度，我們可以規定性擇拉力與實用拉力剛好平衡的那一點為○度。換言之，「選擇差距」是○的時候，就是演化變化因為兩個相反力量互相抵銷而停頓了。

用不著多說，「選擇差距」愈大，雌性施展的演化拉力愈強（大幅抵銷了著眼實用的天擇力量）。我們感興趣的是「選擇差距」在連續世代間的變化情形，而不是任一時間點上的實際數值。由於「選擇差距」的緣故，雄性尾巴增長後，雌性中意的尾巴長度也隨之增加。

（別忘了使雌性選擇長尾巴的基因與製造長尾巴的基因是一伙兒的，一起受到選擇。）因爲受到這種雙重選擇，一個世代之後，雄性的尾巴以及雌性偏好的尾巴平均長度都增加了，但是哪一個增加得最多？這等於是用另一個方式問：「選擇差距」會有變化嗎？「選擇差距」也許保持不變（要是雄性尾巴以及雌性偏好的尾巴平均長度增加量相同）；也許變小（要是雄性尾巴的平均長度增加得較多）；也許變大（要是雌性偏好的尾巴平均長度增加得較多）。

現在你應該可以看出來了，要是雄性尾巴變長了，「選擇差距」卻變小了，雄性尾巴的長度就會朝向一個穩定的平衡長度演化。但是，要是「選擇差距」隨著雄性尾巴長度的增加而增加，理論上，我們就會在未來的世代裡觀察到雄性尾巴以愈來愈快的速度「暴長」。毫無疑問，費雪在一九三〇年以前一定這麼計算過，雖然他發表的文字敘述非常簡短，當時的學者都不十分了解。

我們先討論「選擇差距」在連續世代中逐漸變小的例子。最後，雌性品味（朝一個方向）的拉力與（講究實用的）天擇（朝另一個方向）的拉力完全抵銷了。那時演化變化完全停止（演化停止了！），我們就會說整個系統處於「平衡」狀態。這個情況有個有趣的性質，藍德證明過，那就是：至少在某些條件下，平衡點有許多個，而不只是一個。（理論上那好比一條直線上的無限個點，但是你得懂數學才能領會。）平衡點不只一個，而有許多個：相對於任何強度的天擇拉力，雌性選擇的力量都會演化到足以抵銷它的強度，於是兩者成了和局（平衡）。

因此，要是條件適合，「選擇差距」朝逐代變小的方向演化，族群就會在最近的平衡點上「休息」。到了那一點，天擇朝一個方向的拉力剛好給雌性選擇朝另一個方向的拉力完全扯平了，雄性的尾巴，不管那時有多長，都會保持不變。讀者也許已經看出這是個負回饋系統，但是這個負回饋系統有點古怪。辨認負回饋系統，最簡捷的辦法就是擾動它，使它偏離理想狀態——偏離平衡點，然後觀察它的反應。舉個例子好了，要是你在冬天打開窗子，擾動了室溫，恆溫器就會啓動暖氣，補償室內流失的熱氣。

性擇系統如何擾動？讀者一定知道我們這兒討論的現象是以生物演化的時間尺度測量的，因此我們很難做實驗（相當於打開窗子），並活到足以觀察結果的高壽。但是，在自然界這個系統無疑經常受到擾動，例如雄性的數量因機遇因素而發生的自然、隨機起伏。無論這種事什麼時候發生，在我們前面討論過的條件下，天擇與性擇會合併起來使族群回歸最近的平衡點上。這個平衡點可能不是族群先前停駐的平衡點，而是或高或低的另一個平衡點。於是在時間的歷程中，族群會在平衡直線上向上或向下游移。在線上向上游移的意思是雄性尾巴變得更長——理論上長度沒有上限。向下游移就是尾巴變得更短——理論上可以短到變成○。

恆溫器經常用來解釋「平衡點」概念。我們可以將這個比喻發展成解釋「平衡線」概念的工具，那是個比較困難的概念。假定一個房間裡有冷氣也有暖氣，每個都有一個恆溫器。兩個恆溫器都將室溫設定在一個固定的溫度，就是攝氏二十度。要是室溫降低到二十度之下，暖氣就會啓動，冷氣關上。要是室溫升到二十度以上，冷氣就會啓動，暖氣關上。我們會把黑鸞鳥尾巴長度比擬爲電力消耗率，而不是溫度（室溫已經設定在攝氏二十度）。這樣做是爲了凸顯「有許多方式可以達到預期溫度」的事實。暖氣冷氣都全力運轉，也可以將室溫維持在攝氏二十度左右。或者冷氣暖氣都維持低功率運轉，室溫也可以保持在二十度左右。或者冷暖氣都停止運轉。用不著多說，要是想節省電費，這才是最佳方案。但是，若只考慮將室溫維持在攝氏二十度上下，許多種冷暖氣運轉組合都可以達到目的。我們有一條平衡線（理論上這條線上有無限個點），而不只是一個平衡點。理論上我們可以將室溫維持在一個固定的數字上，讓電力消耗率在這條平衡線上上下游移（實際上，這涉及整個系統的設計細節，以及機器、工程師的反應時間）。要是室內溫度受到了一點擾動，例如降到二十度之下，終將恢復，但是不一定回到原先的平衡點（原先的冷暖氣運轉功率）。也許回到的是平衡線上的另一點。

在眞實世界裡，設計一個維持室溫的系統，使它與上一段裡的假設系統絲絲入扣——就是擁有一條平衡線，這十分困難。實際上這條線可能會「縮陷」成一點。藍德關於性擇平衡線的論證也一樣，依據的是在自然界可能不成立的假設。舉例來說，他假定新的突變基因會在物種基因庫中穩定、持續地出現。他還假定雌性完全不必爲自己的擇偶行動付任何代價。要是這個假定不成立，平衡線就會「縮陷」成一個點。（實際上，可能的確不成立。）但是無論如何，到目前爲止我們只討論了「選擇差距」在選擇壓力下逐代變小的例子。在其他的條件下，「選擇差距」可能會逐代變大。

「『選擇差距』逐代變大」是什麼意思？假定我們正在觀察一個族群，其中雄性的某個體徵正在演化，就說黑鷺鳥的尾巴好了，它受到的選擇壓力是雌性偏愛長尾巴、天擇青睞短尾巴。結果演化趨向長尾巴的方向，因爲每一次雌性選擇了一個她「中意」的雄性，中選的其實是她體內基因的複本。這是基因非隨機組合的結果——使她中意特定類型雄性的基因與決定特定體徵的基因會做伙打拼。這麼一來，在下一個世代裡，不僅雄性往往有長尾巴，雌性也有偏愛長尾雄性的傾向。至於在以後的世代裡這兩個增長過程哪一個增長率比較高，就不容易判斷了。到目前為止，我們討論過每個世代裡尾巴的增長率高於雌性品味的例子。現在我們要考慮另一個可能的狀況，要是每一世代雌性品味增長得比尾巴長度還要快，結果會怎樣？換言之，在我們現在要討論的例子裡，「選擇差距」逐代變大，而不像上一段的例子，逐代變小。

在這類例子裡，理論推演的結果甚至比以前的例子更怪異。現在不再是負回饋了，而是正回饋。世代遞嬗，雄性尾巴愈來愈長，但是雌性著迷的是更長的尾巴，也就是說，雌性眼中的理想尾巴增長率更高。理論上，雄性尾巴會因而變得更長，而且在以後的世代裡增長率愈來愈高。理論上，雄性的尾巴即使演化到十五公里那麼長，還是會繼續增長。實際上，在雄性尾巴長到那麼荒謬的程度之前，遊戲規則早就變了，就像我們的瓦特蒸汽機，即使調速器的功能顛倒了，轉速也不可能達到每秒百萬次。雖然在趨近極端的情境中（正回饋）數學模型的結論沒有現實意義，但是，在實務上合理的條件下（涵蓋面已經相當廣了），這個數學模型的結論仍然可能符合實情。

七十年前，費雪直截了當地宣稱：「我們很容易看出演化速度會與既有的演化結果成正比，也就是說，演化結果與演化時間的指數成比例，換言之，是幾何級數關係。」現在，我們能夠了解他的意思了。他的論證前提與藍德的一樣，在這段話裡表達得非常清楚：「受到這個過程影響的兩個特徵，就是雄性羽飾，以及雌性對這種羽飾的性趣，因此必然會做伙演化，只要這個過程不受反選擇力量的嚴厲反制，演化速度就會不斷增加。」

費雪與藍德都以數學推論得到同一個有趣的結論，但是這並不能證明他們的理論可以正確地反映自然界的實況。劍橋大學的遺傳學家歐堂納（Peter O’Donald）是性擇理論的權威，他就說過，藍德模型的失控性質其實一開始就「內建」在他的起始假設中，因此它必然會在數學推理的結論中冒出來，一點都不新鮮。搞不好眞是這樣。有些理論家，包括葛拉芬與漢彌敦，偏愛其他類型的理論，就是假定雌性的選擇能對她們的子女提供實用利益、優生價值。葛拉芬與漢彌敦合作過的一個理論是：雌鳥扮演的角色是診斷醫師，專門挑選身體最不受寄生蟲騷擾的雄性。漢彌敦構思的理論總是別出心裁，根據他的看法，雄鳥亮麗的羽飾是用來廣告身體狀況的鮮明文宣。

寄生蟲在演化理論上非常重要，這裡因爲篇幅的關係，我無法充分說明。簡言之，所有以「優生」解釋雌性選擇的理論都有同樣的問題：要是雌性能夠成功地挑出體內有最佳基因的雄性，她們的成就反而會縮減未來的選擇範圍。最後，她們四周都是優質基因，就無所謂選擇了。寄生蟲排除了這個理論難題。因爲根據漢彌敦的論點，寄生蟲與宿主都陷身於軍備競賽的循環圈中，永無休止地對抗下去。所以任何一個世代中的「最佳」基因，與未來世代中的不會相同。擊敗當代寄生蟲的武器，不見得對付得了寄生蟲演化出的新生代。因此每一世代都有一些雄性，憑遺傳天賦就能對付當代的寄生蟲，其他雄性比不上。因此，雌性選擇當代最健康的雄性交配，就能蔭庇子女。各連續世代的雌性，唯一的通用擇偶判準就是任何獸醫都可能使用的那些指標，例如明亮的眼睛、光滑的羽毛等等。只有健康的雄性才能展現這些健康的徵兆，能夠十足展現的雄性，就會受青睞，甚至還會給性擇誇大，成爲眩目的長尾或扇尾。

寄生蟲理論也許是對的，可是那不是本章的主題，我想談的是「爆炸」。讓我們回到費雪／藍德的失控理論，現在我們需要的是田野證據。如何尋找這樣的證據？可以使用什麼方法？瑞典學者安德森（Malte Andersson）設計的路數令人寄以厚望。說來也眞巧，他研究的對象正是我用來討論理論概念的長尾黑鶯。他到肯亞長尾黑鶯的棲地做過實驗研究。安德森能做成那個實驗，得力於最近的技術進步——超級膠水。他的推論如下。要是雄鳥尾巴的實際長度果眞是兩股拉力（天擇與性擇）妥協的結果，那麼讓一隻雄鳥擁有超邁群倫的尾巴，牠就可能變成雌鳥眼中的超級帥哥。這正是超級膠水派上用場的地方。我要花一點篇幅描述安德森的實驗，因爲那實在是個實驗設計的典範。

安德森捉了三十六隻雄鳥，然後四隻一組，分爲九組。每一組都受到相同的待遇。每一組都選一隻出來，將尾巴修短，只剩下十四公分。（以仔細設計的過程隨機選擇，避免實驗者的主觀介入；有時實驗者都不見得淸楚自己有主觀。）然後將剪下的尾巴以快乾的超級膠水黏到同一組的第二隻雄鳥尾巴上。就這樣，第一隻雄鳥的尾巴以人工修短了，第二隻以人工增長了。第三隻雄鳥則維持原狀，與人工修飾過的兩隻做對比。第四隻的尾巴也維持原來的長度，但是動過手腳，就是將尾羽從中間切斷後再黏回去。表面看來這似乎是無聊的舉動，但卻是個好例子，可以用來說明實驗設計必須細心到什麼程度。雄鳥有吸引力，搞不好是因爲「尾巴受過人工修飾」，或者「讓人類抓到過、受人類擺布過」，而不是因爲尾巴長度的變化造成的。第四隻雄鳥可以幫助我們釐淸這一點。

實驗的目標是比較每組成員的生殖成就。牠們在處理完畢之後就釋放了，回到先前領地的居所。每一隻雄鳥都立刻恢復「本業」——吸引雌鳥到領地內交配、築巢、產卵。安德森想知道的是：每一組中最能吸引雌性的是那一隻？他並不直接觀察雌性的反應，他先等待一陣子，再調查每隻雄鳥領地內有多少巢，特別著眼於有雌鳥產了卵的巢。結果是：以人工增長了尾巴的雄性吸引到的雌性最多，剪短了尾巴的雄性，只有牠的四分之一。尾巴維持正常、自然長度的兩隻雄鳥，則介於其間。

這些結果都以統計學分析過，確定不可能是巧合。結論是：要是雄性只考慮吸引雌性，最好擁有比實際長度還長的尾巴。換言之，性擇一直在「拉拔」尾巴，使它變得更長。雄鳥的尾巴比雌鳥心儀的來得短，這個事實提醒我們：雄鳥的尾巴一定還受其他選擇壓力的制約，才沒那麼長。這就是「實用」選擇。搞不好尾巴特別長的雄性比尾長只達到平均水準的雄性「夭壽」。遺憾的是，那些尾巴動過手腳的雄鳥，我們不知道牠們最後的命運，因爲安德森沒有時間繼續追蹤。

依我之見，尾巴給另外黏上一截的雄鳥，會比正常雄鳥早夭，因爲牠們說不定更容易遭獵食動物襲擊。而尾巴給修掉一截的雄性，壽命會比正常雄鳥長。因爲我們假定正常的尾巴長度是性擇上限與實用上限兩者妥協的結果。理論上，雄鳥尾巴剪短後，反而更接近實用上限，因此會活得更長。不過，這些推論潛藏了許多臆測。就實用的觀點來看，長尾巴爲什麼不利於生存呢？要是只因爲長出長尾巴會耗費大量資源，而不是拖著長尾巴會提高死亡風險，那麼給安德森黏上一截尾巴羽毛的個體，就像天降鴻運，不大可能早夭了。

前面的討論會不會讓你覺得雌性的口味老是將雄性尾巴或其他體飾朝增大的方向拉扯？

雌性口味沒有朝相反方向拉扯的可能嗎？我們先前提過，理論上也沒有什麼不可以，例如使雄性的尾巴變得愈來愈短。鷦鷯的尾巴又短又粗，令人不由得懷疑它也許太短了，純以實用目的來衡量都嫌短。雄鷦鷯間的競爭非常激烈，從牠們的求偶歌聲你也許都猜得到，因爲牠們的歌聲嘹亮，與嬌小的體型頗不相稱。這種歌聲必然非常耗費體力，甚至還有雄鷦鷯唱歌唱到力竭而死的紀錄。成功的雄鷦鷯，領地裡不只一隻雌鳥，就像黑鸝鳥一樣。在這麼競爭的潮流裡，我們也許應該預期正回饋反應能夠持續下去。雄鷦鷯的短尾巴會是縮短尾巴的演化趨勢失控之後的產物嗎？

且把鷦鷯擱下。雄孔雀、雄黑鸝鳥、雄天堂鳥的尾巴，眩目而鋪張，極有可能是由正回饋驅動的演化趨勢，盤旋而上，終於「爆炸」的結果。費雪與步武前賢的現代學者已經論證過這個過程的可能機制。但是「失控的演化過程」只是性擇的特色嗎？其他類型的演化也可以找到可信的類似例子嗎？我認爲這個問題值得追問，不只出於學究的興趣，而是因爲人類演化的一些面相似乎就是「爆炸」過程的產物，特別是我們的大腦，過去三、四百萬年間就膨脹了三倍，速率實在太快了。有人認爲這是性擇的結果；大的腦子是吸引異性的性徵，或者擁有大的腦子才能表現一些吸引異性的本事，例如記住複雜冗長的求偶舞步。但是腦量也可能受其他種類的選擇力量影響才「爆發」的，與性擇的結果類似，但是機制不同。我認爲最好把可以與性擇結果類比的例子，分爲兩類，一是弱類比，一是強類比。

弱類比的意思如下。任何演化過程，只要一個步驟的終點產物是下一演化步驟的起點，整個過程就有可能以「進步」來描述，有時甚至要用「爆發」來形容。其實我們在上一章已經討論過這個概念了，「軍備競賽」就是這樣進行的。獵食者的身體設計，每一個演化改進都會改變獵物受到的壓力，獵物必須與時俱進，才能逃過劫數。於是獵食者就受到新的演化壓力，非得「進化」不可，如此這般，我們就觀察到不斷盤升的演化趨勢了。我們也知道，獵食動物與獵物最後不一定能提升成功率，因爲對方也在與時俱進。儘管如此，獵食動物與獵物仍然在裝備上愈來愈精進。與性擇比較起來，這就是弱類比。至於強類比，就必須著眼於費雪／藍德理論的核心——「綠鬍子效應」。簡單地說，使雌性偏愛某個特徵的基因，使她們自然而然地就會選擇自己的複本，而且選中的機率很高，這個過程本來就有容易「爆發」的趨勢。除了性擇之外，其他的演化情境中是否有類似綠鬍子效應的現象，目前並不清楚。

我覺得類似性擇導致的爆發演化，在人類文化的演化史上比較容易找到類比。因爲在文化史上，隨性的選擇也扮演重要的角色，而這種選擇也許受制於時尚或多數法則。我要再提醒讀者一遍，本章開頭的警告務必要放在心上。要是我們對字詞非常在意、挑剔，堅持「正名」的話，「文化演化」的確不是演化。但是它們相似的程度，也許足以讓我們做一些原則的比較。不過在比較之前，我們絕不可輕忽兩者間的差異。不如先將它們的差異說清楚，再回到「爆發性的演化盤升」這個議題罷。

經常有人指出，人類歷史有許多面相似乎都有點兒類似演化的味道。也眞是，傻瓜都看得出來。要是你針對人類生活的某一面相定時採樣（例如科學知識的發展情況、流行音樂、時裝、汽車，每十年或一世紀採樣一次），就會發現「趨勢」。要是我們有三個不同的樣本，是分別在甲、乙、丙三個不同的時間採集的，要是乙標本的測量值介於甲、丙標本測量值的中間，就可以說那三個標本代表了一股趨勢。每個人都會同意文明生活的許多面相都有這個特徵（趨勢），儘管有例外。無可否認地，趨勢的方向有時會逆轉（例如女性裙子的長度），但是基因的演化也一樣。

許多趨勢可以用「改進」來形容，特別是有用的技術（相對於無聊的時尚而言），用不著在價值判斷的議題上往復辯論。舉例來說，方便人類在世上活動的交通工具，過去兩百年間持續而穩定地改進，從馬車到蒸汽動力車到今日的超音速噴射機，從未逆轉。我使用「改進」這個詞，並不含價值判斷。交通工具是改進了，但是我沒有說每個人都同意生活品質因而提升了；起碼我就不那麼肯定。另一方面，根據流行的看法，大量生產成爲主流製造模式之後，機器代替了巧匠，工藝水準就下降了。我也無意否認。但是光從運輸的角度觀察交通工具，歷史趨勢彰彰在目、無可推諉，就是不斷改進，即使那只不過是速度的改進。

同樣地，我認爲要是擴大機根本沒有發明過，這個世界會更適合居住，可是高傳眞聲音擴大機的品質，要是每十年或幾年測驗一次，也可以發現改進的趨勢，即使你有時同意我對擴大機與世界的關係的看法，也不至有異議。這不是會變化的口味；而是個客觀的、可以測量的事實：複製聲音的傳眞程度，現在比一九七〇年高，一九七〇年又比一九四〇年高。現代電視機複製影像的品質比早期的電視機高明，毫無疑問（但是電視節目的品質就難說了）。戰場上使用的殺人機器，也表現出驚人的改進趨勢，殺人的數量與速度簡直日新月異。至於「這不能算進步」的異議，那是用不著說的，這裡就打住了。

以狹隘的技術意義而論，東西都變得愈來愈好，毫無疑問。但是這只限於有用的技術產品，例如飛機與計算機。人類生活還有許多其他的面相，我們可以觀察到趨勢，卻不易看出有什麼「改進」。語言會演化，因爲語言會變遷，會分化，分化後過了幾百年，用語人就愈來愈難相互了解了。太平洋上有無數島嶼，是研究語言演化的絕佳田野。不同島嶼上的語言，彼此相似，十分明顯，它們的差異光用不同單字的數量來衡量就成了，我們第十章要討論的分子分類學方法，與這個方法非常類似。

語言間的差異，要是以分化的單字數量來衡量，再加上島嶼距離的資料（以海哩爲單位），結果可以畫出一條曲線來，它的精確數學形狀可以透露語言在島嶼間擴散的速率。單字隨著獨木舟在大洋上旅行，「跳島」事件發生的頻率與島嶼間的分離程度成正比。在任何一個島上，單字以穩定的速率變遷，就像基因偶爾會突變，機制非常相似。任何一個島嶼，要是完全孤絕，島上的語言就會發生某種演化變遷，於是和其他島嶼上的語言逐漸歧異。距離近的島嶼，單字（藉獨木舟之便）交流的速率較高。它們有個比較接近現在的共同祖先語。距離遙遠的島嶼則不然。這些現象可以解釋我們觀察到的近島、遠島相似模式，與加拉巴哥斯群島上達爾文雀的資料可以類比（當年達爾文就深受達爾文雀的啓發）。基因（藉著島的身體）「跳島」，就像單字藉著獨木舟跳島一樣。

所以語言會演化。但是，雖然現代英語是從喬叟（Chaucer, 1342-1400）時代的英語演化來的，我想沒有多少人敢說現代英語是喬叟英語的改良品。我們談到語言的時候，通常很少想到什麼改進、品質之類的概念。果眞想到了，我們往往把語言變遷視爲惡化或退化。我們會認爲早期的用法才是正確的，最近的變遷是訛誤。但是我們仍然可以偵測到類似演化「改進」的趨勢，這裡「改進」一詞是不帶價値判斷的抽象描述。我們甚至可以發現正回饋的證據——就是詞意的不斷升級（若從另一端來觀察，倒是退化）。

舉例來說，過去只有極爲出色的電影演員稱得上「影星」。後來「影星」的詞意退化了，任何擔任過影片主角的普通演員都算。因此，爲了再度凸顯「影星」的原意，「影星」

這個詞就升級成「明星」了。後來，影片公司的宣傳人員開始把名不見經傳的演員都封爲「明星」，因此「明星」的原意再度升級，成爲「巨星」。現在電影的宣傳資料中又出現了一些至少我沒聽過的「巨星」名字，因此也許「巨星」的原意又得再升級一次了。搞不好我們很快就會聽說「超巨星」了？同樣的正回饋也發生在「主廚」這個詞上。這個詞源自法文，本意是廚房的首腦。因此每個廚房應該只有一位主廚。但是一般的廚子，甚至做漢堡的年輕人，也許是爲了滿足自己的尊嚴，都開始自稱主廚了。結果現在常常會聽到「主任主廚」這樣意義冗贅的詞。

但是，即使這些都可以和性擇類比，它們最多只能是我所謂的弱類比。爲了找到強類比的例子，現在我要直接進入最有希望找到它們的門徑，就是流行音樂唱片界。要是你聆聽流行音樂迷的討論，或打開收音機收聽熱門音樂節目，你就會發現一件非常有意思的事。其他類型的藝術批評多少會表現出對某些藝術面相的執著，像是表演風格或技巧啦，情緒、感情衝擊啦，藝術形式的品質與特質等等，有的沒有的。可是流行音樂次文化幾乎完全沈浸在「流行」裡。一張唱片最重要的不是灌錄的聲音怎麼樣，而是有多少人買了它。整個次文化只關心唱片排行榜上的名次，叫做「二十大」或「四十大」什麼的，上榜與否以及名次，憑的只是銷售量。對於一張唱片，眞正重要的是它在「二十大」上的排名。只要你肯動點兒腦筋，就會發現這是一個非常奇特的事實；也是個非常有趣的事實，但是你得想到費雪的失控演化理論。廣播節目主持人很少只提一張唱片的最新排行名次，通常他會同時告訴我們它在上周的名次，這大概也是有意義的。根據那個資料，聽衆不只知道了唱片目前的流行程度，還能評估流行程度的變化方向與速率。

許多人買唱片，只不過是因爲已經有更多的人買了那張唱片，或者可能去買，看來是事實。最讓人矚目的證據是：我們已經知道，唱片公司會派人到指標唱片行去大量購買自家的唱片，目的在拉抬買氣，只要拉升到它們差不多能夠自行「起飛」的地步就可以了。（這並不難，因爲「二十大」排行榜是根據一個很小的唱片行樣本計算出來的。要是你知道樣本裡的唱片行是哪些，根本不需要買太多唱片，就可以有效影響全國銷售量的估計數字。此外，我們也知道這些指標唱片行的員工有過受賄的紀錄。）

「流行只爲流行而流行」的現象在出版界、婦女時裝界、廣告界也很顯著，只不過沒有流行音樂界那麼明顯罷了。廣告人員推銷一個產品的最佳說詞，一定包括「這可是最暢銷的！」暢銷書排行榜每個星期都公布一次，一本書只要擠入榜上，銷售量就會進一步提升，只因爲它已上榜。出版商形容一本書的銷售量已經「起飛了」，有科學素養的出版商甚至會說「已經達到起飛的『臨界質量』」。

原來他們以原子彈做類比。鈾二三五只要沒有大量聚集，就十分穩定。這就是臨介質量的意義，質量一旦超過這個規模，就能進行鏈鎖反應——一發不可收拾的失控過程，造成毀滅性的後果。一顆原子彈裡，有兩塊鈾二三五，每一塊都小於臨界質量。原子彈一引爆，兩塊鈾二三五就會擠成一塊，於是臨界質量超過了，一個中型城市的末日也到了。一本書的銷售到達「臨界量」後，各種形式的口碑（如「每週一書」、「每月推薦書」之類的）就會使銷量以失控的形式突然起飛。於是銷量突然暴漲，達到臨界量之前的數字瞠乎其後，儘管銷量最後不可避免地平復、甚至滑落，但是在那個階段之前，銷量的增長率也許有一段期間是以幾何級數呈現的。

這些現象的運作原理不難理解。基本上，我們不過是多了幾個正回饋的例子罷了。一本書、甚至一張流行音樂唱片的眞正品質對銷量的影響，當然不可小覷，但是任何情境只要正回饋反應有發生的潛力，不特定的偶然因素必然會有強大的影響力，因此哪一本書或哪一張唱片締造了銷量佳績，而其他的卻失敗了，往往是非戰之罪。要是臨界質量與「起飛點」是成功的關鍵，那麼運氣必然扮演重要的角色，而了解這個系統的人也有很大的操控空間。舉例來說，砸下大錢宣傳一本新書或新唱片，將銷量推升到「起飛點」，是值得的，因爲然後你就不需要花那麼多錢促銷了：正回饋反應會接手，爲你搞宣傳。

根據費雪／藍德的理論，正回饋反應與性擇有共通之處，但是也有相異之處。偏愛長尾雄孔雀的雌孔雀受天擇青睞，只因爲其他的雌性也有同樣的口味。雌性中意的雄性品質究竟有什麼價值，沒關係也不相干。這樣看來，流行音樂迷搶購某一唱片，只因爲那張唱片已擠身「二十大」排行榜，其實與雌孔雀無異。但是這兩個例子裡的正回饋反應，發生的機制不同。於是我們又回到了本章的開頭處，我警告過讀者，類比（比喻）很有用，但必須適可而止。

【注釋】

① 譯注：瓦特（James Watt），1736-1819，蘇格蘭發明家、儀器製造者，一七九〇年發明改良的蒸汽機。瓦特率先以馬力做爲功率單位，爲了紀念他的貢獻，「瓦特」一詞後來成爲計算功率的正式單位。

② 譯注：漢彌敦（W. D. Hamilton），1936-2000，重要的英國演化理論家，親屬選擇理論的創始人。

第九章

漸變？疾變？

Watchmaker

一九七二年，艾垂奇與古爾德提出「疾變平衡」理論，
他們認為，演化也許是走走停停的，
某生物世系在很長一段期間裡，毫無變化，
然後突然發生疾變，再回復長期的平衡。

The Blind

根據《聖經》〈出埃及記〉，以色列子民花了四十年才越過西奈沙漠，抵達上帝應許之地。其實那只不過是三百多公里的距離。因此他們一天平均只前進了七公尺多，或每小時三十公分；就算一小時九十公分好了，讓他們夜裡休息吧。無論我們怎麼算，那都是個極為緩慢的平均速度；我們習慣以蝸牛做遲緩的典範，可是根據金氏世界紀錄，有一隻蝸牛每小時前進了十六公尺半，眞了不起。但是，我想沒有人會相信平均速度代表實際的行進方式，就是持續不斷的等速前進。用不著說，以色列人實際上走走停停，也許在好幾個地方都停駐過很長一段時間再繼續前進。也許他們有許多人都不淸楚他們正朝著某個特定方向前進，他們只是像沙漠牧民一樣，循曲折的路徑，緩緩從一個綠洲走向另一個綠洲。我再強調一次，沒有人相信平均速度代表持續不斷的等速前進。

但是，假定現在有兩位年輕善辯的歷史學者突然現身。他們告訴我們聖經歷史一直都由「漸進」學派把持。他們說「漸進」學派的史家都相信以色列人當年每天只前進七公尺；他們每天早上都收拾帳篷，朝東北東緩行七公尺，再停下紮營。這兩位年輕人說，唯一可以替代「漸進」論的，就是強調動態前進模式的新學說——「疾變」論。根據基進的「疾變」派年輕人，當年以色列人大部分時間哪兒都沒去，他們在一地搭了帳篷，往往一住經年。然後他們再開拔，很快到達新營地，再住個幾年。他們前往應許之地的旅程，不是緩慢而持續的行進，而是走走停停：在長期停滯的背景中穿插了短暫的疾走期。此外，他們疾走行進時，並不總是朝向應許之地前進，而是沒有固定方向，幾乎是任意的。只有以後見之明著眼於大歷史模式，我們才能看出朝向應許之地的趨勢。

這就是讓「疾變」派史家成為媒體明星的說詞。他們的相片、畫像上了大量流通的新聞雜誌封面。任何涉及聖經歷史的電視節目都不能不訪問「疾變」派的領袖人物，就算訪問一位都好。對聖經研究外行的人只記得一件事：「疾變」派突然現身之前，是個人人都沒搞對的黑暗時代。請讀者留意，「疾變」派的新聞價值與「他們可能搞對了」無關。關鍵在：他們指控先前的權威是「漸變」派，因此都錯了。那麼多人聽信「疾變」派，只因爲他們將自己裝扮成革命者，而不是因爲他們搞對了。

這個「疾變」派聖經史學的故事當然不是眞的。它只是個寓言，影射關於生物演化的一場所謂「爭論」。從某些面相來說，這個寓言並不公平，但是它也不是完全不公，其中有足夠的實情，適合拿來做爲本章的開場。在演化生物學家中，有一個廣受宣傳的學派，學派中人自稱「疾變份子」，他們的確發明了一頂「漸變份子」的帽子，戴在這個圈子裡的大老頭上。大衆對演化幾乎一無所知，可是他們出盡鋒頭，主要因爲他們的立場給刻畫成激進的，與前輩演化學者不同，尤其是達爾文。這個立場多半是二手傳播人（記者）製造的，他們本人倒小心一些。到目前爲止，我的聖經史學寓言還很公平。

這個影射不公平的地方，就是：在我的寓言中，「漸變」派分明是「疾變」派揑造出來的稻草人，根本不存在。演化生物學的「漸變」派也只是個不存在的稻草人，卻不那麼容易看出來。我們得證明那也是個事實。達爾文與許多其他演化學者的話，可以刻意解釋成「漸變觀」的產物，但是我們必須了解，「漸變份子」這個詞有許多解釋方式，因此可以指涉不同的東西。現在我就要爲「漸變份子」下個定義，管教每個人都成了「漸變份子」。演化生物學不像〈出埃及記〉的寓言，的確暗藏著眞正的爭論，但是那個眞正的爭論只涉及無關緊要的細節，媒體那麼大驚小怪，實在沒什麼道理。

在演化生物學界，「疾變」觀源自古生物學。古生物學是研究化石的學問，在生物學裡是非常重要的一個分支，因爲生物的演化祖先早就滅絕了，化石是牠們存在過的直接證據。要是想知道我們的演化祖先長得什麼樣子，化石是主要的希望。人們搞淸楚了化石是什麼之後，任何解釋生物演化的理論都對化石紀錄有些預期（預測）。（過去的學者認爲「化石」是魔鬼的造物，或是不幸死於諾亞洪水的罪人遺骸。）至於那些預期究竟是什麼，學界討論過，疾變派的論證有一部分正是就是對那些預期的討論。

我們會找到化石，實在幸運。動物的骨骼、殼、以及其他硬質部分，在腐爛之前偶爾會留下印痕，於是成了印模，將後來硬化的岩質塑成永恆的動物紀念品。這個地質學事實，不知得多大的運氣才能促成。我們不知道動物死後有多少會留下化石，但是比例一定很小，毋庸置疑。（我個人認爲變成化石是莫大的榮耀。）儘管如此，無論化石紀錄是否足以反映生命史的細節，可是在大關大節上任何演化學者都會覺得應無庸議。

舉例來說，要是我們發現古人類化石出現在哺乳類演化之前的地層中，一定會驚疑不置。要是在五億年前的地層中發現了一個哺乳類頭骨，而且專家證實了，我們的演化理論就會徹底崩潰。對了，順便說一下，讀者想必聽說過「整套演化論都是『無法否證』的同義反覆語（tautology）」吧？其實這都是創造論者和他們的同路人散布的，前面所說的就足以反駁這個讕言了。諷刺的是，美國德州出土恐龍化石的地層上發現了人類腳印的消息，令創造論者欣喜若狂，也是爲了同樣的理由。只不過那些腳印是在經濟大蕭條時期僞造來招徠觀光客用的。

言歸正傳。要是我們拿出眞正的化石，將它們從最古老的到最年輕的排成一行，根據演化論，那一列化石應透露出某種「秩序」，而不會是雜亂無章的。就本章的主旨而言，更確切的說法是：不同的演化論（例如漸變論與疾變論）也許會預期化石序列透露不同種類的模式。這類預期只有在決定化石年代的問題解決了之後才能測驗（即使無法確定化石的絕對年代，相對年代也成）。確定化石年代所涉及的問題，以及解決方案，我們得花點篇幅討論，才好解釋本章的主旨。第一個問題，尤其要請讀者耐心地讀下去，最後一定會明白我的用意的。

我們早就知道排列化石的方式，按它們的出土層位排就成了。後入土的化石會沈積到先入土的化石上面，而不會在下面，因此在地層中它們位於接近現代的岩層中，壓疊在古老的化石層之上。偶爾，火山、地震引起的地質變動會翻轉岩層，化石在地層中的順序因而顚倒；但是這很少見，因此很容易看出實情。即使在任何一個地區的岩層中很少找到完整的生命史紀錄，以不同地區的地層拼湊連綴，也能重建一部大致完整的紀錄。

事實上，古生物學家很少眞正以挖掘地層的方式取得化石；他們往往在各岩層露頭處採集化石。河川沖蝕就能切割地殼，將各岩層暴露出來。古生物學者早在絕對年代定年法發展出來之前，就已經建立了相當可靠的地質年代表，對於某個特定地質時代的前後是哪一個，知道得極爲詳細。有些種類的貝殼是岩層年代的可靠指標，甚至連石油探勘業都採用了。不過，它們只能透露岩層之間的相對年齡，至於絕對年齡，就是另一回事了。

二十世紀中，由於物理學的新發展，測定絕對年代的方法因而誕生。現在我們可以測定地層的年代了，使用的標尺以百萬年爲單位，化石生物的生存年代因此大白於天下。「放射性元素會以固定速率衰變」是這些方法的基本原理。那就好像岩層中埋藏了製作得極爲精確的碼錶。每一只碼錶一埋下就啓動了。古生物學家所要做的，只是將它挖出，讀出指針指示的數字。使用不同放射性元素的碼錶，以不同的速率計時。碳十四碼錶以極高的速度計時，由於速度太高了，不過幾千年，發條幾乎就鬆掉，於是碼錶就不準了。涉及歷史時期的考證問題，以有機物（含碳化合物）測定年代，頗爲適合，因爲那只不過是幾百年或幾千年的事，但是演化年表動輒以百萬年爲單位，碳十四定年法就派不上了。（譯按，碳十四的半衰期約爲五千六百年。）

建立演化年表得使用其他種類的碼錶，例如鉀—氬碼錶。鉀—氬碼錶上的指針走得非常緩慢，不適合測定歷史考古學的標本。（譯按，鉀四十的半衰期約爲十三億年。）那會像是用手錶上的時針測量短跑遠手的速度。另一方面，像演化這樣的超級馬拉松，正需要鉀—氬碼錶之類的碼錶。其他的放射性元素碼錶，例如銣—鍶碼錶、鈾—釷—鉛碼錶，各有各的計時速度。（譯按，銣八十七的半衰期約爲四百七十億年；鈾二三五的半衰期約爲七億一千三百萬年。）現在讀者想必已經明白了，古生物學者對於化石生物的生存年代，通常都能說出個大概的時間，當然，他們使用的計時單位，是「百萬年」。我們討論岩層／化石的定年法與年表，是因爲我們想知道不同種類的演化論（疾變論、漸變論，等等）對於化石紀錄的預期有什麼不同，讀者還記得吧？現在我們就討論那些不同的期待吧。

首先，假定大自然對古生物學家好得不得了，每一種在地球上生存過的動物都留下了一個化石。（那有多少工作得做呀？也許你會因此認爲大自然是在消遣他們！）要是我們眞有機會觀察這麼一個完整的化石紀錄，所有化石都仔細地按時代順序排列出來了，我們這些研究演化的學者應該期待看見什麼呢？要是我們是「漸變論者」的話，我們期望的應該會是這樣的（還記得〈出埃及記〉寓言中用過的「漸進」意義嗎？）：化石序列會呈現出平穩的演化趨勢，而且變化率是固定的。換言之，要是我們有三個化石，甲、乙、丙，甲是乙的祖先，乙又是丙的祖先，我們會期待乙的形態會介於甲與丙之間，而且與演化時間有比例關係。舉例來說，要是甲有一條腿長五十公分，丙是一百公分，乙的腿長會介於甲、丙之間，實際的長度與從甲演化到乙所費的時間成比例。

要是我們將寓言版的漸變論推衍到它的邏輯結論，就像我們計算過，以色列人的平均速度是每天七公尺，我們也可以計算從甲演化到丙這段期間腿長的平均演化速度。要是甲生活在丙之前兩千萬年，腿長的演化速度就是一百萬年增加三十五公分。現在假定我們找到一位寓言版的漸變論者，他相信腿就是這樣緩慢而穩定地逐代演化的，要是一代是四年的話，一代就會增加萬分之一・四公分。這位漸變論者應該還相信，在那幾百萬個世代中，腿長比平均長度長萬分之一・四公分的個體，享有的生存／生殖優勢比腿長只達平均長度的個體大。相信這個與相信以色列人以每天七公尺的速度穿越沙漠，是一樣的。

即使已知最快速的演化變化事件也可以用同樣的觀點說明。例如人類頭骨的演化，從類似南猿的祖先類型（約五百CC）到現代智人（平均約一千四百CC），增加了九百CC，不過花了三百萬年。以演化的尺度而言，這是非常高的變化率：大腦像個氣球一樣地膨脹起來了，而且從某些角度看去，現代人的頭骨的確像個鼓脹的圓球，而南猿的頭骨比較扁，額頭又朝後低斜。但是，要是我們把這三百萬年經歷的世代全加起來，假定一世紀四個世代好了，平均演化率每一世代不到百分之一CC。這位漸變論者應該會相信演化是緩慢而穩定的世代變化，兒子的腦子總比老子大百分之一CC。想來每個世代多出的這百分之一CC腦量，都與生存有莫大的干係。

但是現代人的腦容量有個分布範圍，比較起來那百分之一CC根本微不足道。以法國作家福宏色（Anatole France, 1844-1924）來說吧，他的腦容量不到一千CC，卻不是個傻帽兒，人家是一九二一年諾貝爾文學獎得主呢。另一方面，還有人腦容量達兩千CC呢，常有人說克倫威爾（Oliver Cromwell, 1599-1658）就是一個例子，但是我不知道是眞是假。福宏色與克倫威爾的腦容量相差一千CC，是百分之一CC的十萬倍，我們的漸變論者卻相信那百分之一CC是生殖成就的關鍵，不是很可笑嗎？好在這樣的漸變論者從來沒有存在過。

好吧，沒有人堅持過這樣的漸變論，他們只是疾變論者攻擊的風車，可是世上究竟有沒有算得上漸變論者的人，而且他們的漸變論站得住腳？答案是「有」，我會提出證據，事實上所有明理的演化學者都信仰這種漸變論，即使是所謂的疾變論者，要是你仔細審視他們的信念，也是其中的一份子。但是我們必須弄明白爲什麼疾變論者會認爲他們的觀點具有革命性，並令人興奮。討論這些問題的起點是化石紀錄上明擺在那兒的「鴻溝」，現在就讓我們看看那些鴻溝吧。

從達爾文起，演化學者就知道要是把所有已發現的化石按時間先後排序，絕不會組成一個平穩的漸變序列。在這個序列中，我們可以看出長程的變化趨勢，例如腿不斷地增長，頭骨形態愈來愈圓滾滾的等等，但是化石紀錄中的趨勢，變化模式通常很顚簸，並不平穩。達爾文與大多數追隨他的人，都假定那主要是因爲我們擁有的化石紀錄並不完整。達爾文相信，要是我們眞的掌握了完整的化石紀錄，一定會發現變化模式是平穩的，而不顚簸，鄰近化石間的變化幾乎難以察覺。但是生物死後留下化石的機率不高，即使留下了化石，學者會不會發現又是另一個問題，因此我們擁有的化石紀錄，就像一部大部分影像格子都失落了的電影膠卷。要是放映這部化石影片，我們可以看到算是動作的影像，但是會極爲「顚簸」，卓別林的片子都不致如此，因爲即使是最老舊的卓別林電影膠卷，也不至於百分之九十的影像格子都丟了。

一九七二年，美國知名古生物學家艾垂奇（Niles Eldrege）與古爾德（請見第四章注釋①）提出「疾變平衡」（punctuated quilibria）理論，從我在上一段鋪陳的事實中搞出完全不同的意義。他們指出化石紀錄實際上也許不像我們過去相信的那樣不完整。我們認爲化石紀錄「不完整」，儘管令人煩惱，卻無可避免，而他倆卻說，「鴻溝」云云，也許反映的是事情的眞相。他們提議，演化也許眞的在某個意義來說是走走停停的，某一生物世系在很長一段期間裡毫無變化（即所謂的「平衡」，又稱「靜滯期」），然後突然發生急遽的變化（疾變），再回復長期的「平衡」（靜滯）。

在討論他們所想像的那種「疾變」之前，我們得先釐清「疾變」這個詞的意義，有些意義一定不是他們想表達的意思，可是卻成爲嚴重誤解的源頭。化石紀錄中有些非常重要的「鴻溝」，艾垂奇與古爾德都會同意那是紀錄不完整的結果，而不是實情。那些「鴻溝」也非常巨大。例如寒武紀的岩層，六億年前開始沈積，大多數主要的無脊椎動物群，最古老的化石都可以在那個岩層裡找到。可是牠們有許多在化石紀錄上一出場就已是一幅先進的模樣，而不是處於演化的原始階段。牠們好像憑空出現，根本沒有演化史。用不著說，牠們憑空出現的事實讓創造論者欣喜異常。

不過，所有演化學者，不分派別，都同意那只代表化石紀錄上有個非常大的「鴻溝」，那個「鴻溝」只不過反映了一個事實，就是「六億年以前的生物，爲了某個原因，很少有化石流傳」。一個可信的理由也許是：那些古老的生物大多都只有軟組織，沒有殼、沒有骨骼，因此不容易形成化石。創造論者也許會認爲這只是詭辯。我只是想申明，像這一類的化石「鴻溝」，漸變論者與疾變論者的解釋不會有任何差異。這兩派學者都同意，這種化石「鴻溝」是眞的，只反映了「化石紀錄不完整」的事實。他們都同意寒武紀大爆發的現象（許多複雜的動物類型突然出現），要不是化石紀錄不完整造成的印象，只能解釋爲上帝創造行動的結果，可是他們都拒絕上帝創造說。

「疾變」另外還有一個意思，用那個意思來說「演化以疾變的模式進行」也許也成，但是艾垂奇與古爾德可不是那個意思，至少「疾變」在他們大部分著作中都不是那個意思。搞不好化石紀錄中有些「鴻溝」眞的是一個世代就完成的變化，這不是不能想像的。搞不好一個世代就跨出了演化的一個大步，眞的沒有中間類型。因此子女與父母的差異實在太大，必須分類成不同的物種。牠們突變了，可是那種突變必須貼上「劇變」（macromutation）的標籤，與尋常的「微變」分別開來。以「劇變」爲基礎的演化理論叫做「躍進論」。由於「疾變平衡」論常與眞正的「躍進論」糾纏不清，因此我們得好好討論「躍進」，並說明「躍進」不可能在演化史上扮演重要角色的理由。

毫無疑問，「劇變」（會導致重大後果的突變）的確會發生。但是問題不在它們會不會發生，而在它們是否在演化中扮演一個角色。換句話說，我們要討論的問題是：「劇變」會不會進入一個物種的基因庫?或它們一定會給天擇淘汰?果蠅的「觸足」（antennapaedia）就是一個有名的「劇變」例子。正常果蠅的觸角與腳有相似之處，發育過程也類似。但是它們的差異也很大，雖然都是身體的附肢，功能卻不同：腳是走路用的，觸角則是感覺器官。長了「觸足」的果蠅是怪胎，牠們的觸角發育成了腳。或者，換個方式說，牠們是沒有觸角的果蠅，但是牠們多了一雙腿，長在應該長觸角的地方。這是因爲牠們的DNA在複製過程中出了一個差錯，所以是眞正的突變。在實驗室裡，許多人將牠們當寵物，刻意培育「觸足」純系，因此牠們活得下來，有繁殖的機會。但是在野外，牠們不可能活得長久，因爲牠們行動笨拙，重要的感官又失靈。

所以嘍，「劇變」的確會發生。但是它們在演化中扮演過什麼角色嗎?給叫做躍進論者的演化學者，相信「劇變」是生物在一代之內即完成重大演化突破的機制。戈德施密特（請見第四章注釋②）就是一個眞正的躍進論者。如果躍進論是實情，那麼化石紀錄上的鴻溝就不是鴻溝了。舉例來說，躍進論者也許會相信頭骨從南猿型演化成智人型，只需要一個基因「劇變」，一代就可以完成。這兩個物種的頭骨，形態上有差異，但是比起正常果蠅與「觸足」果蠅的差異，也許小多了，因此南猿父母生下智人小孩理論上不是不能想像的事。（智人小孩也許會給當作怪胎，遭到放逐，或迫害，誰知道?）

所有這類躍進演化論都不可信，理由有好幾個。一個沒什麼意思的理由是：果眞新物種只要一個突變就形成了，這個新物種的成員到哪裡去找配偶?另外還有兩個比較重要又有趣的理由，我在第三章結尾處約略提過（討論「生物形國度」中不容許隨機跳躍）。第一個是偉大的生物統計學家費雪提出的。（上一章他是主角，記得嗎?）當年躍進論非常流行，可是費雪堅決反對任何形式的躍進論，他使用了如下的比喻。他說，要是有一架顯微鏡，目前的焦距幾乎剛好，可是可以調整，等到焦點對上了，就能看見清晰的影像。要是我們隨意旋轉焦距旋鈕，改善影像品質的機率有多大？費雪說：

用不著多說，任何大動作都不大可能改進焦點，但是比旋鈕上最小刻度還要小得多的微幅調整，應當會使改善的機會接近二分之一。

我在上一章說過，費雪認爲「很容易看出」的事，尋常的科學家得絞盡腦汁，這裡費雪覺得「用不著多說」的事也一樣。不過，後人總是證明費雪的睿見幾乎都十分正確。好在這段引文我們不怎麼費力就能證明了。我說過這架顯微鏡目前的焦距幾乎剛好，還記得吧？假定物鏡對正焦距後比目前的位置稍高一些，也就是物鏡太過接近載玻片了，大概近了四分之一公分。現在要是我們旋轉旋鈕，一次只轉四十分之一公分，任選一方向，改善影像的機率會是多少？要是我們恰巧將物鏡下移了些，影像會更模糊；要是物鏡恰巧提升了呢？影像就會清楚些！由於我們調整旋鈕，不是向上就是向下，因此導致影像更清晰或更模糊的機率相等，就是二分之一。以有待調整的偏差爲準，實際調整的幅度愈小，改善的機率愈接近二分之一。「費雪說法」的後半部分就這麼證明了。

現在來討論「費雪說法」的前半部分吧。要是我們每次都大幅度移動物鏡的距離（相當於基因「劇變」），不管它上升或下移；就說一次移動兩公分好了，結果會怎麼樣？答案是：更壞；不管物鏡上升或下移，影像失焦的程度都比調整前更嚴重。要是物鏡下移，失焦距離就是二又四分之一公分了。（搞不好會戳破載玻片！）要是上升兩公分，就會與理想焦距相差一又四分之三公分（原先只差四分之一公分）。總之，「劇變」式的調整都不是件好事。「劇變」與「微調」（微突變）我們都計算過了，我們當然也可以在它們之間任取一個中間數值繼續做同樣的計算，但是那樣做沒什麼意思。只要大家能欣賞費雪的睿見，也就夠了：調整幅度愈小，改善機率愈接近二分之一；調整幅度愈大，改善機率愈接近〇。

想來讀者已經注意到這個論證成立的關鍵在於初始假設：在進行隨機調整之前，這個顯微鏡的物鏡已經處於接近理想焦點的狀況。要是顯微鏡的焦距一開始就偏差了四公分，一次調整兩公分，改善的機率可達二分之一，與一次調整〇．〇二公分的改善機率完全一樣。於是「劇變」反而比「微調」有利，因爲可以迅速地將顯微鏡調整到更接近理想的狀態。不過，以這個例子來說，要是調整幅度一次就高達十幾公分的話，費雪的論證仍然有效。

那麼費雪爲什麼會假定顯微鏡在調整之前物鏡的焦距就已經接近完美了？這個假設源自顯微鏡在費雪的比喻中扮演的角色。調整過的顯微鏡代表一個突變的動物。調整前的顯微鏡代表牠的父母，就是體內沒有突變基因的正常動物個體。由於牠已做了父母，也就是說牠必然已經活得夠長，並有機會繁殖，因此牠不太可能是個「不適者」。同樣地，調整前的顯微鏡，焦距不可能偏差太多，否則它代表的動物根本活不了。這只是個比喻，因此我們沒有必要爭論「偏差太多」究竟指一公分？十分之一公分？還是千分之一公分？我想捻出的論點只是：要是以後果來衡量突變，突變可以分成許多不同的等級，從微不足道到「劇變」到「超劇變」，在後果逐漸增大的方向上，一定有一個所得與所失的平衡點，過了這一點，突變愈大，可能產生的利益愈小；另一方面，在規模遞減的方向上，也可以發現一個平衡點，在那裡突變造成有利後果的機率爲二分之一了。

於是果蠅「觸足」之類的「劇變」是否會有利（或至少不必有害）的問題（要是有利，「劇變」就是演化的驅力），因此變成對於「劇變」本身的評估——我們討論的特定突變，究竟是哪個等級的突變？突變後果的規模愈大，愈可能有害，愈不可能在物種演化史上扮演任何角色。事實上，遺傳學實驗室裡研究過的所有突變，幾乎都對個體有害。（想來也是，要是那些突變都微不足道，怎麼可能引起遺傳學家的注意？）諷刺的是，有人居然認爲這可以用來當作否定達爾文理論的論據。總之，費雪以顯微鏡做的論證，使我們有理由懷疑演化的「躍進」理論，至少那些極端的說法都不可信。

不相信演化過程有眞正的「躍進」，另一個理由也是源自統計學的論證，它也涉及突變後果的「大小」。這次我們要從演化變化的複雜程度下手。我們感興趣的許多變化，都是在設計的複雜程度上發生了「進化」（當然，並不是所有的演化現象都是這一種）。我們討論過的眼睛，是個極端的例子，用來演示我的論點再適合不過。像我們一樣有眼睛的動物，是從沒有眼睛的祖先演化來的。極端的躍進論者搞不好會認爲眼睛是一個突變就無中生有了。換言之，當初父母親都沒有眼睛，後來長了眼睛的地方仍是皮膚。牠們生了個怪胎，有一對不折不扣的眼睛，有透鏡（調整焦距），有虹膜（調整瞳孔），有布滿感光細胞的視網膜，感光細胞的神經纖維都正確地深入中樞神經系統，創造雙眼互補、立體、彩色的視覺世界。

在生物形模型中（第三章），我們假定這種一次涉及多維度的改善事例不可能發生。這是個合理的假定，我願意再重複一下我的理由：無中生有地製造一個眼睛，你一次就得完成許多項改進，而不是一項。而那些必須完成的項目，雖然不能說每一項都不可能，也得說簡直等於不可能。必須同時完成的項目愈多，它們就愈不可能同時完成。它們同時完成的巧合，等於在生物形國度中做長距跳躍，而且落腳處恰巧是事先規劃的那個定點。要是我們設想的演化事件涉及大量的改進項目，它們同時完成的機率即使不等於〇，在現實世界裡也無異不可能。這個論證應該夠清楚了，但是，要是我們將想像中的「劇變」型突變分爲兩類，也許更能幫助讀者了解本章的主旨。那兩類「劇變」，以上述基於「複雜」的論證來檢討，似乎都過不了關，但是事實上，過不了關的只是其中之一。我給那兩類都取了名字，分別叫它們「波音七四七」與「廣體DC8」，請讀下去，你就知道我的理由了。

通不過上述「複雜論證」的檢驗的，是「波音七四七」型突變。這個名字源自英國劍橋大學天文學家霍耶（請見第二章注釋⑤）的著名論證，那是他用來駁斥天擇理論的，卻反映出他對天擇理論的誤解。他認爲天擇不可能是演化的驅動力量，因爲那就好像一場颱風刮過一個堆放零件的地方，結果居然組成了一架波音七四七飛機。我們在第一章討論過，以這個比喻討論天擇毫無道理，但是用來比喻某些種類的劇變，就很恰當了，因爲有人認爲那些劇變可以導致演化。一點不錯，霍耶最根本的錯誤就是：他誤以爲天擇理論的確依賴劇變。（他不知道他誤會了。）相信一個突變能憑空成就一個功能齊全的眼睛，的確就像相信一場颱風可以刮出一架波音七四七。現在你明白我把這種突變叫做「波音七四七」的原因了吧。

至於「廣體DC8」型突變，也許表面看來像是「劇變」，但是就複雜程度而言，卻沒那麼了不得。廣體DC8是美國道格拉斯公司製造的一種噴射客機，是從先前的DC8型改良來的。它與DC8很像，但是機身拉長了。至少從一個方面來說，它算是改良型——它可以載運更多旅客。以機身長度的改變而論，也是個很大的變化，算得上「劇變」。更有趣的是，「拉長機身」乍看起來是個複雜的變化。將一架民航機的機身拉長，不是硬塞入一段機艙就算完工的。無數的管路、電纜、氣管、電線都得拉長。還要安裝許多座椅、煙灰盒、閱讀燈、十二頻道選台器、新鮮空氣送氣孔。乍看之下，廣體DC8比DC8原型複雜多了。果眞如此？答案是：「非也非也！」至少可說，廣體DC8的「新」玩意只是「更多的」老玩意兒罷了。第三章討論過的生物形，經常出現「廣體DC8」型突變。

這與眞實動物的突變有什麼關係？答案是：有些眞實的突變造成的大規模變化，可與D

C8原型變成廣體DC8相比，有些雖然稱得上「劇變」，卻成為建構演化史的素材。舉個例子好了，蛇類的脊椎骨數目都比牠們的祖先多。即使還沒找到蛇類祖先的化石，我們對這一點都很有把握，因為蛇類的脊椎骨數目比牠們現在的親戚都多。此外，蛇類各物種的脊椎骨數目各不相同，可見牠們從共祖演化出來之後，脊椎骨的數目必然起過變化，而且常常變化。

那麼，怎樣改變動物的脊椎骨數目呢？絕不只是多塞進一塊或幾塊脊椎骨而已。每一塊脊椎骨都附帶了神經、血管、肌肉等等，就像客機機艙裡每排座椅都得裝設座墊、頭靠、耳機插孔、閱讀燈，還有電線。一條蛇身體的中段，就像一架客機機艙的中段，是由許多「節」組成的，每一節無論多麼複雜，有許多節完全一樣。因此，為了增加一節或幾節，只要複製就成了。製造一節蛇的基因機構相當複雜，是逐步、漸進地經過許多世代演化出來的。但是，既然製造體節的基因機構是現成的，也許一個突變就能再增加新體節了。要是我們將基因想像成「控制胚胎發育的指令」，塞入一個新體節的基因指令，也許不過是「這裡重複一遍上個步驟」罷了。在我想像中，建造第一架廣體DC8的指令，多少也有點類似。

在蛇的演化史上，脊椎骨的增加以整數為單位，這一點我們很有把握。我們無法想像一條蛇有二六．三個脊椎骨。不是二十六個，就是二十七個，而且必然發生過孩子比父母至少多一塊完整脊椎骨的例子。也就是說，多了一整組神經、血管、肌肉等等。從某個角度來看，這是個「劇變」，但只是較弱的「廣體DC8」類型。一個突變蛇仔比父母多了六塊脊椎骨，要說只是一個突變造成的，不難相信。批駁躍進式演化的「複雜論證」，不適用「廣體DC8」型的「劇變」，因為只要仔細觀察變化的性質，就會發現那些變化其實不能算「劇變」。只觀察已成年的突變個體，我們很容易以為牠們經歷過「劇變」。要是我們觀察胚胎發育的過程，所謂「劇變」不過是「微變」而已。胚胎發育指令的小變化，在成體身上造成了巨大的後果，令人印象深刻，以爲是不得了的變化。果蠅的「觸足」以及許多其他的所謂「同源突變」（homeotic mutations）都屬於這一類。

我對「劇變」與「躍進演化」的討論，這裡可以告一段落了。我不得不花這麼長的篇幅討論它們，因爲「疾變平衡論」經常有人誤會就是「躍進演化論」。本章的主題是「疾變平衡論」，它其實與「劇變」與「躍進論」都沒有牽連。

艾垂奇、古爾德與其他疾變論者討論的「鴻溝」，與眞正的「演化躍進」毫無關係，也不是令創造論者異常興奮的那種。它們小得多了。還有，艾垂奇與古爾德發表「疾變平衡論」，當初並沒有張皇其詞，要與傳統的達爾文理論打對台。他們只是說，大家都接受的達爾文理論，要是適當地詮釋，就可以演繹出他們提出的結論。可是後來他們卻自以爲是叛逆小子，將「疾變平衡論」大肆炒作成革命性的新理論，可以與達爾文理論分庭抗禮。爲了適當地詮釋達爾文理論，我不得不再一次暫時逸出主題。這一次我要討論的是「新物種如何出現」，現代生物學家以「物種形成」（speciation）這個詞指涉新物種的形成過程，十九世紀的學者用的是「物種原始」。

達爾文對物種原始問題提出的答案，籠統地說就是，每個物種都來自其他物種。此外，他還認爲生物的家譜是個分枝的樹狀圖，就是說每個現代物種都可以追溯到一個祖先物種，但是那個祖先物種的現代後裔，不只一個。例如獅子與老虎是不同的現代物種，但是牠們源自同一個祖先物種，也許那還是不久前的事。這個祖先物種也許就是那兩個現代物種之一；

牠也可能是第三個物種；或者牠已經滅絕了。同樣地，我們知道現代的人類與黑猩猩是不同的物種，但是牠們幾百萬年前的祖先是同一個物種。「物種形成」指的就是一個物種變成兩個物種的過程，其中一個也許就是那個祖先物種。

學者認為物種形成是個困難的問題，理由如下。一個物種的所有成員，彼此都能交配，繁衍子女，不管這個物種日後會不會變成祖先物種。對許多人來說，這就是物種的定義。因此，「子物種」一旦開始分化，就會因為與祖先物種成員「混血」而功敗垂成。我們可以想像，獅子的祖先與老虎的祖先當初若繼續交配的話，這兩個物種就不能順利分化了。我無意暗示當初獅子的祖先與老虎的祖先是有意地避免混血才分化成功的。事實很單純，在演化史上我們觀察到物種分化的事實，可是一想到「只要是同一個物種的成員就能夠交配」的事實，我們就很難理解牠們怎麼會分化成功。

我們幾乎可以確定，這個問題主要的正確答案，是顯而易見的。要是獅子的祖先與老虎的祖先正巧生活在不同的地點，無法交配，混血問題就不存在了。當然，牠們不是為了分化成不同的新物種才到不同的大洲去討生活的，牠們沒有想到自己會是獅子與老虎的祖先。但是，如果一個祖先物種已經分布到各大洲了，就說是非洲與亞洲好了，在非洲生活的那群會因為與亞洲的無法往來，而不再交配。要是那兩大洲上的族群，因為天擇或是機運，朝向不同的方向演化，分化就不再受混血的阻礙，牠們最後會成為兩個不同的新物種。

我以不同的大洲做例子，是為了凸顯我的論點，但是地理隔離（阻絕混血）的原則可以應用到生活在沙漠兩側的族群，或是山脈、河流，甚至馬路。或者連明顯的地理障礙也不需要，只要棲境相去甚遠，大家自然不會碰頭。西班牙的樹鼩無法與蒙古的樹鼩交配，即使有一系列能夠互相交配的族群分布在牠們之間，牠們都有分化的潛力。不過，要是我們以大海或山脈等實質障礙來設想，更容易明白地理隔離是物種形成的關鍵因素。說來大洋中的島嶼鏈，也許是孕育新物種的絕佳處所。

那麼，我們正統新達爾文學派如何回答物種原始問題呢？我們對新物種從祖先物種分化出來的典型過程，想法如下。就從祖先物種開始吧。那是一個很大的族群，分布在一個很大的陸塊上，所有成員彼此相似，可以互相交配。任何動物都可以當例子，但是我們繼續談樹鼩好了。這塊陸地給一條山脈分割成兩個部分。山脈峻峭險惡，樹鼩不容易翻過，但也不是全然不可能，偶爾，還是有一兩隻到達山的另一側。牠們能在那裡繁衍，生養眾多，形成族群，與祖先群沒有交流。於是兩個族群分別繁衍，日子久了，一個族群的遺傳組成不管發生了什麼變化，都透過繁殖行為在該族群內散布，不會流入另一個族群。

這些遺傳變化有些可能是天擇造成的，因為山脈兩側的生存條件也許不同——天氣、獵食者、寄生生物等條件，山脈兩側完全相同的機率很低。有些變化也許是偶然因素造成的。無論原因是什麼，這些遺傳變化都只在各自的族群內（透過交配行為）散布，而不會在族群間交流。就這樣，兩個族群在遺傳上分化了：牠們愈來愈不相似。

過了一段時間，牠們變得彼此很不相像，於是自然學者把牠們分類成不同的亞種（races）。再過一段時間，牠們分化得差異太大了，我們就該將牠們當做不同的物種了。現在請想像氣候轉趨溫暖，翻山越嶺比過去容易多了，於是一些新物種的成員開始「返鄉」，回到祖先的棲所。牠們遇見早已失去音訊的表親後，因為彼此的遺傳組成已經分化，交配也徒勞無功。即使交配成功了，生下的子女不是體弱，就是像騾子一樣無法生殖。因此與不同物種（甚至亞種）成員「好合」的傾向，會受天擇打壓。就這樣，「生殖隔離」的過程，由山脈阻隔的偶然因素啓動，最後由天擇收工。「物種形成」就完成了。原來只有一個物種的地方，現在有兩個，牠們可以在同一個區域生活，沒有雜交之虞。

其實這兩個物種不會在一起生活太久。不是因爲牠們會雜交，而是因爲牠們會競爭。這是個廣爲接受的生態學原理，兩個物種要是營生相同，不會在一個地方長久地生活在一起，因爲牠們會彼此競爭，直到其中一個滅絕爲止。當然，我們的兩個樹䶄族群，營生之道也許不再相同；例如新物種在山的那一邊演化，也許會發展出捕食不同昆蟲獵物的本領。但是兩個物種之間若競爭頗激烈，大多數生態學家都會預測，在牠們重疊分布的地區，有一個物種會滅絕。要是滅絕的是原來的祖先物種，我們會說牠給入侵的新物種取代了。

在學界占主流地位的正統新達爾文理論把這個（以地理隔離發端的）物種形成理論，當做基石，各方都視爲新種形成的主要過程（有些人認爲還有其他的過程）。它融入現代演化論，主要是著名動物學家麥爾（請見第五章注釋⑤）的功勞。當初疾變論者提出他們的理論時，其實問的是這麼一個問題：我們與大多數支持新達爾文理論的人一樣，接受正統的物種形成理論（以地理隔離始／以天擇終），我們感興趣的是，正統理論果眞不錯的話，我們應該在化石紀錄上觀察到什麼？

記得前面的例子嗎？我們假定有一個樹䶄族群，在山的那一邊分化出了一個新種，最後牠們回到祖先的家園，而且很有可能驅使祖先種走上滅絕之道。假定這些樹䶄留下了化石；再假定化石紀錄極爲完整，關鍵演化階段全都不缺，一點縫隙都沒有。這些化石會告訴我們什麼？從祖先種到新種的逐步變化？當然不是，至少不會在祖先種的棲境，就是新種回到的老家（要是我們只在那裡挖掘的話）。

請想一想在那塊大陸上到底發生了什麼。祖先種樹䶄在那兒自得地生活、繁衍，沒什麼理由變化（演化）。沒錯，牠們的表親在山的那一邊積極地演化，但是牠們的化石留在山的那一邊，我們在山的這一邊挖掘，不可能找到。然後，新物種突然回「家」了，與祖先種競爭，而且可能取代了牠們。於是在我們挖掘的地方，到了上層，化石突然變了。底下地層出土的全是祖先種。現在，新物種的化石突然出現，卻沒有任何可見的演變跡象，而老的物種消失了。

原來所謂的演化「鴻溝」，根本不是化石紀錄的惱人缺陷，或教演化學者難堪的事體；正統新達爾文學派的物種形成理論，要是我們當眞，就該預見那種鴻溝。從祖先物種到新物種的變化，顯得突如其來；演化並不穩定、平順，似乎「顛簸」得很，理由其實很簡單，因爲任何一個地點出土的化石紀錄裡，可能都缺乏「演化事件」，我們觀察到的是「遷徙事件」——從其他地方來了新物種。用不著說，演化事件的確發生過，物種都是從另一個物種演化出來的，搞不好整個過程眞的是漸進的。但是爲了觀察到演化事件的化石紀錄，我們得到別的地方挖掘——以我們的例子而言，就是山的那一邊。

這麼說來，艾垂奇與古爾德大可以卑之無甚高論，以協助達爾文與他的後繼者脫困爲己任，因爲達爾文等人眞的以爲經驗證據不站在自己的一方。事實上，當初艾垂奇與古爾德的確是那樣立論的。化石紀錄中的演化鴻溝，比比皆是，明明可知，演化學者深受其擾，被迫發明各種藉口，指控證據不夠完整，而不是理論有缺陷。達爾文本人就這麼寫道：

地質紀錄極不完整，我們沒有發現一系列逐步演變的生物形式，將所有已滅絕的物種與現生物種聯繫起來，大體而言，這個事實就能解釋了。我對地質紀錄的性質，有這些看法，不同意的人，當然會反對我的整套理論。

艾垂奇與古爾德大可以這麼說：別擔心，達爾文，要是你只在一個地點挖掘，即使找到了完整的化石紀錄，你也不該期望觀察到逐步、漸進的演化事件。理由很簡單，因爲演化過程大部分發生在其他的地方。他們大可以進一步說：

達爾文，你抱怨化石紀錄不完整，其實沒搔著癢處。化石紀錄不僅不完整，上面愈是有趣的地方、愈接近演化事件發生的時刻，我們愈有理由預期它只有一片空白。部分理由是，我們找到最多化石的地方，通常不是演化事件發生的地點；另一部分理由是，即使我們運氣好，找到了演化事件發生的主要場所，也因爲演化過程只持續了很短的時間（雖然仍然是漸進的），除非化石紀錄極其詳盡，我們無法尋繹細節。

但是他們沒有這樣做，尤其是在受到新聞記者熱切注意的後期作品中，反而決意以反達爾文、反新達爾文學派的基進姿態，兜售他們的論證。他們的技倆是，強調達爾文學派對演化的看法是「漸進觀」，而他們提出的卻是「疾進觀」——演化是個突然、顚簸、間歇的過程。他們甚至將自己的立場比擬爲過去的災變論、躍進論。我們已經討論過躍進論。至於災變論，那是十八、十九世紀的學者提出的，企圖以某種形式的創造論調和化石紀錄不完美的事實。災變論者相信化石紀錄上的鴻溝，反映的是一系列上帝的創造活動，每一次創造的產物，都以大災難帶來的大滅絕收場。這些大災難中，最近的一次就是諾亞洪水。

將現代疾變論比做災變論、躍進論，產生了詩意的朦朧之美。這樣的比擬，請容我杜撰一個弔詭的詞，是極其深刻的膚淺。那是聽來令人動容的表述，卻沒有帶給人茅塞頓開的知識領悟，現代創造論者特別受用（他們成功地顛覆了美國的教育，以及教科書的撰寫方式，教人憂心）。事實上，艾垂奇與古爾德是不折不扣的漸變論者，與達爾文，或達爾文的追隨者無異。只不過他們的緩慢變化都在短暫的插曲中發生（爆發），而不是均勻地分布在整個地質時間中。他們強調，生物的緩慢變化（演化）大多不在採集到大多數化石的地區發生，而在其他地方。

因此，疾變論者反對的其實不是達爾文的漸變論。漸變論的意思是，每個世代與前一個世代只有微小的變化；只有躍進論者才會反對，而艾垂奇與古爾德可不是。他們與其他疾變論者反對的，原來是「演化率守恆」這個觀念，據說達爾文就相信它。他們反對演化率守恆，因爲他們認爲演化（仍然是個漸進過程）是在相對來說相當短暫的時段裡快速進行的事（即物種形成事件；首先，某種危機發生了，原先抗拒演化的力量因而潰散——他們假定有這麼一種力量存在）；那些「爆發」插曲之間，有非常長的時間段落，演化進行得十分緩慢，甚至完全停滯。這裡所謂的「相對來說相當短暫」，是相對於整個地質年表來說的，無庸辭費。即使是疾變論者所謂的演化「躍動」，雖然只是地質年表上的一瞬間，眞要實測，也得以萬年或十萬年爲單位。

美國著名演化學家史德賓①有個想法，可以用來闡釋我的論點。他對演化「停停走走」

的問題不特別感興趣，只想生動地呈現演化的速率要是以地質年代表的尺度來衡量的話，會給人什麼印象。他想像的一種動物，體型有小鼠那麼大。然後他假定天擇開始青睞體型較大的個體，但也只占一點點便宜。也許在競爭雌性的時候，體型稍大的個體才享有優勢。在任何時候，體型接近平均水準的雄性會吃一點虧，不及體型比平均水準稍高的雄性。史德賓並以精確的數字呈現大個兒所占的便宜，但是那個數字的絕對値實在太小了，人類觀察者無法測量。因此，那種動物的演化速率非常緩慢，人一輩子都難以察覺。對於研究演化的田野生物學家來說，牠們簡直沒有演化。

儘管如此，牠們的確在演化，只是速率太慢。不過，水滴石穿，牠們遲早會演化到大象那麼大。「遲早」是什麼時候？不用說，以人類壽命為準的話，那可是很長一段時間，但是人類尺度在這個例子裡不相干。相干的是地質時間。史德賓以他假設的緩慢演化率計算，發現那種動物從四十公克的體重（像小鼠），演化成六公噸的大傢伙（像大象），必須經過一萬兩千個世代。假定一個世代是五年（比小鼠長，但比大象短），一萬兩千個世代就是六萬年。以常用的地質年代定年法而言，六萬年實在太短了，短到無法測量。正如史德賓所說：「在十萬年之內演化出一種新的動物，在古生物學家看來，算是『突發』或『瞬間』事件。」

疾變論者炒作的事件不是演化「跳躍」，而是相對而言非常快速的演化事件。而地質年表上的一瞬間，以人類觀點來衡量，不必然也是迅雷飆風。無論我們怎樣看待「疾變平衡論」，現代疾變論者與達爾文都相信的漸變論，與「演化速率恆定論」卻容易混淆不清。疾變論者反對的是「演化速率恆定論」，有人認為那是達爾文的主張，其實絕無此事。漸變論與「演化速率恆定論」根本不是一回事。疾變論者的信念，恰當地說，是這樣的：「演化是個漸變過程，生命史上充斥著長期的『演化靜滯』，而短暫的快速、逐步演化揷曲散布其間。」他們強調的是生命史上長期的「演化靜滯」，那是眞正需要解釋的現象，可是過去卻忽略了。疾變論者大張旗鼓批判漸變論，煞有介事，可是他們的眞正貢獻在凸顯「演化靜滯」現象。他們其實也主張漸變論，與其他人一樣。

甚至捻出生命史上的「演化靜滯」現象，認爲那需要解釋，也不是疾變論者的創見，麥爾在他的物種形成理論中，已經平實地討論過了，只是沒有疾變論者那麼鋪張揚厲罷了。麥爾相信給地理障礙隔開的兩個亞種中，論演化機率，原先的祖先族群比較小。因爲新的族群生活在不同的環境中，以我們的樹鼩爲例，就是山的那一邊，那裡的條件可能與祖先環境不同，因此天擇壓力也不同。此外，我們根據一些理論推論，認爲較大的族群本來就會有抗拒演化的傾向。那好比大型重物的慣性——不易推動。小的、偏遠的族群，就因爲小，比較可能變化——演化。因此，儘管我以樹鼩的例子討論兩個族群互相分化的過程，要是麥爾的話，他會說祖先族群相對而言是「靜滯」的，分化出去的是新的族群。演化樹的枝不會分岔成兩條同樣的小枝，而是一條主枝上長出一條小側枝。

倡議「疾變平衡」論的人襲用了麥爾的論點，將它誇張成一套強烈的信念，認爲「靜滯」（沒有演化變化）是物種的常態。他們相信大的族群擁有積極抗拒演化的遺傳力量。對他們來說，演化變化是罕見的事件，只在物種形成時發生。在他們看來，促成新物種誕生的條件（小型次族群因爲地理障礙而與母群隔離），正是鬆懈或顚覆平常抗拒演化的力量的條件。物種形成時正値大變動時期。演化速率在大變動期間加劇了。一個生物世系大多時間都處於承平的「靜滯」狀態。

說達爾文相信演化以等速進行，完全不正確。我在本章開頭拿以色列子民做的寓言，是以極端的形式嘲諷所謂等速前進說，達爾文當然不可能相信演化會是那個樣子。我也不認為達爾文會相信其他形式的等速前進說。他在《物種原始》第四版（1866）加入了下面這句著名的話，令古爾德十分煩惱，認為那不足以代表達爾文的大致想法。

許多物種形成後就不再變化……；物種發生變化的期間，雖然以「年」來衡量相當長，但是與它保持不變的時間比較起來，可能顯得相當短。

古爾德想把這一句以及其他類似的話都甩掉，不理會，他說：

不能以選擇性的引文與刻意搜羅的腳注研究歷史。（一位思想家的）思路與歷史衝擊才是適當判準。達爾文同時代的人或後人讀他的著作，可曾把他當做躍進論者？

當然，古爾德對於思路（而不是片段的引文）與歷史衝擊的看法是正確的，但是這個引文的最後一句卻洩了底。當然沒有人把達爾文當做躍進論者；他一直對躍進論有敵意，還用得著說！但是關鍵在於，我們討論疾變平衡論的時候，躍進論從來就不是個議題。我強調過，根據艾垂奇與古爾德自己的陳述，疾變平衡論不是躍進論。疾變平衡論假設的（演化）「跳躍」，不是一蹴而幾的眞正跳躍（一個世代就可以完成）。那些「跳躍」必須透過大量的世代才能完成，花費的時間，根據古爾德的估計，也要幾萬年。疾變平衡論雖然強調生命史上分布著大段大段的演化停滯期，中間「爆發」相對而言非常短暫的漸進演化，仍然是漸變論。古爾德以雄辯的筆鋒，詩意的文字，影射疾變論與眞正的躍進論有相似之處，他連自己都誤導了。

我想，概略地介紹一下有關演化速率的各種可能觀點，現在正是時候，可以澄清以上討論的主旨。那些觀點中，孤立無援的，是眞正的躍進論，我已經說淸楚講明白了。現代生物學者，根本沒有人支持躍進論。任何人，只要不是躍進論者，就是漸變論者，包括艾垂奇與古爾德（他們怎樣描述自己的立場，是他們的自由）。在漸變論者的陣營裡，對（漸變）演化的速率，我們也許可以找到許多種不同的看法。有些看法與眞正的（反漸變的）躍進論有極爲膚淺的（詩意的／字面的）相似處，因此有時令人分不淸楚，我已經說過了。

在另一個極端的是「等速論」，我在本章開頭以〈出埃及記〉的寓言嘲諷過了。極端的等速論者相信生物一直不斷演化，無時或歇，不論有沒有發生「分枝」事件或演化出新物種。他們相信生物的變化幅度與時間有固定的比例。教人感到諷刺的是，有一種等速論最近在現代分子遺傳學家之間極爲流行。現在有很堅強的證據，顯示蛋白質分子以等速演化，就像寓言中的以色列子民一樣；即使四肢之類肉眼可見的外觀特徵以疾變論者所描述的模式演化，也不能否認蛋白質的演化模式是等速論者所相信的那一種。（我在第五章討論過這個題材，下一章還會繼續討論。）但是，說到巨觀構造與行爲模式的適應演化，幾乎所有演化學者都會反對等速論，想來達爾文一定也會。任何人，只要不是等速論者，就是變速論者。

在變速論者的陣營中，我們也許可以分別出兩種觀點，就是「不連續的變速論」與「連續的變速論」。極端的「不連續變速論者」不僅相信演化沒有固定速度。他們還認爲演化速度會從某個特定水準突然轉變到另一個速度水準，就像汽車的變速箱一樣。例如他們也許相信演化只有兩個速度，快速（高速檔）與停頓（停車檔）。（我不禁想起我小學老師在報告中對我的羞辱。那時我只有七歲，剛上寄宿小學，我在摺衣服、洗冷水澡等日常活動的表現，老師下的評語是：道金斯只有三個速度：慢、很慢、停止。）演化「停止了」就是「演化停滯」——疾變論者的用語，用來凸顯大型族群的特色。「高速演化」就是在物種形成過程中的演化，通常發生在小族群中，牠們生活在停滯的大型族群邊緣，與大型族群之間有地理藩籬。根據這個觀點，演化永遠處於這兩個排檔中，從來不走中庸之道。艾垂奇與古爾德偏向「不連續的變速論」，就這一方面而言，他倆眞是基進之徒。也許我們可以叫他們「不連續的變速論者」。順便說一句，爲什麼不連續的變速論者非得強調「物種形成」就是高速演化的時候？其實沒有必要。不過，他們大部分都那麼做。

另一方面，連續的變速論者相信演化速率會連續變動，高速、低速、停頓，以及所有的中間速度，都是可能的實際速度，變化是連續的，而不是飛躍。他們不認爲有必要強調某些特定的速度。具體地說，他們認爲「演化停滯」只是超慢速演化的一個極端例子。疾變論者相信「演化停滯」有特別的意義；「演化停滯」不只是慢速演化的一例；「演化停滯」不只是個被動的情勢——因爲沒有天擇趨力。正相反，「演化停滯」表現的是對演化的積極抗拒。在他們的想像中，實情幾乎像是物種受到演化的趨力，反而採取了積極的策略不去演化。

生物學家中，同意「演化停滯」是個眞實現象的人比較多，對於「演化停滯」的原因，有共識的人反而少。就拿腔棘魚這個極端的例子來說吧。腔棘魚是兩億五千萬年前十分興盛的魚類大宗，後來與恐龍一起滅絕了。至少表面看來如此。（其實，腔棘「魚」與我們的關係，比鯡魚、鱒魚還要親近。）因爲一九三八年年底，一艘在南非海岸附近作業的深海漁船，撈獲了一條古怪的魚，長約〇・五公尺，重五十七公斤，卻有鰭似腿，讓動物學界驚訝不已。這條無價的怪魚終於給認出來的時候，因爲身體已經腐爛，只好剝製成標本。南非唯一夠資格的魚類學家見到牠時，簡直不敢置信，他認出牠是一條腔棘魚。腔棘魚還活在世上！從那時起，同一海域又發現了好幾隻標本，現在學界已經仔細地描述過這個魚種，並做過徹底的研究。現代腔棘魚是「活化石」，意思是牠與幾億年前的化石祖先，形態上幾乎沒有差別。

這麼說來，我們有「演化停滯」的實例。我們想用它做什麼？又如何解釋呢？我們有些人會說，現代腔棘魚這一支顯得不動如山，是因爲天擇沒有推牠。從某個意義來說，牠沒有必要演化，因爲牠已在深海發現了一種成功的生活之道，那裡的生活條件一直沒有太大的變化。也許牠們從來沒有捲進過軍備競賽。牠們的表親爬上陸地後的確演化了，因爲陸地上有各式各樣的險惡情況（包括軍備競賽），物競天擇，適者生存。其他生物學家（包括一些自稱疾變論者的人）也許會說，現代腔棘魚也許也面臨了天擇壓力（暫不談細節），但是牠們主動抗拒變化。誰是誰非？以現代腔棘魚而言，實在很難說，但是有一個方法，在原則上也許可以讓我們找到答案。

爲了公平，我們不以腔棘魚做爲討論起點。腔棘魚是個引人注目的例子，但是也是個極端的例子，疾變論者不會想據以大作文章。他們的信念是：不那麼極端，時段又短一些的靜滯例子多的是；它們才是生命史的常態，因爲物種的遺傳機制即使在天擇力量的壓迫下仍然積極抵制變化。現在我要提供一個非常簡單的實驗點子，至少在原則上可以用來測驗這個假說。我們可以找個野生族群，然後設定某些標準進行選擇（人擇）。要是我們著眼於某個品質繁殖牠們，根據「物種會積極抗拒變化」假說，應當發現物種會堅守本位、拒絕屈服，至少撐上一陣子。

舉個例子好了，要是我們養一群牛，專門挑產乳量高的個體繁殖下一代，我們應當失敗。物種的遺傳機制應當會動員起來，抵制變化的壓力。農場主人想提高鷄蛋產能？門兒都沒有。做鬥牛育種的人怎麼都無法提高鬥牛的勇氣。用不著說，這些失敗只是暫時的。只要選擇壓力持續上升，大壩（抵制）終將潰決，所謂的反演化力量必然屈服，到那時該物種的世系就能迅速地朝向一個新的平衡狀態移動（演化）。但是每次我們執行一個新的選擇繁殖計畫，一開始應該都會產生「物種抵制變化」的印象，至少應能察覺一些。

實際上，我們沒有失敗。我們在人工環境中以選擇繁殖爲手段塑造動、植物的演化，沒有失敗，連一開始的抵制都沒碰到。那些物種通常很快就「順服」了，育種家沒有發現任何證據，顯示內在的反演化力量存在過。要說育種家遭遇過什麼困難，那也是在成功地選擇繁殖過許多世代之後。因爲選擇育種許多代之後，值得挑選的遺傳變異已經用光了，育種家必須等待新的突變出現。我們可以想像，腔棘魚不再演化，是因爲牠們不再有新的突變了——牠們生活在海底，搞不好因而不受宇宙射線的侵襲。但是據我所知，沒有人認眞地提出過這個看法，而且疾變論者說物種有內建的反演化機制，也不是這個意思。

他們的意思與我在第七章討論過的「合作基因」倒有呼應之處；他們的意思是，一群基因相處得極爲融洽，因而容不下「外人」（新的突變）。這是個極爲奧妙的論點，要是說得好，頗爲動人。我可不是瞎說，麥爾的「演化慣性」（**inertia**）觀念，我們才談過，就是拿這個論點做理論支柱。儘管如此，人工養殖生物的實際經驗讓我覺得，要是一個生物世系在野外許多世代都沒有變化，不是因爲牠們抗拒變化，而是因爲沒有青睞變化的天擇壓力。牠們沒有變化，因爲維持不變的個體比帶有突變基因的個體，活得更好生殖成就也高。

這麼看來，疾變論者其實也是漸變論者，與達爾文或任何其他的達爾文信徒一樣；只不過他們在漸變演化的爆發事件之間，插入大段的演化靜滯期而已。我說過，疾變論者與其他演化論學派的差異只有一點，就是疾變論者非常強調演化靜滯有積極的內涵，不只是缺乏演化變化而已。就這一點而言，他們很可能錯了。那麼他們爲什麼會自認爲與達爾文和新達爾文主義極端不同呢？我得解釋解釋。

答案是，「漸進」有兩個意思，他們搞混了，此外，疾變論與躍進論也搞混了（許多人都犯了同樣的錯誤，所以我才在前面花了一些篇幅討論）。達爾文強烈地反對躍進論，因此反覆強調他所說的演化是以極爲緩慢的步調發展的。因爲對達爾文來說，「躍進」指的是我所說的「波音七四七」型劇變，意思是只要基因魔棒揮動一下，一個嶄新的複雜器官就出現了，就像女神雅典娜從宙斯的頭裡跳出來一樣。例如複雜的眼睛，只要一代就能無中生有；原先只是皮膚的地方，下一代就是眼睛，還活靈活現。達爾文認爲「躍進」是這個意思，因爲當年他最有影響力的論敵中，眞的有人這麼主張，他們相信「躍進」是生物演化的主要因素。

舉例來說，坎貝爾（George John Douglas Campbell, 1830-1900）接受「演化是事實」的證據，但是他想從後門將「神創論」走私進來。他並不孤單。許多維多利亞時代的人不相信〈創世紀〉的「一次創世論」，認爲上帝會反覆地干預世事，專門在演化的關鍵階段現身。他們認爲像眼睛一樣的複雜器官，不是像達爾文所說的由簡單的形式逐步演化出來，而是一瞬間就出現了。在他們看來，這種瞬間「演化」，要是發生過，只會是超自然力量介入的結果。其實一點不錯。他們根據的是統計學論證，我在「颳風刮出一架波音七四七」的例子裡討論過。說眞的，波音七四七型躍進論只不過是摻了水的創造論而已。反過來說，神創論可說是躍進論的一個極端形式。神創論中最關鍵的一步就是沒有生氣的泥土變成了活生生的人。達爾文也看出了這一點。他在給當年的地質學大老萊伊爾②的信裡寫道：

要是有人能說服我天擇理論需要這種增益，我就會將它棄如敝屣……要是天擇理論需要添加奇蹟才能解釋物種演化的任一階段，就不値我一顧了。

這個問題非同小可。在達爾文看來，以天擇爲機制的演化論，主旨就是以「與神蹟無涉的」機制解釋複雜生物適應出現的過程。我不妨告訴各位，這也是本書主旨。達爾文認爲，任何需要上帝協助躍進的演化都不算演化。它讓整個演化論的論旨變得莫名其妙。這樣看來，達爾文反覆強調演化的漸進性格就容易理解了。我們在第四章引用過他的一段話，現在讀來更加明白：

如果世上有任何複雜的器官，不能以許多連續的微小改良造成，我的理論就垮了。

演化的漸進性格是達爾文整套理論的基礎，我們還可以從另外一個角度來觀察。他同時代的人，很難想像人類的身體以及其他同樣複雜的東西居然是演化出來的。現在許多人也一樣。若把單細胞的阿米巴（變形蟲）看作我們的遠祖，那麼阿米巴與人類之間的鴻溝是如何跨越的？許多人很難想像。從那麼簡單的東西演化出高度複雜的生物，簡直不可思議。達爾文以小步伐的漸進序列做爲克服「不可置信」的工具。根據達爾文的論證，要說阿米巴會變成人，你也許難以想像，但是原來的阿米巴若只是變成一種稍微有點不同的阿米巴，就不難想像了。於是那個有點不同的阿米巴再變得有些不同，也不難想像，於是……就這樣一直「稍微有點不同」下去。我們在第三章討論過，這個論證想說服人，條件就是強調每個變化都經過大量步驟，每一步的步伐都極爲微小。達爾文不斷與這個「不可置信」的源頭（從阿米巴到人？）對抗，不斷使用同樣的武器：強調演化是無數世代將幾乎難以察覺的漸進變化累積起來的過程。

補充一下，英國遺傳學家霍登③有一句名言值得在這兒引用，來對抗同樣的「不可置信」源頭。霍登是個語出驚人、不同流俗的學者，從這句話就可看出。他的話大意是：從阿米巴到人的變化，在每個母親的子宮裡只消九個月就完成了。不用說，發育與演化不同，但是任何人要是懷疑一個細胞居然會變成人，只消想想自己的來歷，或可釋然。順便說一句，我封阿米巴做人類的遠祖，不過是撿現成的順口溜，希望大家別以爲我是個學究。其實細菌還恰當些，不過即使是細菌，也是現代生物。

回到我們的論證，達爾文特別強調演化的漸進性格，是針對他的論敵而發——都是十九世紀流行的錯誤觀點。在當年，「漸進」的意思就是「『躍進』的相反詞」。到了二十世紀末，艾垂奇與古爾德就以不同的意思使用「漸進」這個詞了。他們所說的「漸進」其實指的是「等速前進」（雖然他們沒有說得這麼明白），然後他們再以自己的「疾變」觀念做爲這個「漸進」意義的相反詞。他們把「漸變論」當作「等速變化論」來批評。批判「等速變化論」當然沒有什麼不對，極端形式的「等速變化論」就像本章開頭的〈出埃及記〉寓言，都很荒謬。

但是將這個講得通的批判與批判達爾文掛鉤，就是混淆「漸進」這個詞的兩種意思了。

就艾垂奇與古爾德所批判的「漸變論」（等速變化論）而言，達爾文是同志而不是論敵，簡直不必懷疑。另一方面，達爾文是個熱烈的「漸變論」者，艾垂奇與古爾德也是。疾變平衡論只是達爾文主義的小注解，要是達爾文在世時有人提出過，搞不好他也會贊成。既然只是個小注解，就配不上在媒體上出的那麼大的風頭。它所以會出那麼大的風頭，我還得用一章來討論，只因爲它以反達爾文的面貌大張旗鼓，好像與達爾文／達爾文學派截然有別，完全對立。搞什麼鬼？

世上有些人打死不肯相信達爾文理論。他們可大別爲三類。第一類人士爲了宗教理由，希望演化不是眞的。第二類則不懷疑演化是事實，但是他們往往爲了政治或意識形態的理由，對達爾文的天擇機制十分反感。他們有些人覺得天擇概念既嚴酷又冷血，難以消受；有些人搞不清天擇與「隨機」是兩回事，所以批評天擇理論「沒有意義」，因爲那讓他們覺得尊嚴受辱；還有些人混淆了達爾文理論與社會達爾文主義，而社會達爾文主義又有種族偏見與其他令人難以苟同的弦外之音。第三類人只不過是見不得人好，他們有許多都在所謂的「媒體」工作，也許因爲名人出糗、鬧笑話才是刺激銷路的材料；達爾文理論既然已是受尊敬的主流學術，當然就是誘人的八卦對象。

不論動機是什麼，結果都一樣。要是有個受尊敬的學者，對現行達爾文理論的某個細節做出了許多像似批判的評論，許多人就會熱烈地擁抱他，並上綱上線地引申他的評論。這種熱烈的情緒，就像一具威力強大的擴大機，與一個靈敏的麥克風相連，那個麥克風特別調整過，專門探聽反對達爾文理論的言論，哪怕只是撒嬌的埋怨都會捕捉起來。這是最不幸的，因爲嚴肅的論證與批評是任何科學的命脈，要是學者因爲有那種麥克風而噤口不言，就是悲劇了。用不著說，那擴大機儘管強而有力，畢竟不是高傳眞裝備：太多失眞了。一位科學家要是對目前達爾文理論中的某個細節有些微詞，字斟句酌地輕聲細語，很容易發現他聽見的「回響」居然失眞到幾乎難以分辨的地步，因爲世上有太多饑渴的麥克風在捕捉那種說詞，經過放大與學舌後，那裡還能維持原貌！

艾垂奇與古爾德並不輕聲細語。他們大聲說出自己的想法，口舌便給，咄咄逼人。他們所說的往往難以捉摸，但是大家聽到的卻是「達爾文理論出紕漏了」。這下可好了，這是科學家自己說的。《聖經創造》的編者這麼寫道：

> 最近新達爾文學派士氣低落，我們的宗教與科學立場因而愈發可信。這是鐵一般的事實。我們應該充分利用這個情勢。

艾垂奇與古爾德一直是反對民粹創造論的健將。他們高聲喊冤，說是自己的論證給誤用了，沒有人理會，因爲那些麥克風不理會。我能同情他們，因爲我有類似的經驗，只不過我周遭的麥克風捕捉的是政治訊息而不是宗教訊息。

現在必須大聲明白說出的，是眞相：疾變平衡論是新達爾文綜合理論中的一部分，不折不扣。過去一直就是。它的膨風形象與夸夸其談對演化論陣營造成的傷害，需要時間癒合，但是一定會癒合。疾變平衡論會以本相示人，只是新達爾文理論表面上的一個小皺紋，不過，卻是個有趣的小皺紋。它絕不會使「新達爾文學派士氣低落」，古爾德也不能據以宣稱新達爾文理論「其實已經死了」。他的說法好比我們發現地球不是個完美的球形，而是兩極軸線略扁的球體，於是就在報上下了通欄標題：

哥白尼錯了。大地扁平的理論證實了。

但是，持平地說，古爾德的評論可不是針對所謂新達爾文綜合理論的「漸進觀」而發的，而另有所指，就是艾垂奇與古爾德的另一個主張。他們認為演化不過是「族群或物種中發生的事」，在地質年代的巨觀尺度上，整部生命演化史都可以化約成「族群或物種中發生的事」。他們相信演化史上還有一種較高的選擇形式在作用，他們叫做「物種選擇」。我會在下一章討論這個題材。下一章也是評論另一派生物學者的地方——所謂的「轉化的分枝學家」，他們根據同樣薄弱的理由，有些人已是一副反達爾文的嘴臉。他們都是分類學家，因此我們就要踏入分類學的領域了。

【注釋】

① 譯注：史德賓（G. Ledyard Stebbins），1906-，美國演化生物學家，加州大學柏克萊分校植物學教授。

② 譯注：萊伊爾（Charles Lyell），1797-1875，英國地質學家，著有三巨冊的《地質學原理》，為地質學界泰斗。萊伊爾主張均勻而有方向性的「漸變論」：達爾文早期受萊伊爾影響頗多。

③ 譯注：霍登（J. B. S. Haldane），1892-1964，英國遺傳學家、生化學家，在酵素研究及染色體研究方面有卓越貢獻。曾加入共產黨，五〇年代因反對蘇聯力捧利森科而脫離共產黨，移民印度。

第十章　生命樹

這棵樹上每根枝都會分杈，
新枝也不斷分杈，一旦分出，絕不回頭。
分枝分類系統有嚴謹的階序組織，
因為演化淵源本來就會表現出階序模式。

The Blind

本書主要討論的是，演化是複雜「設計」問題的答案。換言之，使培里推論出「世上有個上帝鐘錶匠」的那些現象，其實是演化的結果；演化才是眞正的解釋。我不斷談眼睛與回聲定位，就是這個緣故。但是另外還有一套現象，演化論也能解釋，就是生命的歧異：不同的動植物種類在世上的分布模式，以及各種特徵在生物中的分布。演化能幫助我們理解自然，雖然我感興趣的主要是眼睛及其他的複雜機制，可是演化的角色另有一個面相我們絕不能忽視。因此這一章要談分類學。

分類學就是分類的科學。有些人以爲它是一門沈悶的學問，一聽說分類學，浮上心頭的就是塵封的博物館與福馬林的味道，幾乎將它當做剝製動物標本的技術了。事實上，分類學一點都不沈悶。在生物學中，分類學是最常出現激烈爭論的領域之一，措詞刻薄，難以領教，究竟爲了什麼，我還不能完全理解。哲學家與歷史學者都對分類學感興趣。在任何演化學的討論中，分類學都扮演重要的角色。自命爲反達爾文份子的現代生物學家，最直言不諱的那一群中，有些就是分類學家。

雖然分類學家大多數研究動、植物，其實所有其他的東西都能分類：如岩石、軍艦、圖書館的書、星星、語言等等。有秩序的分類往往給當做方便的工具，實用的必需品，的確有道理。大型圖書館裡的書，必須以某種非隨機的方式組織起來，一旦你需要某個題材的書，才找得到，不然圖書館裡的書簡直毫無用處。圖書分類法就是應用分類學，說它是一門科學或是人文學，都說得通。

生物學家發現，要是所有生物都能歸入大家都同意的範疇中，每個範疇又有名字，他們的研究工作就容易多了，也是爲了同一類理由。但是，那可不是從事生物分類的唯一理由。生物分類的學問可大了。對演化生物學家來說，生物分類這檔事頗不尋常，任何其他事物的分類學都說不上。它是這麼回事。從演化這個觀念，我們知道所有生物只有一個正確的的分枝系譜，獨一無二，我們可以用來做生物分類學的基礎。生物分類系統除了獨一無二的性格之外，還有一個獨有的特質，我叫做「完美的套疊關係」（perfect nesting）。這是什麼意思？爲何那麼重要？本章的主題之一，就是回答這兩個問題。

我們就用圖書館做爲非生物分類學的例子好了。圖書館或書店的書應該如何分類？這個問題沒有什麼獨一無二的正確答案。圖書館管理員也許會將藏書畫分成幾個主要類別，如科學、歷史、文學、其他人文學、外國作品等等。圖書館每個部門裡的書還會再細分下去。科學部門的書也許會分成生物學、地質學、化學、物理學等等。科學部生物學門的書也許可以分別放在貼了生理學、解剖學、生物化學、昆蟲學等標籤的書架上。最後，每個書架上的書都按字母順序排列。圖書館其他主要部門的書，如歷史、文學、外文等，也以同樣的方式分類。因此圖書館的書是以階序系統組織起來的，而且方便讀者找到想找的書。階序分類系統很好用，因爲借書的人利用它就可以在書堆中很快找到書。英文字典裡的字按字母順序排列、日文字典按五十音排列、中文字典按部首排列，都是爲了同樣的理由。

但是沒有一個階序系統是所有圖書館都必須使用的。另一個圖書館管理員也許寧願以不同的階序系統分類書籍。例如他不想設立一個外文部，所有的書都按主題分類，生物學的書即使以德文寫的，也放在生物學門中，德文歷史書放在歷史學門等等。第三位圖書館管理員也許會採用一個激進的方法，將所有的書都按出版年份排列，不理會主題，另外以卡片索引（或電腦資料庫）幫助讀者找特定題材的書。

這三種圖書分類法彼此很不同，但是也許功能上無分軒輊，許多讀者都能接受。不過，請容我打個岔，大概倫敦某俱樂部的一個會員不會接受。他是個脾氣不好的老先生，我是從收音機裡聽到他的意見的。原來俱樂部的委員會雇用了一個圖書管理員，他大爲光火。俱樂部圖書館的書沒什麼章法，一百年都過去了，他看不出現在有必要弄出個條理。訪問人和善地問他，他覺得書該怎麼安排？「按高矮排，高的放左邊，矮的靠右邊！」他毫不猶疑地大聲喊道。流行書店分類書的方式反映出流行的需求。它們不來科學、歷史、文學、地理那一套，反而是園藝、烹飪、「電視書」、靈異等等，有一次我看見一個書架大剌剌地標明了：「宗教與幽浮（不明飛行物）」。

你看，「怎樣分類書？」這個問題沒有一個「正確的」答案。圖書管理員可以就各種不同的分類方案，彼此交換明智的意見，但是他們的意見無論「輸贏」，都與任何一個系統是否是眞相、正確無關。他們的評價重點在「使用者方便」、「檢索迅速」等等。因此圖書館的書籍分類系統可以說是「任意的」。可是設計一個好的分類系統並不因此而不重要；實情正相反。分類系統若可以描述成「任意的」，意思就是在一個資訊完整的世界裡，沒有哪個分類方案所有人都同意是正確而且唯一的。另一方面，生物分類學卻有這個書籍分類沒有的突出性質；別的不談，光從演化的觀點來看，它就有這個性質。

我們當然可以設計各種不同的生物分類系統，但是我會在本章證明，那些系統與任何一個圖書館員的分類系統都一樣是任意的，只有一個是例外。如果只求方便，博物館管理員按標本的大小和保存條件來安排館藏，未嘗不可：大型塡充標本；插在軟木上、放在盤裡的小型乾燥標本；泡在瓶中的標本；置於載玻片上的微型標本等等。這種便宜行事的做法，動物園裡很常見。在倫敦動物園裡，犀牛圈在「象屋」裡，只因爲牠們與大象一樣，都得關在結實的柵欄裡面。（譯按，犀牛的近親是貘，如馬來貘，不是象。）應用生物學家也許會將動物分為三類：有害（可細分為病媒、農業害蟲、咬人、螫人等）、有益（也可再細分成好幾群）、中性。營養學者也許會依據動物的營養價值來分類，也可以搞出一套複雜的體系。我祖母經手過一本給兒童讀的動物故事書，其中是以腳來分類動物的。人類學家在世界各地記錄過不同族群使用的動物分類系統，形形色色，五花八門。

但是在所有我們想像得出來的分類系統中，有一個非常獨特，就是它可以用「正確」／「不正確」、「眞」／「假」這些詞來評斷，而且在資料充分的情況下，所有的人都會同意。那個獨特的系統就是依據演化關係建立的系統。那種系統最嚴格的一種形式，生物學家叫做分枝分類（學）（**cladistic taxonomy**），為了避免混淆，我就叫它分枝分類系統。

在分枝分類系統中，將生物歸成一類的最終判準就是親緣關係，換言之，就是「（時間上）最近的共同祖先」。舉個例子吧，鳥類與非鳥類有別，因為鳥類源自同一個共祖──牠不是任何非鳥類的祖先。哺乳類都源自同一個共祖──牠不是任何非哺乳類的祖先。鳥類與哺乳類有個比較遙遠的共祖，但是牠也是其他動物的祖先，例如蛇、蜥蜴、紐西蘭三眼蜥蜴（**tuatara**）。這個共祖的後裔都叫做羊膜動物。因此，鳥類與哺乳類都是羊膜動物。根據分枝派分類學者，「爬行類」不是一個眞正的分類學類目，因為牠是以例外來定義的：羊膜動物中，不是鳥類、哺乳類的，就是爬行類。換言之，所有「爬行類」（蛇、龜等等）最近的共祖也是某些非爬行類的祖先（就是鳥類與哺乳類）。

在哺乳類之中，大鼠與小鼠有最近的共祖；豹子與獅子有最近的共祖；黑猩猩與人類也有最近的共祖。親緣關係密切的動物，就是共祖距今不遠的動物。比較疏遠的動物，共祖生活在距離牠們很遙遠的古代。非常疏遠的動物，例如人類與蛞蝓（無殼蝸），就要到更上古的時代裡找共祖了。生物絕不會彼此完全無關，因為我們幾乎可以確定，地球上生命只起源過一次。

眞正的分枝分類系統一定有階序構造，我的意思不妨用一棵樹來說明，這棵樹上每根枝都會分杈，新枝也不斷分杈，一旦分出，絕不回頭。在我看來，分枝分類系統有嚴謹的階序組織，不是因爲階序組織是方便的分類工具（如圖書館分類系統），也不是因爲世上所有的東西都會自然地組成階序模式，只因爲演化淵源本來就會表現出階序模式。（有些分類學派不同意這個看法，我會在下面討論。）生命樹上的新枝一旦長到某個最小長度（基本上，就是足以成爲新物種的程度），就不再縮回（也許有極少數例外，例如第七章提到過的眞核細胞的起源）。鳥類與哺乳類源自同一共祖，但是牠們現在是演化樹上兩根不同的枝幹，不會再併成一枝：絕不可能出現鳥類與哺乳類的雜種。一群生物要是源自同一共祖，而且那個共祖不是其他生物的祖先，就叫做演化枝（clade）。

我們也可以用「完美的套疊關係」來說明「嚴謹的階序組織（構造）」。我們先在一張很大的紙上寫下任何一組動物的名字，然後將相關動物的名字圈起來。例如大鼠與小鼠可以用一個小圈圈住，表示牠們是表親，有個最近的共祖。南美的豚鼠與蹼鼠（capybara）可以用另一個小圈圈住。然後，大鼠／小鼠圈與豚鼠／蹼鼠圈又能以一個較大的圈圈住（其中還包括水狸、松鼠、豪豬等許多其他動物），那個大圈有自己的名字：「嚙齒目」。於是我們可以說小圈子套在大圈子裡。紙上另一個地方，獅子與老虎可以用小圈圈起，這個圈又能與其他的小圈一起放在一個注明「貓科」的大圈裡。貓、犬、鼬、熊等可以用一系列的圈圈，最後全圈在一個標明「食肉目」的圈裡。「嚙齒目」與「食肉目」加上其他圈圈，最後全圈在一個標明「哺乳綱」的圈裡。

這個圈中套圈的系統，最重要的特徵就是：它們完美地套疊在一起。我們畫的圈子彼此從不交錯。兩個圈子若有交集，一定是一個完全位於另一個之內，絕無彼此只有部分重疊的情事。其他事物的分類系統根本不會表現出這種完美的套疊關係，如書籍、語言、土壤類型、哲學流派等。要是圖書館員將生物學與神學的書分別圈起，牠會發現兩個圈會有重疊之處。在那個重疊之處，你可以找到《生物學與基督信仰》這種書。

表面上看來，我們也許會期盼語言的分類系統會表現出「完美的套疊關係」。我們在第八章討論過，語言演化與動物演化頗有相似之處。最近才從共祖分化出來的瑞典語、挪威語、丹麥語彼此相似，比較早分化出來的冰島語和它們的差別就比較大了。但是語言不只會分化，也會合併。現代英語是日耳曼語和羅曼斯語的雜種，那兩個語系早就分化了，因此英語不能塞入任何語言分類的階序套疊圖中。圈住英語的圈子一定會與其他圈子相交、部分重疊。生物分類圈絕不會這樣，因爲在物種階層以上的生物演化永遠是分家出走（分枝）、另創新局、絕不回頭。

再回到圖書館的例子吧。沒有一個圖書館員能完全避免中間類型或重疊的問題。將生物學與神學的書放在相鄰的兩個房間，然後將《生物學與基督信仰》之類的書放在兩個房間之間的走道上，不能解決問題。因爲還有些書介於生物學與化學之間，物理學與神學之間，歷史與神學之間，歷史與生物學之間，它們怎麼辦？我認爲「中間類型問題」內建在所有分類系統中，難以避免，只有源自演化生物學的那一套是例外。以我的經驗來說，自我出道以來，只要我想把手邊的東西做個起碼的整理，就會覺得難受極了，幾乎身體都要抗議：把書上架，將同事寄給我的論文抽印本歸檔；公家的表格；信件等等。無論你用什麼檔案分類系統，都會出現難以歸類的麻煩玩意兒，而無法做決定令人極不舒服。我只好將難以歸類的文件留在桌上，說來不好意思，有時一放好幾年，直到甩掉也無妨。偶爾，我們會建個「雜項」對付著用，但是這個類目一旦建立了，就會蠢動，不免發育滋長，丟到裡面的東西愈來愈多。有時我會很好奇，想知道圖書館管理員、博物館管理員（生物學博物館除外）是不是特別容易得胃潰瘍。

生物的分類學就沒有這些歸類問題。根本沒有「雜項」動物。只要待分類的對象至少以「物種」爲單位，只要牠們都是現代生物（或任何特定時代，見下文），就不會遇見麻煩的中間類型。要是一個動物看來像是一個不好分類的中間類型，就說牠像是鳥類與哺乳類的雜種好了，演化生物學家都能信心滿滿地指出，牠不是鳥類就是哺乳類，應毋庸議。中間類型的表象必然是幻象。圖書館管理員就沒那麼幸運了，他可沒有那種信心。一本書同時屬於歷史門與生物門是絕對可能的。具有分枝學派心態的生物學家，絕不會沈溺於圖書館員才有的問題：爲了「方便」起見，該將鯨魚歸入哺乳類？魚類？還是介於哺乳類／魚類之間的玩意？我們唯一的論證就是憑事實說話。就這個例子來說，事實引導所有現代生物學家抵達同一結論。鯨魚是哺乳類，不是魚類，更不是什麼中間類，一點兒跡象都沒有。牠們不比人、鴨嘴獸或任何其他哺乳動物更親近魚類。

一點兒不錯。我們必須了解，所有哺乳動物——人類、鴨嘴獸、其他哺乳動物，都與魚類一樣親近（或疏遠），因爲所有哺乳動物都透過同一個祖先與魚類攀親戚。過去有人認爲哺乳動物可以排成一個階梯，低階的比較接近魚類，其實只是個迷思，出自勢利眼，與演化無涉。那個想法由來已久，演化思想成形之前即已流行，有時叫做「存有物大鏈」（the great chain of being），取其連鎖之象。演化論應該早就將它摧毀了，可奇怪得很，它卻成爲許多人想像演化的媒介。

這兒我不得不指出，創造論者特別喜歡向演化學者提出的挑戰，其實滑稽得很。他們煞有介事地問道，「請你拿出中間型生物來。要是演化是事實，就應該會有介於貓、狗之間的動物，或青蛙與大象之間的。但是誰見過象蛙？」我收到過創造論者的小册子，其中有詭異的拼接動物造型，用來譏諷演化論的，例如狗的前半身接上馬的後半身。似乎在作者的想像裡，演化學家應當期盼世上有這種中間型生物。他們不但沒搞懂演化論，還打擊了演化論的論敵，豈不滑稽？根據演化論，我們最應預期的事，就是這類中間生物不應存在。我拿圖書館裡的書與動物比較，就是想說明這一點。

生物是演化的產物，牠們的分類系統有個獨特的性質，能在一個資訊完整的世界裡提供完美的共識。我說過，分枝分類學的結論我們能下「眞」、「假」的判斷，圖書館的書籍分類系統卻不可以，就是這個意思。但是我們必須提出兩個限制條件。第一，在眞實世界裡，我們沒有完整的資訊。生物學家對於生物的演化史可能有爭論，各方論證也許因爲資訊不完整而難有定論，例如化石不夠。第二，但是化石太多的話，又會冒出另一類問題來。如果我們想將所有生存過的動物都收羅到分類系統中，而不只是仍生存在世上的那些，那麼系統中一個蘿蔔一個坑（「各有所歸」）的性格就可能消失。因爲兩種現代動物不管彼此有多疏遠，就說一種鳥與一種哺乳類好了，牠們畢竟有過共祖。要是我們想把那個祖先納入現代的分類系統中，就可能出問題。

只要我們開始將滅絕的動物納入考慮，「沒有中間型」的說法就不能成立了。正相反，現在我們得應付一系列中間類型了，牠們在本質上是連續的。現代鳥類與現代的非鳥類，如哺乳類，差異之所以那麼明顯，只因為能讓我們從現代類型逆溯至共祖的中間類型全都滅絕了。為了將這個論點發揮得淋漓盡致，讓我們再度召喚那個「慈悲的」大自然；她給了我們一套完整的化石，凡是生存過的動物，每一種都有一個化石標本可供研究。我是在上一章首度召喚她的，當時我提到過，從某個觀點來看，那樣的自然其實並不仁慈。我指的是研究與描述那些化石必須下的苦功，但是現在我們面臨的是「仁慈」的另一個不仁慈面相。一套完整的化石會使分類工作（把牠們劃分成各自獨立的明確範疇，再分別取個學名）難以進行。果真我們擁有完整的化石紀錄了，就必須放棄各有所歸、分別命名的分類學傳統，而以專門描述連續變化的某種數學或圖形取代。人類的心靈太偏愛涇渭分明的名字了（**譯按，那表示世上的東西各有特色，不會混淆**），因此從某個意義來說，完整的化石紀錄與形同斷爛朝報的化石紀錄，一樣用處不大。

要是我們分類的對象是所有曾經在地球上生存過的動物，而不只是現代動物，「人」、「鳥」之類的詞就會像「高」、「胖」一樣，邊緣模糊而不明確。動物學家可以為一個化石是不是「鳥」而辯論經年，卻無共識。這可不是瞎說，他們的確三不五時就拿著名的始祖鳥化石來辯論。要是你發現「鳥／非鳥」的分別，比「高／矮」的分別清楚多了，只因為「鳥／非鳥」之間的中間類型全都滅絕了。要是現在爆發了一種奇怪的瘟疫，中等身材的人都在劫難逃，那麼高與矮就會像鳥類與哺乳類一樣地涇渭分明了。

好在現在大多數中間類型已經滅絕了，動物分類學家不致面對棘手的曖昧標本。人類的倫理與法律也受惠。我們的法律與道德系統有深刻的物種界限。動物園園長擁有法律賦予的權力，可以將「多餘的」黑猩猩「解決掉」。但是他能將「多餘的」員工（如園丁、售票員）「解決掉」嗎？黑猩猩是動物園的財產。在今日世界中，絕不能把人當做財產，然而這種對黑猩猩的歧視究竟有什麼道理，很少有人說得清楚過。我懷疑有人說得出名堂來。我們受基督寶訓感召的子民，因爲墮掉一個人類受精卵而產生的良心不安或義憤，無論活宰幾頭聰明的成年黑猩猩都比不上，這眞是驚人的物種歧視。（其實大多數受精卵都會自然流產的。）我聽說過受人尊敬又開通的科學家，就算無意實地活剖黑猩猩，都會爲那樣做的「權利」熱烈辯護。對於侵犯「人」權的事例，即使微不足道，他們往往都是第一個怒髮衝冠的人。我們對這樣的雙重標準不以爲意，只因爲人與黑猩猩之間的中間類型都死絕了。

人類與黑猩猩的最後一個共祖，也許距今五百萬年前還活著，黑猩猩與紅毛猩猩的共祖距離現代已經很遠（至少一千萬年），至於黑猩猩與猴子的共祖，就得到三千五百萬年前的世界裡去找了。黑猩猩與我們相同的基因超過百分之九十九。世上那麼多與世相忘的島嶼，萬一哪一天人／猿共祖與我們之間的中間類型全有孑遺，我們的法律與道德規範就會受到深遠的影響，諒無疑問，特別是在那個演化序列中，搞不好有些中間類型彼此可以混血。我們可以讓整個中間類型序列都享受「人」權，不然就得搞出一個複雜的「種族隔離」系統，配上相關的法律，法庭據以判定某個特定個體在法律上算人，還是黑猩猩；要是我們的女兒想嫁給「他們」的一份子，我們就會焦慮不安。我相信這個世界已經徹底探勘過，因此這種折磨人的幻想不會成眞。但是，任何認爲「人權」是明明可知、理所當然的人，千萬記住那純然是運氣——令人尷尬的中間類型恰巧滅絕了。另一方面，要是科學家現在才發現黑猩猩的話，我們會不會當牠做中間類型，因而尷尬萬分呢？

讀過上一章的讀者也許會說，我前面的論證假定了演化以等速進行，而不是走走停停的。我們對演化的觀點，愈接近「平滑、連續變化」的極端就愈悲觀，認爲對於所有生存過的動物，鳥／非鳥、人／非人這類詞的用處是有限的。而極端的躍進論者可以相信，「第一個人」由於基因突變的緣故，大腦是猿形父兄的兩倍。

我說過，主張疾變平衡論的人大多都不是眞正的躍進論者。儘管如此，他們還是一定會認爲「物種界限變得模糊」的問題似乎並不嚴重。其實，疾變論者也得面對這個分類命名問題，因爲以細節而論，疾變論者也是漸變論者。但是，由於他們假定「疾變期」（物種在「短暫」時間裡發生快速變化）不可能有化石紀錄供考察，而「平衡期」的化石紀錄特別容易找到，因此「命名問題」在疾變論者的眼中，不會像非疾變論者所說的那麼嚴重。

因此，疾變論者（特別是艾垂奇）特別捻出「物種」大做文章，認爲應將「物種」當做眞正的「實體」。非疾變論者認爲我們可以定義「物種」，只因爲令人感到棘手的中間類型全都滅絕了。極端的反疾變論者對演化史採取大歷史觀，根本看不見一個又一個的「實體」（物種）。他只看見在時間中連續變化的生物世系。物種沒有明確的起點可言，有時卻有明確的終點（滅絕）；然而物種往往不是明確地終結的，而是逐漸變化成新的物種。可是疾變論者看見的卻是一個個在特定時間出現的物種（嚴格說來，牠們出現前要經過長達萬年的過渡期，但是在地質年表上，那與一瞬間無異）。

此外，在他們眼中，每個物種都有明確的終點，而不是逐漸演變成另一個新物種，或者至少可說新物種演化的過程非常迅速。因爲以疾變論者的觀點來看，物種在世的時候大部分時間都處於不變的靜滯狀態，又因爲每個物種都有明確的起點與終點，所以疾變論者認爲我們可以說每個物種都有一個明確的、可以測量的「壽命」。非疾變論者不會將物種看成與生物個體一樣是有壽命的「實體」。極端的疾變論者將物種視爲明確的實體，因此每個物種都有個名字是天經地義的事。極端的反疾變論者認爲物種相當於從源遠流長的河流任意截取的一段，起訖點不代表什麼特定意義。

疾變論者要是寫書討論某一群動物的自然史，例如馬最近三千萬年的演化史，整齣戲的主角也許都是物種，而不是個體，因爲作者認爲物種是眞正的「事物」，是獨立的存有物。戲裡每個物種倏地上場、倏乎下場，由繼起的物種取代。整部歷史就是物種代起的過程，一個物種滅，另一個物種興，更迭不已。但是這個故事要是由一位反疾變論者來寫，那些物種的名字只能是意義模糊的方便用語。他綜觀大歷史，根本看不見明確的物種。在他的故事裡，眞正的角色都是個體，牠們生活在變動不居的族群中。在他的書裡，編織自然史的線索是世代相傳的生殖個體，而不是承先啓後的物種。難怪疾變論者往往相信還有一種在物種層次上運作的天擇了——他們認爲那種天擇與達爾文倡議的天擇（在個體層次上運作）可以類比。而非疾變論者卻可能認爲天擇只在個體層次上運作。他們不覺得「物種選擇」的主張有什麼吸引力，因爲他們不認爲在地質時代中物種是個實體，有明確的存有界限。

現在討論「物種選擇」的假說是時候了，從某個意義來說，我們在上一章就該討論它了。有人拿「物種選擇」大做文章，我不相信它在演化上有那麼重要，由於我已經在《延伸的表現型》(1982)說明過，這裡就不必多費篇幅了。地球上生存過的物種，絕大多數都滅絕了，這是事實。新物種出現的速率至少能抵消物種滅絕的速率，也是事實。所以世上可說有一種「物種庫」，只是組成分子不斷地變動。不錯，要是物種庫裡新出現的成員不是隨機拉入的，老成員的消失也不是隨機造成的，理論上就可算是一種高層次的天擇現象。物種的某些特質會影響自身的演化命運，例如滅絕或演化成新物種，也是可能的。世上的物種，無論興滅，都有其道理。任何人因此覺得那就算一種天擇的話，是他的自由。我倒覺得那與單步驟選擇比較接近，不像累積選擇。有些人大力炒做「物種選擇」，認為它是解釋演化的重要觀念，我可不信。

我這樣說也許反映了我的偏見。本章一開始我就說過，我認爲任何解釋演化的理論都必須說明複雜而設計精良的生物機制如何出現，例如心、手、眼、回聲定位法。沒有人認爲物種選擇符合這個期望，包括熱烈鼓吹物種選擇假說的學者。有些人的確認爲物種選擇能解釋化石紀錄中的某些長期趨勢，例如我們經常觀察到動物群在地質時代中體型愈來愈大的演化趨勢。例如現代馬比三千萬年前的祖先大多了。我們可以用個體選擇解釋這個趨勢：因爲每個物種中一直是體型大的個體占生存／生殖優勢，體型小的比不上。但是物種選擇論者並不信服。他們認爲實情如下。

起先，有許多物種，就說是一個物種庫吧。這些物種有一些平均體型較大，有一些較小(也許因爲在一些物種中體型大的個體占生存／生殖優勢，其他的物種中，個兒小的占優勢)。體型較大的物種不大可能滅絕(或者說比較可能演化出體型像自己的新物種)，體型小的物種則否。根據物種選擇論者的觀點，化石紀錄中朝向較大體型演化的趨勢，是平均體型較大的物種不斷興起的結果，至於物種中發生了什麼事，並不相干。即使在大多數物種中受天擇青睞的都是體型小的個體，化石紀錄仍然可能透露大型物種代起的趨勢。換言之，受青睞的物種可能是物種庫裡的少數派，其中體型大的個體占優勢。這個論點新達爾文理論大師威廉斯①一九六六年就提出過了，不過那時他只是故意唱反調，現在鼓吹物種選擇論的人還沒出道呢。

我們可以說，以這個例子而言（在化石紀錄中新物種的體型愈來愈大），我們觀察到的不是演化趨勢，而是事物發生的順序，例如原來是荒原的一塊土地，起先只有野草進駐，然後來了較大的草本植物，然後是低矮灌木，最後才出現成熟的林木。好了，不管叫它事物發生的順序還是演化趨勢，物種選擇論者相信古生物學家往往在連續地層的化石相中發現這類趨勢，他們很可能是對的。但是，我說過，一談到複雜生物適應的演化，根本就沒有人會認為物種選擇扮演重要的角色。理由如下。

在大多數例子裡，複雜的適應不是物種的性質，而是生物個體的。物種沒有眼睛、心臟；組成物種的生物個體才有。要是有人說「一個物種因為視力不佳而滅絕了」，他的意思很可能是：那個物種中每個個體都因為視力不佳而死了。視力是動物個體的性質。那麼，哪種特質我們可以說是物種擁有的？答案必然是：那些會影響物種生存與生殖的特質，而且它們對物種的影響不能化約成對個體影響的總合。前面談過馬的演化史，我假定新物種的體型愈來愈大，是因為大個兒在那些物種中占便宜，可是那些物種在演化物種庫裡是少數派，大部分物種裡都是小個兒受天擇青睞，而正巧這類物種容易滅絕。但是這個假定實在說服不了人。我們很難想像物種的存續居然不是個體存續的總和。

談到物種層次的特質，比較好的例子是下面這個——仍然只是個假設，請留意。假定在某些物種裡，所有成員都以同樣的方式營生。例如澳洲的無尾熊生活在尤加利樹上，只吃尤加利樹葉。這種物種我們可以叫做單調物種。另外還有一些物種，也許包括許多不同的成員，幹不同的營生。論個體，牠們每一個都與一頭無尾熊無異，有獨特的偏好，但是整個物種來說，就有許多不同的飲食習慣了。有些成員只吃尤加利樹葉；其他的吃麥子；還有吃芋頭的；以及吃萊姆皮的等等。這類物種不妨叫做綜藝物種。

這麼一來，我們就容易想像單調物種比綜藝物種更可能滅絕的情境了。無尾熊完全依賴尤加利樹維生，要是尤加利樹遭到致命植病的侵襲，無尾熊也難以倖免。綜藝物種則不然，總有成員能倖免特定的災禍，因此物種不致滅絕。我們也容易相信綜藝物種比較可能分化出新的物種。這才是物種層次的選擇。「單調」與「綜藝」與視力、腿長不同，是物種層次的特質。麻煩的是這類特質極少。

美國演化學者雷依（Egbert Leigh）早在「物種選擇」這個詞出現之前就提出過一個有趣的理論，可以解釋成物種選擇的可能例子。當年雷依感興趣的，是一個演化生物學的長期問題——個體的「利他行為」是怎麼演化出來的？他非常明白，要是個體利益（小我）與物種利益（大我）起衝突，個體利益——短期利益，必然占上風。自私的基因似乎無往不利。但是雷依提出一個有趣的想法：自然界一定有些族群或物種，小我與大我的利益正巧重疊而非衝突。自然界還有一些物種，小我與大我的利益正巧尖銳對立。要是其他條件都一樣，第二類物種滅絕的機率想來大多了。這可以算物種選擇，不過脫穎而出的物種並不要求個體犧牲小我。我們會觀察到看來無私的行為演化出來，只因為看來無私的行為最能滿足個體的小我利益。

談到眞正屬於物種層次的特徵，也許最不尋常的例子就是生殖模式了。生殖模式有兩種，有性生殖與無性生殖。有性生殖對達爾文的門徒來說，是個理論難題，不過我在這裡沒有篇幅討論其中的緣故。費雪當年是個著名的個體選擇論者，對任何高於個體層次的選擇理論都有敵意，但是他卻願意對性象網開一面。他論證過，指出實行有性生殖的物種演化得比較快，無性生殖物種瞠乎其後。（由於他的論證細節不是憑直覺就能了解的，這裡我就不談了。）演化是物種的事，而不是個體，你不能說個體在演化。對於現代動物流行有性生殖的事實，費雪的論證無異承認：部分原因是實行有性生殖的物種占優勢。但是，果眞如此，我們討論的就是單步驟選擇，而不是累積選擇了。

根據這個論證，生物生存的環境變動不居，無性生殖的物種因爲無法與時變化，所以容易滅絕。有性生殖的物種不容易滅絕，因爲牠們演化的速率較快，跟得上環境變遷的腳步。所以我們舉目四顧，多是實行有性生殖的物種。不過，儘管我們說兩個生殖模式的「演化」率不同，但是演化仍是演化，是（在個體層次上運作的）累積選擇創造出來的結果——達爾文演化論的主旨。這裡所說的物種選擇，是單純的單步驟選擇，選項只有兩個：無性生殖或有性生殖；慢速演化或快速演化。性象的機制、性器官、性行爲、生殖細胞分裂的細胞機制等等，都是由標準的（低層）累積選擇打造的，而不是物種選擇。無論如何，現在學界的共識正巧反對過去以物種選擇或某種群體選擇解釋有性生殖的理論。

對物種選擇的討論到此可以結束了，我們的結論是：物種選擇可以解釋世界上任何時間點上的物種模式。因此，它也能解釋地質時代中物種模式的變遷——化石紀錄中的變遷模式。但是說到複雜的生物機制的演化，物種選擇就不是什麼重要的力量了。它所能做的最多只是在幾個複雜的機制之間做出選擇，而那些複雜的機制都已經在眞正的達爾文過程（累積選擇）中組裝完畢了。我說過，物種選擇也許會發生，但是它似乎做不了什麼。現在我要回到分類學了，我們要討論分類學的方法。

我說過，分枝分類學比起圖書館員使用的圖書分類法，占了一個便宜，就是自然中的確有個眞正的階序套疊模式，只是尙待發現。我們必須做的只是發展適當的方法，找出那個模式。不幸的是，說比做容易多了。分類學家遭遇的困難中，最有趣的就是趨同演化的現象。這是個非常重要的現象，我已經用過半章的篇幅討論它。

在第四章裡，我舉出過好幾個例子，指出有些物種與其他大洲上的物種極爲相似，只因爲牠們的生活方式相同，卻沒有直接的血緣關係。新世界的陸軍蟻像舊世界的行軍蟻、非洲與南美洲的電魚相似得離奇，卻沒有什麼血緣關係；眞正的狼與塔斯馬尼亞狼（有袋類）也一樣。在那裡，我舉出這些例子，只聲明牠們的相似處都是趨同演化的結果，換言之，牠們是沒有親近血緣關係的物種，各自獨立演化出相同的適應。但是我們怎麼知道牠們是沒有親緣關係的物種？或者，我們可以把這個問題扭曲成一個更教人擔憂的形式：分類學家告訴我們某兩個物種「關係密切」的時候（如家兔與野兔），我們怎麼知道他們沒有給大幅的趨同演化騙了？

這個問題的確令人擔憂，因爲分類學史上盡是「前輩犯錯」的例子。後來的分類學者經常指出前輩學者給趨同演化愚弄的事實。我在第四章就舉過一個例子，有位阿根廷分類學家宣布滑踵獸是現代馬的祖先，而現代學者認爲他舉出的相似之處全是趨同演化的結果。有很長一段時間學者都認爲非洲豪豬與美洲豪豬關係密切，但是現在學者認爲牠們是分別演化出帶刺毛皮的。也許在兩個大洲上，牠們身體表面的刺可以發揮同樣的妙用。誰敢說後世的分類學家不會再度改變心意呢？要是趨同演化可以創造出那麼教人迷惑的相似適應，我們對分類學能有多大信心呢？我對這個問題的態度是樂觀的，主要的理由就是我們現在已掌握了有力的新技術，它們全以分子生物學爲基礎。

我在前幾章說過，所有的動物、植物、細菌，不論看來彼此多麼不同，要是我們深入牠們的分子層次觀察，就會發現牠們相似得令人驚訝。要是觀察基因代碼的話，印象一定特別深刻。DNA上的遺傳資訊是以三個「字母」（核苷酸）拼成的字寫成的；每個字三個字母，總共有六十四個字；所有生物都以這部字典紀錄遺傳資訊。這些字每個都可以翻譯成蛋白質語言，不是代表一個胺基酸，就是代表一個標點符號。這個語言看來與人類的語言一樣，可說是任意的，我的意思是人類的語言中符號與指涉之間沒有必然的關係，例如「房子」的意義與「房子」二字的發音、結構沒有內在的關係，事先不知道「房子」意義的人，聽見「房子」的語音（或看見「房子」兩個字）不會自然地想到「房子」的意義。

由此看來，每個生物都在基因層次上使用同一個語言，就是個極爲重要的事實了。所有生物不論長相都使用同一套基因代碼！我認爲這可算是所有生物同出一源的終極證據。由於字與意義之間的關係是任意的，所以不同的生物分別演化出完全相同的字典，簡直不可能。我們在第六章討論過，當初有些生物也許使用不同的基因語言，但是牠們全都滅絕了。所有現生生物都是同一個祖先的後裔，牠們從祖先那裡遺傳了一部相同的基因字典，字典中六十四個字的意義幾乎完全一樣。

這個事實對分類學的衝擊可想而知。在分子生物學興起之前，只有共享大量解剖特徵的動物，動物學家才有把握牠們源自同一個祖父。現在分子生物學突然間開啓了一個新的寶藏，其中的生物相似特徵，比解剖學與胚胎學所能提供的，數量上不知多了多少。基因字典中六十四個完全一樣的代碼字只是起點。分類學因而轉型了。過去，對生物的親緣關係所做的模糊猜測，現在成為統計上接近確定的結論。

所有生物幾乎共用一本基因字典，其實對分類學家反而不美。這個事實只能告訴我們所有生物同出一源。至於哪些生物的親緣關係較近，哪一些較疏遠，這本字典就說不出什麼名堂了。但是其他的分子資訊可以，因為不同物種的同一種分子彼此的相似程度不同，而不是完全相同。記得嗎？基因翻譯機器的產物是蛋白質分子。每個蛋白質分子都是一個句子，由字典中代表胺基酸的字構成。我們讀這個句子，可以從蛋白質分子下手，也可以從它們原始的DNA形式（基因）下手。雖然所有生物共用一本字典，卻不會以這本字典造同樣的句子。因此我們有機會釐清生物間的親疏關係。蛋白質句子雖然細節不同，整體的模式往往是相同的。任選兩種生物，我們都能發現它們的蛋白質句子十分相似，一望可知抄自同一個祖先句子，只是有些走樣罷了。我們在第五章已經用乳牛與豌豆的組蛋白討論過這一點了。

現在分類學家可以比較分子句子，就像比較頭骨與腿骨一樣。蛋白質或DNA句子要是十分相似，我們就能假定牠們是近親；遠親的句子差異較大。

這些句子全以同一本六十四字的字典寫成。現代分子生物學最精彩的地方，是讓我們能夠精確地測量兩個動物的差異——表現在特定蛋白質句子的用字差異上。要是以第三章所說的基因空間來表示，至少就特定蛋白質分子而言，我們可以精確地測量動物間相距多少「步」。

以分子組成序列從事分類學研究另外還有一個好處，就是分子層次上的演化變化大多數都是「中性的」。（主張這個論點的遺傳學家，已形成一個很有影響力的學派（**neutralists**），我們在下一章還會討論他們的主張。）也就是說，那些變化不是天擇的結果，而是隨機的，因此分類學家除非運氣不好，不會再受煩人的趨同演化誤導。另一個相關的事實是，任何一種分子在極不相同的動物群中似乎都以大致相同的速率演化。換言之，兩種動物在同一個蛋白質上的差異，例如人類與疣豬的血紅蛋白，可以換算成時間，讓我們知道牠們已經分化了多久（或多久之前牠們的共祖還活著）。於是我們就有了個相當準確的「分子鐘」。這個分子鐘不只讓我們估計哪兩個物種的共祖距離現代最近，我們還能算出那些共祖大約生活在什麼時代。

讀者讀到這裡也許會覺得困惑，因爲我的討論表面上看來似乎前後矛盾。本書一直強調天擇在生物演化中的角色無與倫比，任何其他因素都難望項背。可是現在我卻強調在分子層次上演化是隨機的，搞什麼嘛。我會在下一章仔細討論這個問題，現在不妨透露一些。本書主題是生物適應的演化，我在前一段所說的，與本書主題並無扞格。即使是最熱烈的中性演化論者，也不會認爲像眼睛與手這麼複雜的器官是在隨機漂變的過程中演化的。每個明智的生物學家都同意這些構造的演化只能是天擇打造的。不過，中性演化論者認爲這樣的生物適應只是冰山一角，在分子層次上觀察的話，也許大多數演化變化都無關功能。以我之見，他們是對的。

只要分子鐘是事實，我們就可以用它來決定演化樹上分枝點的年代。（就目前的證據來說，每一種分子似乎都有獨特的變化率，時間以百萬年計。）果眞在分子層次上大多數演化變化都是中性的，那麼分類學家就有福了。換言之，趨同演化的問題也許就可以用統計學武器滌蕩一空。每一種動物在細胞裡都有許多大部頭基因文本，根據中性演化論者的理論，那些文本大部分都與動物的獨特生活模式毫無關係；也就是說，那些文本大部分天擇都沒理會過，大部分都不會有趨同演化的情事——除非是純粹的偶然。兩份沒受過天擇審查的長篇文本彼此看來相似，若是機運造成的，我們可以計算這事發生的機率——實在非常低。更好的是，分子演化的恆定速率讓我們可以定出演化史上分枝點的年代。

新的分子定序技術對分類學家的助益非常大，即使張皇其詞也不爲過。用不著說，所有動物的所有蛋白質句子還沒有全部定序，但是你要是到圖書館，已經有許多資料可查，例如α血紅素，狗、袋鼠、針鼴（單孔類）、雞、蛇、鯉魚、人等，這些動物的α血紅素都已定序完畢，別說每個字了，我們連每個字母都一清二礎。並不是所有動物都有血紅素，但是有些蛋白質每種植物與動物都有，例如組蛋白，這類蛋白質的分子結構資料我們也可以在圖書館查到。這類資料與意義模糊的傳統測量資料不同，絕不會隨標本的年齡與健康狀況而變化，例如腿長或頭寬——它們的數值甚至會受測量者的視力連累。分子資料以同一種語言寫成，只不過同一個句子有幾個不同版本，我們將它們排在一起，可以精確地測量它們彼此間的差異，就像校勘專家比對同一本古代典籍的歷代刻本一樣。每種生物的DNA序列都是同一部經典的傳本，我們已經掌握了解讀之道。

分類學家的基本假定是，就某個特定的分子句子來說，關係近的表親攜帶的傳本比較相似，關係遠的不那麼相似。這就是簡約原則（parsimony principle）。以前一段所舉的八種動物來說好了，要是牠們的某個蛋百質句子我們都知道了，若想以分枝樹表示牠們的差異，在各種可能中哪一個最簡約？最簡約的樹就是所需假設最少的樹，也就是說，它假定在整個演化過程中只發生過最低限度的變化，無論是字的變化還是趨同演化。我們假定最低限度的趨同演化，理由不過是機率而已。兩個沒有親緣關係的物種演化出相同的分子序列（無論字還是字母都一一對應），極不可能，何況大多數分子演化都是中性的。

想將所有可能的分枝樹都列出檢視一番，有計算的困難。要是只涉及三種動物的話，可能的分枝樹只有三種：甲與乙是一家，丙是外人；甲與丙是一家，乙是外人；乙與丙是一家，甲是外人。物種的數量增加後，計算的方式仍然一樣，但是可能的分枝樹數量會急遽上升。要是只有四個物種，全部可能的分枝樹不過十五種，還不算費事。電腦花不了多少時間，就能找出最簡約的那一個。但是，物種數量增加到二十個之後，可能的分枝樹數量就會超過八十二億兆（請見次頁的圖九）。有人計算過，即使以今日最快的電腦來計算，也要花一百億年（大約相當於宇宙的年齡）才能找到最簡約的分枝圖。別忘了，那只是二十個物種而已。而分類學家想建構的生命樹，往往不只二十個物種。

雖然分子分類學家最先正視這個數字爆炸的問題，這個問題其實早已潛伏在傳統的分類學中。只不過非分子分類學家以直覺性的猜測規避了它。在所有可能的生物系譜中，有很大的數量不必動什麼腦筋就可以立即排除，舉例來說，那些把人與蚯蚓視為親屬，卻把黑猩猩當「外群」的系譜就毫無價值——那就不下幾百萬份了。分類學家對這麼離譜的生命樹根本想都懶得想，就直接考慮少數幾個不太違反先入之見的系譜。（這樣做也許說得過去，但是不見得沒有風險——搞不好最簡約的系譜也給順手丟了。）我們也可以讓電腦採取捷徑，將令人頭皮發麻的大數問題修剪成電腦對付得了的形式，眞是謝天謝地。

分子資訊實在太豐富了，我們可以用不同的蛋白質分別做分類學研究。於是我們以某個

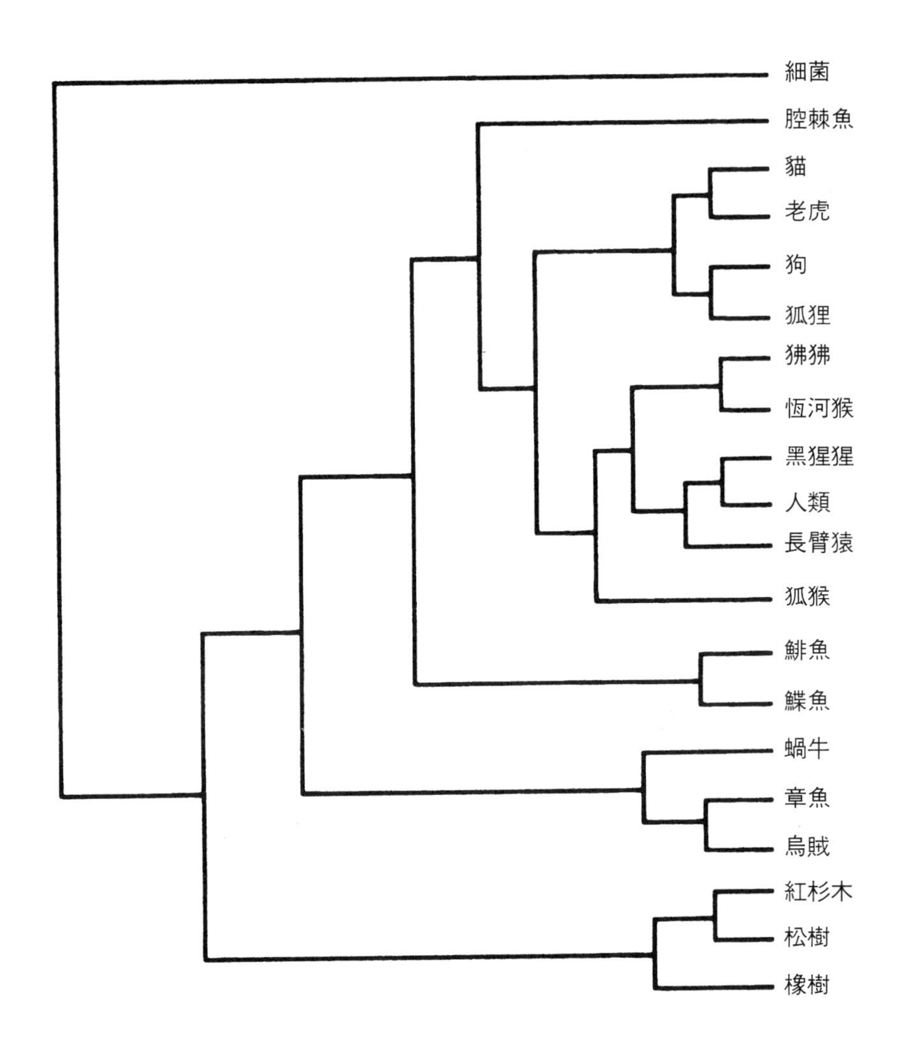

圖 九　只有這個分枝樹是正確的。要將這二十種生物分類的方式，還有超過八十二億兆種（8200794532637891559374），但它們都是錯的。

分子做出的結論可以用另一個分子來檢驗。要是我們眞的擔心某個蛋白質分子所透露的系譜關係給趨同演化「污染」了，馬上就可以用另一個蛋白質分子檢查。趨同演化其實只是巧合的一種特例。巧合的關鍵在「巧」，意思就是：就算「合」過一次，想再「合」一次更難，至於第三次，難上加難。以幾個不同的蛋白質幾乎就可以將所有巧合剔除了。

舉個例子好了。一群紐西蘭學者對十一種動物做的分類學研究，就使用了五種不同的蛋白質分子。那些動物是綿羊、恆河猴、馬、袋鼠、大鼠、兔子、狗、豬、人、乳牛、黑猩猩。起先他們只用了一種蛋白質。然後他們想知道用另一種蛋白質來做的話，是不是會得到同樣的分枝樹。然後再用第三種、第四種、第五種蛋白質問同樣的問題。理論上，要是「演化」不是生物親緣關係的唯一解釋，那麼以五種蛋白質建構出來的「系譜」可能就完全不同。

那五種蛋白質的序列在圖書館就可以查到，十一種動物的全有。而十一種動物的「關係」，共有六億五千四百七十二萬九千零七十五種可能，因此必須舉要治繁，動用一般的抄捷徑方法。最後，電腦以這五種蛋白質的資料分別建構了最簡約的關係樹，等於對那十一種動物的親緣關係做了五次最佳的推測。最簡潔的結果是，五個系譜完全一樣，那是我們衷心期盼的。那樣的結果要說純粹是巧勁兒造成的，機率是小數點後面跟著三十一個〇。萬一我們無法得到這麼完美的結果，也不該驚訝，因爲我們本來就該將趨同演化以及巧合考慮進來的。但是，不同的分枝樹如果連「大體相似」都說不上的話，我們就得擔心了。事實上，電腦列印出來的五個分枝樹談不上完全相同，但是彼此相似倒無疑問。根據這五個蛋白質，人類、黑猩猩、猴子是十一種動物中彼此最親近的一組（靈長目）。但是其他的動物中哪一個與牠們最親近呢？結果莫衷一是。血紅素B說是狗（食肉目）；血纖維蛋白胜肽B說是大鼠（嚙齒目）；血纖維蛋白胜肽A說是大鼠與兔子（兔形目）這一組；血紅素A說是大鼠、兔子、狗這一支。

我們與狗有個共祖，毫無疑問；與大鼠也有。在過去，這兩個共祖確實存在過。其中一個的生存年代比另一個更接近現代，因此血紅素B與血纖維蛋白胜肽B必然有一個是錯的。我說過，這樣的「歧見」不足爲慮。某個程度的趨同演化與巧合，我們本來就預期會發生的。要是人類與狗比較親近，那麼我們與大鼠的血纖維蛋白胜肽B就發生過趨同演化。要是人類與大鼠比較親近，那麼我們與狗的血紅素B就發生過趨同演化。這兩種推論哪一個可能是實情？其他的蛋白質可以幫助我們判斷。但是我不會繼續討論下去，因爲我想說的我已經說明白了。

我說過，分類學是生物學中的火藥庫，激烈的學術辯論往往衰變成私人的仇恨。哈佛大學的古爾德將分類學的德行一語道破：不過就是名字與惡言。分類學家的門戶之見非常強烈，這似乎是政治學界或經濟學界的常態，一般說來科學界並不常見。目前的情勢很清楚，某個學派的分類學家認爲自己像是遭到圍剿的弟兄，與早期的基督徒一樣。我第一次察覺這種心情，是因爲有位熟識的分類學家，面色慘然而惶恐地告訴我一則「新聞」，說是某某人（這兒名字不重要，姑隱）「投奔分枝學派了」。

我下面對分類學幾個學派的簡短描述，也許會觸怒一些學派中人，但是他們互相激怒，已是家常便飯，我就算失禮，想來也無妨。話說分類學諸學派，以哲學基礎而論可以大別爲兩個陣營。一方認爲分類學的目標是找出生物間的演化關係，他們對這一點心口如一、知行合一。對他們（還有我）來說，有用的分枝樹與表現演化關係的系譜是同一件事。分類學研究就是運用一切方法對生物間的親緣關係做最佳的推測。我很難為這個陣營取個適當的名字，按理說「演化分類學」最明白易懂，但是這個招牌已經有個門派搶先拿去掛了。這個陣營的人有時給叫做演化系統學者。本章到目前為止，都是以演化系統學者的觀點下筆的。

但是有的分類學者以不同的方式從事研究，他們的理由也說得過去。雖然他們可能同意分類學研究的最終目標是找出生物間的演化關係，他們堅持分類學的研究活動應與理論區分開來——就是說明物種間的相似模式如何產生的理論（我想是演化理論吧）。這些分類學家的研究對象是相似模式，不折不扣。至於相似模式是否由演化史造成？或者物種間精細的相似程度是否因為牠們系出同源？他們沒有成見。他們寧願光憑相似模式建構生物的分類系統。

這樣做有個好處，就是你對演化有疑惑的時候，可以用相似模式來測驗演化假說。要是演化是實情，動物間的相似處應展現可預測的模式——特別是階序套疊模式。要是演化不是實情，天知道我們應預期什麼模式，更沒有自明的理由預期階序套疊模式了。這一陣營的人堅持，要是你在進行分類學研究時一直假定你觀察到的現象是演化的結果，就不能用研究的結論來支持演化：那麼一來你的論證就是循環的了。對演化論極度不信任的人，會覺得這個論證很有道理。同樣地，我很難為這個陣營取個適當的名稱。以下我會稱他們為「純粹相似測量者」。

前面說過，演化系統學者都不諱言他們從事分類學研究是為了找尋演化關係，但是他們

可以細分爲兩派：分枝學派與「傳統」演化分類學派。分枝學派的學者都遵循德國學者漢尼基（Willi Hennig, 1913-1976）在《演化系統分類學》（*Phylogenetic systematics*, 1966）一書中樹立的原則。他們專心致志，著眼於演化「分枝」。對他們而言，分類學的目的在找出演化樹上各支系分化出去的順序。至於有的支系分化後變了很多，有的支系分化後變化不多，他們不感興趣。「傳統」演化分類學派（這裡「傳統」一詞並無貶義）與分枝學派的不同就在這裡，他們不只關心演化的分枝模式。「傳統」演化分類學派的學者除了分枝模式，還要考慮分枝後累積的變化。

分枝學者從一開始就以分枝樹來判斷研究對象的關係。在理想狀況下，他們應針對研究對象將所有可能的分枝樹都畫出來（每一次分枝都是「一分爲二」的分枝樹，因爲任何人的耐心都是有限的）。不過，要是待分類的對象有很多就不好辦了，因爲可能的分枝樹數量會龐大得教人難以應付，我們在討論分子分類學的時候已經見識過了。好在我們有實用的逼近法在手，可以抄捷徑，因此這種分類學實踐起來並無問題。

爲了方便討論，讓我們以三種動物來做分類學練習好了，就是烏賊、鯡魚、人類。以下就是三種可能的分枝樹：（請見左頁）

分枝學者會分別研究這三個分枝樹，然後選擇最佳的一個。如何判斷呢？基本上，就是將相似點最多的動物結合在一起的分枝樹。所謂「外群」，就是與其他兩種相似點最少的動物。前面的分枝樹中，他會挑選第二個，因爲人類與鯡魚的相似點最多，烏賊與鯡魚、烏賊與人類都沒那麼多。烏賊是外群，因爲牠與人類、鯡魚的共同點都很少。

實際上，這個作業並不只是數一數相似點就能完成的，因爲有些種類的特徵是故意忽視了的。分枝學者特別重視最近才演化出來的特徵。古代的特徵用處有限，例如所有哺乳類從哺乳類始祖遺傳來的特徵，對於釐清哺乳動物間的分類關係毫無用處。可是如何判斷哪些特

一、烏賊與鯡魚親緣關係很近，人類是「外群」(outgroup)。

二、人類與鯡魚親緣關係很近，烏賊是外群。

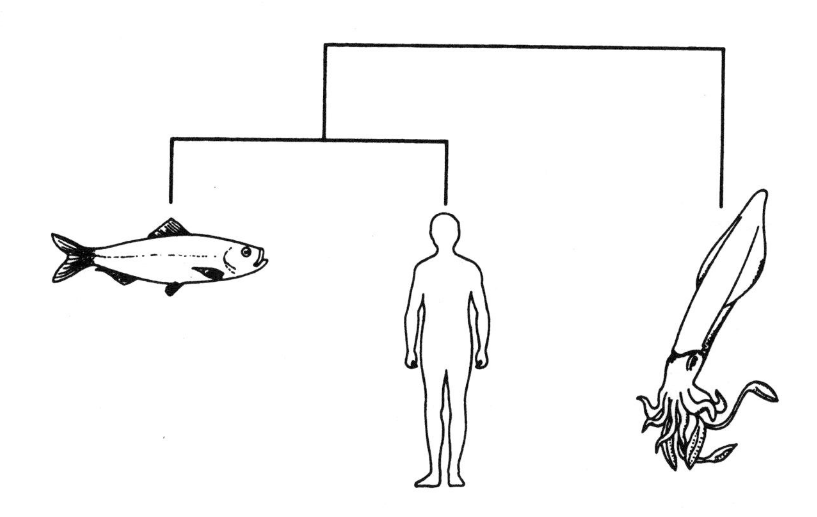

三、烏賊與人類親緣關係很近，鯡魚是外群。

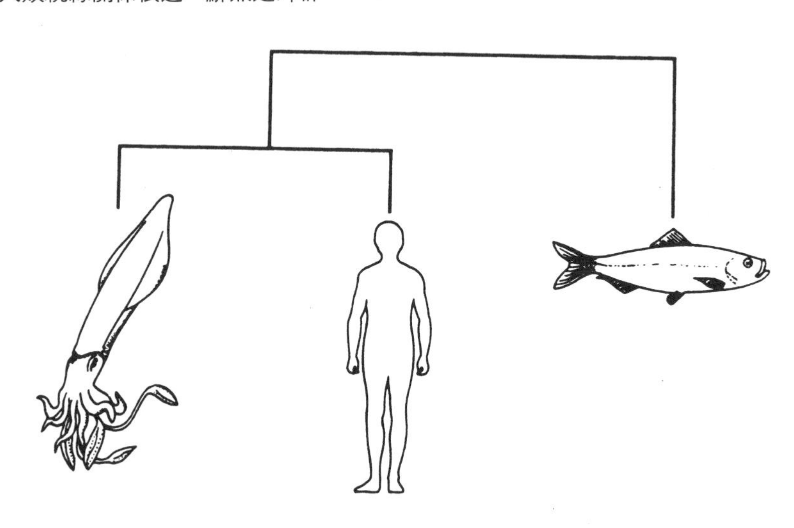

徵是古代的呢？分枝學者有一些方法，它們很有趣，但是超出本書範圍。這裡讀者應記住的是：對於可能可以將研究對象結合在一起的所有分枝樹，分枝學者至少在原則上都會一一考慮，並將正確的那一個找出來。正宗的分枝學者絕不諱言他認為分枝樹（或「支系圖」，**cladograms**）就是系譜，表現的是演化親緣關係的親疏遠近。

這種只專注「分枝」的做法，要是推到極端會產生奇怪的結果。一支動物與極為疏遠的表親在每個細節上都完全一樣，可是與近親卻極為不同，理論上是可能的。舉個例子吧，假定三億年前有兩種非常相似的魚，我們叫牠們以掃與雅各好了。（**譯按，亞伯拉罕的兒子以撒所生的雙胞胎，見〈創世紀〉二五章十九節到二六節**）牠們都創業垂統，瓜瓞綿綿，子孫仍在世上優游歲月。以掃的子孫沒有進一步演化，牠們繼續生活在深海中，形態一直沒變。結果以掃的現代子孫與以掃幾乎一模一樣，因此與雅各也非常像。雅各的子孫不僅繼續演化，還枝繁葉茂。牠們有一支最後演化成哺乳類。但是雅各的後裔中也有一支停滯在深海中，一直繁衍到今天。這些雅各的現代子孫仍然是魚，與以掃的現代子孫沒什麼差別。

好了，牠們該如何分類呢？傳統演化分類學家承認深海中的以掃後裔與雅各後裔極爲相似，因此將牠們歸爲一族。可是分枝學者不會這麼做。深海中的雅各後裔，不管與深海中的以掃後裔有多相似，卻是哺乳類的表親。牠們與哺乳類的共祖生活在距現代較近的時代裡（而以掃與雅各的共祖距今稍遠些）。因此牠們必須與哺乳類歸爲一類（因爲同宗的關係）。這似乎有點奇怪，但是我不會大驚小怪。至少這樣做既合理又明白。分枝學派與傳統演化分類學派各有各的優點，我不管別人怎麼分類動物，只要他們說淸楚講明白就好。

現在我們要討論分類學的另一個主要陣營，就是「純粹相似測量者」。他們也可以分爲兩派，不過他們都同意在實際的分類學研究中完全不談演化。（**譯按，他們只談相似，不計其他，因此才贏得「純粹相似」測量者的名號。**）所以這兩派的歧見出在實踐法門上。其中一派有時給叫做「表型派」（pheneticists），有時叫做「數値分類學」。我叫他們「平均距離測量者」。另一派自稱「轉化的分枝學者」。這實在是個糟糕的頭銜，因爲偏偏這些人都不是分枝學者。

「演化枝」這個詞是朱里安・赫胥黎發明的（**譯按，他是二十世紀演化論——「新綜合」理論的重要健將，「達爾文戰犬」的孫子**）。當年朱里安是以演化分枝與演化淵源爲它下的定義，絕無疑義。「源自某一始祖的所有後裔」，集合起來就叫「演化枝」。而「轉化的分枝學者」最主要的主張就是絕口不談演化、祖系等概念，偏偏他們要自稱什麼分枝學者，實在有點莫名其妙。他們這麼做，全是歷史的包袱：一開始他們是不折不扣的分枝學者，後來他們保留了一些分枝學的方法，卻拋棄了分枝學的基本哲學與理據。我想我還是叫他們「轉化的分枝學者」罷，雖然我實在不情願。

「平均距離測量者」不只在做分類學研究時拒絕使用演化概念（雖然他們都相信演化是事實）。他們也不假定相似模式必然只是分枝的階序結構。要是他們認爲研究對象中有階序模式，就會使用尋找階序模式的方法，不然就不會費心去找。他們會讓大自然透露她是否眞的有個階序組織。這可不容易，而且想達成這樣的目標門兒都沒有，我想我這麼說大概是公平的。儘管如此，這個目標實質上與「避免先入之見」無異，値得讚許。他們使用的方法往往很複雜，並涉及高深的數學，即使用來分類非生物（如岩石或考古遺物）也很適當。

他們的分類學研究，要是動物的話，通常一開始就什麼都測量。（至於詮釋測量到的數値，就得放聰明些，不過這裡我不擬深入討論。）最後將所有測量數値結合起來，算出每個動物與其他動物的相似指數（或者相異指數）。其實你還可以在一個多維空間中，實際看見代表動物的「雲」，每朵雲都是許多點（每個點代表一種動物）的集合。你會發現大鼠、小鼠、倉鼠等囓齒動物聚在一起。在遠方有另一朵雲，包括獅、虎、豹、獵豹等貓科動物。這個空間中每一點都是大量測量數據結合後的結果，兩點間的距離代表兩種動物間的相似程度。獅與虎的距離很小。大鼠與小鼠的距離也很小。但是大鼠與老虎、小鼠與獅子的距離很大。將所有測量項的數値結合起來的工作，通常是以電腦來運算的。這些動物坐落的空間，表面上看來與生物形國度（請見第三章）有點像，但是在其中「距離」反映的是形態上的而不是基因的相似程度。

平均相似指數（或距離）計算出來之後，下一步就是以電腦程式指揮電腦掃描整組指數，然後設法將它們安排成一個階序群組模式。不幸的是，關於找出群組的計算方法，一直都有爭議。沒有一個方法教人一看就覺得是正確的，而使用不同的方法會得到不同的答案。更糟的是，這些電腦使用的方法可能「過於熱心」，什麼東西都能看出階序套疊模式來。距離測量學派（數值分類學）已經有點過時了。我的看法是，這只是暫時的現象，流行事物往往會這樣，這種數值分類學可不容易報廢。我預測它會再度流行。

另一個專注於純粹相似模式的學派，由自命爲「轉化的分枝學者」組成。我已經說過，他們給自己取的頭銜是有歷史淵源的。分類學的「惡言」，主要是從這個學派散發出來的。爲了搞清楚這個學派的來龍去脈，我不想遵循通行的做法，從分枝學派的內部談起。就根本信念而言，所謂的「轉化分枝學者」與專注於純粹相似模式的學派共通之處較多，就是「表型派」或「數值分類學」，我在前一節稱他們爲「平均距離測量者」。他們都不想將演化扯入實際的生物分類研究中，不過這樣的信念並不一定蘊涵對演化概念的敵意。

轉化的分枝學者與眞正的分枝學者共享的是方法。他們的分類學研究一開始就是以二杈分枝樹做爲基本模式。他們都特別重視某些種類的特徵（例如最近才演化出的特徵），認爲它們有利於分類學研究，而忽視其他種類的特徵（例如古老的特徵）。不過他們對這種差別待遇的理據不同。轉化的分枝學者與平均距離測量者一樣，研究的目的不在發現動物間的系譜關係。他們尋找的是純粹的相似模式。他們同意平均距離測量者的看法：相似模式是否反映了演化史是另一問題，他們心中並無成見。但是，平均距離測量者會考慮讓大自然自己透露她實際上是否有個階序組織，轉化的分枝學者逕自假定她的組織就是個階序結構。對他們來說，事物就是要以階序的分枝（階序套疊）結構來分類的，這像個公理，不容置疑。由於分枝樹與演化無關，因此應用範圍不侷限於生物。根據轉化的分枝學者，他們分類動物、植物的方法，用來分類石頭、行星、圖書館的書、銅器時代的壺也成。換言之，本章一開頭我以（圖書館）書籍分類做例子所發揮的論點——對一個獨特的階序分類系統而言，演化是唯一的合理基礎——他們並不同意。

我們說過，平均距離測量者測量每個動物與其他動物的相似程度。他們計算出某個平均相似指數後，才開始以分枝樹解釋那些指數。可是轉化的分枝學者本來是眞正的分枝學者，他們與眞正的分枝學者一樣，一開始就以分枝樹思考分類對象的關係。至少在原則上，他們一開始會將所有可能的分枝樹都列印出來，分別考慮，選出最佳的一個。

但是，他們在一一考慮那些分枝樹的時候，實際上在說什麼？所謂「最佳」又是什麼意思？每個可能的分枝樹對眞實世界做了什麼樣的假定？對眞正的分枝學者（漢尼基的門徒），答案很清楚。將四種動物聯繫在一起的十五個分枝樹，每個都代表一個可能的系譜。這十五種可能的系譜中，必然有一個是正確的，不多也不少。每個動物都有祖先，牠們各有歷史，都是世上發生過的眞實事件。要是我們假定每次分枝／分化都是「一分爲二」的事件，那麼可能的歷史有十五個。其中十四個必然是錯的。只有一個才是對的；可以再現眞實歷史的發生模式。要是八種動物的話，就有十三萬五千一百三十五個可能的系譜，其中十三萬五千一百三十四個必然是錯的。只有一個再現了歷史眞相。將它找出來也許不容易，但是眞正的分枝學者至少可以確定一件事：正確的只有一個。

但是那十五個（或十三萬五千一百三十五個）可能的分枝樹，以及正確的那一個，在轉化的分枝學派的非演化世界中對應著什麼呢？答案是：也沒什麼。（請參考《演化與分類》

（1986），作者馬克・瑞德里（Mark Ridley）過去是我的學生，現在是我的同行。）轉化的分枝學者拒絕承認「祖先／系」概念。他們認爲「祖先」是個髒字眼。但是，他卻堅持分類系統必然是個分枝的階序系統。那麼，要是那十五個（或十三萬五千一百三十五個）可能的分枝樹不是系譜，它們究竟是什麼？他們說不出名堂，只好到古代哲學裡摸索，例如捻出某個模糊的觀念論概念，說什麼這個世界本來就是以階序結構組織的；或世上每件事都有「沖剋」，如陽之有陰。他們從來就沒有說得更清楚些。「將六種動物聯繫在一起的分枝樹，共有九百四十五種，其中正確的只有一種；其他的必然是錯的。」這樣有力而明確的論斷，轉化的分枝學者在非演化世界中是不可能下的。

爲什麼分枝學者會覺得「祖先」是個髒字眼？（我希望）不是因爲世上本就沒有所謂「祖先」的事物。而是他們決意不讓「祖先」在分類研究中扮演任何角色。如果只談分類學的實際研究工作，這個立場無可非議。分枝學者不會在系譜上將現生物種擺在「祖先」的位置上；傳統的演化分類學者有時倒會這麼做。無論什麼門派的分枝學者，都把現生動物間的關係當做「表親」（最多源自同一個「祖父」），誰也不是誰的祖先。這是極爲明智的。不過，要是上綱上線，把這個實踐法門擴張成針對「祖先」概念的禁忌，就不明智了。須知採用階序分枝樹做爲生物分類的基礎架構，根本理據就是「祖系話語」。

最後，我想談談轉化的分枝學派最古怪的面相。話說轉化的分枝學者與表型派的「距離測量者」共享一個極爲明智的信念，認爲在實際的分類學研究中絕不動用演化與祖系假設是

個說得通的做法。但是有些轉化的分枝學者並不滿足，他們極端到硬是斷定：演化論必然有問題！這實在太奇怪了，教人難以置信，但是有些轉化分枝學派的領袖人物的確公開表示過對演化概念（特別是達爾文的演化論）的敵意。其中兩人是紐約美國自然歷史博物館的奈爾森（G. Nelson）與普剌尼（N. Platnick），他們甚至這麼寫道，「達爾文演化論……，簡言之，已經測驗過，證實是假的。」我很希望知道那是什麼「測驗」，更想知道奈爾森與普剌尼想以什麼理論解釋達爾文演化論所解釋的現象，特別是複雜的生物適應。

其實，轉化的分枝學者可不是死抱著〈創世紀〉的創造論者。對他們的宣言，我的解釋是他們對分類學在生物學中的地位，有誇大不實的幻想。他們相信忘掉演化會提升分類學研究的水準，最重要的法門就是絕不使用祖先概念。這也許是對的。同樣地，其他的生物學家，例如神經科學家，也許會認爲思考演化不能幫助研究。神經科學家同意神經系統是演化的產物，但是他們的研究不需要動用這個事實。他們必須懂很多化學與物理，但是他們相信在研究神經衝動的場合，達爾文演化論根本不相干。這個立場站得住腳。但是，要是你說因爲你在實際的研究過程中不需要動用某個理論，因此那個理論是假的，那就離譜了。誤以爲自己的研究領域極其重要的人，才會這麼說。

即使自己的研究領域極其重要，這樣說也不合理。物理學家當然用不著達爾文演化論。他也許會認爲生物學比起物理學實在無甚可觀。因此，在他看來，達爾文演化論對科學微不足道。但是他不能打蛇隨棍上，說什麼達爾文演化論因此是假的。可是轉化的分枝學派有些領袖人物正是這麼做的。讀者請留意，「假的」正是奈爾森與普剌尼使用的字眼。用不著說，他們的話已經讓我在上一章提到過的靈敏麥克風捕捉到了，讓他們在媒體上出了不小的風頭。最近有一位領袖級的轉化分枝學者應邀到我服務的大學（牛津）演講，結果出席聽講的人數是全年之冠，其他的客座學者都沒那麼大魅力。原因可想而知。

奈爾森與普刺尼是有學術地位的生物學家，又服務於廣受尊敬的博物館，他們的話（「達爾文演化論……，簡言之，已經測驗過，證實是假的」）使創造論者開心，也鼓舞了積極弄虛作假的人，不在話下。我花篇幅討論轉化的分枝學派，全是為了這個。奈爾森與普刺尼發表上述評論的論文，收在一本論文集中。馬克・瑞德里為這本論文集寫的書評溫和地指出，他們倆那樣說其實只是想敘述一個事實，就是祖先物種很難擺進分枝分類系統中，可是誰想得到他們只是這個意思？想明確判定某（幾）個物種的祖先物種究竟是誰，的確很難；把這個問題擱置一旁，碰都不碰，有充足的理由。但是因此而說出聳動視聽的話，誘導其他人相信根本沒有祖先這回事，就是褻瀆語言，違背眞理了。

現在我要去整整我的花園，或找點兒其他事做。

【注釋】

① 譯注：威廉斯（George C. Williams），美國紐約州立大學石溪分校名譽教授，堅定的達爾文主義者。早年聲名並不顯赫；但近年，他的研究工作已被受推崇，被喻為「美國國土上歷來最重要的演化思想家」。

第十一章 達爾文的論敵

Watchmaker

若要解釋人類的大腦在近幾百萬年中增大的事實，
達爾文信徒會說，突變提供變異，讓天擇揀選；
突變理論者會說，突變提供的變異裡就偏向較大的腦子，
變異出現後並無天擇。

The Blind

演化是事實，地球上所有生物彼此都是親戚，也是事實，認眞的生物學家從未懷疑。不過，有些生物學家對達爾文的演化論（解釋演化如何發生的理論）卻有懷疑。有時他們的懷疑只不過是文字遊戲罷了。例如疾變演化論就可以說成是反達爾文理論的。我在第九章論證過，疾變演化論其實只是達爾文演化論的小變體，根本算不上「反」達爾文。但是的確有學者提出了不折不扣的反達爾文理論，與達爾文理論的要旨針鋒相對。本章主題就是這些達爾文理論的論敵。它們包括我們叫做「拉馬克理論」的各種版本；以及其他的觀點，例如中性論、突變理論、與創造論——三不五時就有人將它們提出來，說是可以替代達爾文的天擇論。

在對立的理論中論是非，檢驗證據就成了，這是明擺著的正道。舉例來說，學界一向否決有拉馬克風味的理論，理由正當，因爲它們從來沒有健全的證據支持（倒不是沒有人下過工夫找證據，有時狂熱的拉馬克信徒抓狂到僞造證據的地步）。在這一章裡，我要採取不同的策略，主要是因爲已經有許多書檢驗過證據，並得到支持達爾文理論的結論。我不再以證據核對達爾文與論敵的論證，我要採用比較玄想的路數。我的論點是：在已知的演化理論中，達爾文演化論是唯一在原理上能夠解釋生命某些面相的理論。要是我是對的，就算達爾文的理論根本沒有證據支持，我們仍然可以青睞它，拋棄它的論敵，而且理直氣壯。（用不著說，其實達爾文演化論是有證據支持的。）

以比較張皇的形式鋪陳這個論點，就是做預言。我預言，要是在宇宙另外一個角落發現了一種生命的形式，無論它在細節上與我們熟悉的多麼不同或怪異，但是在一個關鍵面相上，它們與地球上的生命十分相似：它們會演化，而且演化機制就是達爾文天擇的某種形式。不幸這個預言在我們有生之年絕對沒有機會驗證，但是它仍不失爲一種張皇其詞的方式，用來凸顯關於地球生命的一個重要眞理。達爾文的理論在原理上可以解釋生命。傳世的其他理論沒有一個在原理上能夠解釋生命。我會證明這一點，以下我要討論天擇論所有的已知論敵，我不會以證據論證它們的得失，而是討論它們是否能恰當地解釋生命。

首先我必須界定「解釋生命」是什麼意思。用不著說，生物有許多性質，其中有些也許論敵也可以解釋。關於蛋白質分子的分布，有許多事實也許是基因的中性突變造成的，與天擇無關，我們已經討論過。不過，我想挑出一個特別的生物性質，論證**只有**達爾文天擇論才解釋得通，而論敵全不成。這個性質就是在本書反覆出現的主題：複雜的適應。生物都能適應各自的棲境，達到生存與生殖的目的，它們的適應手段花樣繁多，不太可能無中生有忽地就出現了。以機率來說，可能性不大。我步武神學家培里（請見第一章），用過眼睛做例子。眼睛有兩三個「設計」良好的特徵，可以想像成一次意外事件的結果。但是一個適應良好的器官，若由許多零件組成，每個零件不僅稱職，還能互相契合，就不能再用意外、機運之類的機制解釋了。達爾文提出的解釋，當然也讓機運扮演了一個角色，那就是基因突變。但是機運由天擇逐步過濾、累積，涉及許多世代。本書其他各章已經說明過，這個理論對複雜的適應可以提出令人滿意的解釋。這一章我要論證：已知理論中除了天擇論，其他的都辦不到。

首先，我們就拿達爾文最著名的歷史論敵來開刀吧。我說的就是拉馬克①。拉馬克在十九世紀初提出生物演變論，當時算不上達爾文演化論的論敵，因爲達爾文直到一八〇九年才出生。拉馬克超越了他的時代。十八世紀的知識份子中，有些人支持生物演變論，包括達爾文的祖父依拉士摩（Erasmus Darwin, 1731-1802），拉馬克也是其中之一。就這一點來說，他們是對的，有資格受後人的景仰。拉馬克也說明了生物演變的機制，是當時最好的演化理論。但是我們沒有理由假定：要是達爾文演化論在拉馬克生前就發表了，拉馬克一定會拒絕接受。事實上拉馬克過世時，達爾文還在唸劍橋大學呢。而拉馬克的不幸是，至少在英語世界中，他的名字令人想起的是他犯的錯誤（他的演化論——即說明演化的理論），而不是他的正確信念（演化是個**事實**）。

本書不是歷史書，我不會對拉馬克本人的作品做學究式的文本分析。拉馬克的文字中有一絲神祕主義的氣息，舉例來說，他對進步有強烈的信念，認爲生命會向上攀升，令許多人想像冥冥中似乎有個生命階梯，即使現在還有人這樣想（**譯按，因此有人將evolution譯成「進化」**）；拉馬克談到動物爲生存而奮鬥的用語，可以解釋成動物好像有意識地**想要**演變。我要從拉馬克的論述中紬繹出那些不具神祕氣息的成分，它們至少乍看之下似乎能夠解釋演化事實，足以與達爾文的理論分庭抗禮。這些成分基本上有兩個：「後天形質可以遺傳」與用進廢退原理，現代的新拉馬克主義者從拉馬克著作中披揀出的正是這兩個。

用進廢退原理是說：生物的身體，經常使用的部位會發育得更大，沒有使用的部位往往會退化。要是你鍛鍊某些肌肉，肌肉就會發達；從未運用的肌肉會萎縮，這是早已觀察到的事實。檢查一個人的身體，我們可以分辨哪些肌肉經常使用，哪些肌肉極少使用。我們甚至還能像福爾摩斯一樣，根據他的肌肉狀況猜出他的職業或娛樂方式。健身迷就是利用用進廢退原理來「塑」身的，好像身體是件雕塑作品似的；他們的身體形態並不自然，隨著流行時尚而變。身體對這種操練方式有反應的部位，並不只限於肌肉。要是你赤腳走路，腳底就會形成厚繭。銀行職員與農民，光看他們的手就能分辨了。農民由於粗活幹得久，手上都長了繭。就算銀行職員手上也有繭，最多只是中指拿筆的地方結個小繭罷了。

用進廢退原理使動物更能適應牠們生活的世界，只要牠們繼續在那個世界中生活，就能適應得愈來愈好。人類直接暴露在陽光下或缺少陽光照射，皮膚的顏色都會變化，以適應特定的當地條件。照射太多陽光很危險。迷上日光浴，膚色又很淡的人容易得皮膚癌。照射的陽光太少又會使身體缺乏維生素D，導致軟骨症，有時居住在北歐（斯堪地那維亞半島）的黑人就會犯這毛病。在陽光照射下，表皮會合成黑色素擋住陽光，保護表皮下的組織不受陽光傷害。要是一個皮膚晒黑的人搬到太陽不常露臉的氣候區去，黑色素就會消失，使身體能夠利用稀少的陽光合成維生素D。這可以當做用進廢退原理的例子：皮膚使用了之後就變成古銅色，不用了就變回淡色。不過，有些生活在熱帶的族群，黑皮膚是遺傳的，而不是陽光照射的結果。

現在要談另一個主要的拉馬克原理，就是後天形質可以遺傳給未來世代的想法。所有證據都顯示這個想法根本就錯了，但是過去大家都相信它是事實。它也不是拉馬克發明的，拉馬克只不過將當時的民間智慧融入他的思想系統中罷了。現在在某些圈子裡，它仍然給奉為眞理。我媽有隻狗，偶爾會裝蒜，提著一條後腿，以三條腿一瘸一拐地走。有個鄰居有一隻老一點的狗，不幸車禍喪失了一條後腿。她相信我媽的狗一定是她的狗下的種，證據就是我媽的狗很明顯地是從老爸那裡遺傳了瘸腿的。民間智慧與童話充滿了同樣的傳奇。許多人都相信後天形質可以遺傳，或者情願相信。二十世紀之前，它在生物學界一直是主流理論。達爾文也相信，不過他的演化論沒用上，因此我們沒想到達爾文與這個想法有關。

要是將「後天形質可以遺傳」與用進廢退原理結合起來，我們就有了一個看來可以解釋演化改進（進化）的理論了。它就是我們通常叫做拉馬克演化論的玩意。要是連續幾個世代的人都在崎嶇的地上赤腳走路，使腳底長繭，那麼每個世代腳底的繭都會比前一世代稍微厚些。每個世代都沾了前個世代的光。最後，嬰兒一生下腳底就很厚實（其實這是事實，不過理由不同，我們下面會討論）。如果連續世代都生活在熱帶的陽光下，他們的皮膚會變得愈來愈黑，因爲根據拉馬克理論，每個世代都繼承了前一世代晒黑的皮膚。最後，他們一生下皮膚就是黑的（這也是事實，但不是因爲拉馬克所說的理由）。

最有名的例子是鐵匠的手臂與長頸鹿的頸子。在世代以打鐵爲業的村子裡，每個人的手藝都是從自己的高曾祖繼承來的，因此他也從祖先繼承了鍛鍊有素的肌肉。他們不只坐享前人的成就，還連本加利地遺傳給子女——加入了自己的改進成果。長頸鹿的祖先頸子並不長，但是牠們無論如何都得吃到樹上的葉子才能活命。牠們拚命地伸長脖子，因此拉長了頸部的肌肉與骨骼。每個世代最後脖子都比前一個世代長一些，並將這份成就遺傳給下一代。根據純粹的拉馬克理論，所有的演化改進（進化）都源自這個模式。動物基於需求努力奮進。牠在奮進中使用到的身體部分就會增大，或者朝適當的方向變化。變化結果遺傳給下一代，然後這個過程繼續進行。這個理論的優點是，這是個累積的過程——我們已經討論過，任何一個演化理論若想在我們的世界觀裡扮演一個角色，這個特徵不可或缺。

對某些類型的知識分子以及一般大衆，拉馬克理論似乎非常動人。有一次有位同事向我

請教，他是著名的馬克斯學派歷史家，很有教養，知識淵博。他說他了解就事實而論，拉馬克理論似乎站不住腳，但是難道它眞的不可能也許是對的？我告訴他，以我之見毫無希望，他以誠摯的遺憾接受了我的看法，他說爲了意識形態的理由，他希望過拉馬克理論是眞的。因爲拉馬克理論似乎能讓人產生積極的希望，認爲人性會不斷向上提升。蕭伯納②一九二二年爲劇本集《回到瑪土撒拉》（*Back to Methuselah*）（譯按，在聖經中，瑪土撒拉是諾亞的祖父，活了九百六十九歲。）寫了一篇長序，熱烈鼓吹後天形質可以遺傳的想法。他可不是根據生物學證據說話——他承認他一點兒生物學都不懂，而是對達爾文演化論的含意非常反感：

達爾文演化論似乎很簡單，因爲起先你並不了解它的全部內涵。等到你恍然大悟，你會陷入極度的絕望中。那個理論講的是醜陋的宿命論，無論是美與智慧、力量與目的、尊榮與抱負都遭到駭人聽聞的貶抑，眞是糟透了。

柯思特勒（請見第二章注釋⑤）也是著名的文人，對於他所謂的達爾文演化論的含意也無法容忍。古爾德嘲笑過他，說他生前所寫的最後六本書，其實攻擊的對象只不過是他自己對達爾文演化論的誤解。古爾德說得對。柯思特勒提供的替代品，我從來沒搞懂過，但是可以算是拉馬克理論的一種晦澀版本。

柯思特勒與蕭伯納都是特立獨行的思想家。他們對演化的觀點與衆不同，也許沒什麼影響力。不過我還記得我才十幾歲的時候，蕭伯納在〈序《回到瑪土撒拉》〉中的迷人說詞，使我對演化論的傾倒至少中斷了一年。在感情上，拉馬克理論極富吸引力，隨之而來的，是對達爾文演化論的敵意，這種情緒透過有力的意識形態，有時會造成更爲邪惡的衝擊（有力的意識形態會替代思想）。利森科③是個二流的農作物育種家，並不高明，但是政治手腕卻很高明。他狂熱地反對孟德爾遺傳學，狂熱地相信後天形質可以遺傳，不容質疑。在大多數文明國家中，像他一樣的人，別理他就是了，不會造成什麼害處的。不幸利森科剛好生在意識形態壓倒科學眞理的國家。一九四〇年，史達林任命他擔任蘇聯遺傳學研究所所長，因此他極有權勢。他對遺傳學的無知見解成爲欽定教材，一整個世代在學校中只能學到他那一套。蘇聯農業受到無法估算的損害。許多著名的遺傳學家給放逐、流亡，或下獄。例如世界知名的瓦維列夫（N. I. Vavilov, 1887-1943）是以可笑的誣陷罪名拘禁的（「英國特務」），經過冗長的審判過程，他在一間沒有窗子的牢房中死於營養不良。

「後天形質絕不遺傳」是不可能證明的。我們無法證明小仙子不存在，是同樣的道理。我們只能說，「有人看見小仙子」的報導從未證實過，傳世的所謂小仙子照片一看就知道是假的。美國德州在恐龍足跡化石間發現人類腳印的報導也一樣。我要是明確地聲明小仙子不存在，不管如何措詞都不保險，因爲說不準哪一天我眞的會在我家花園盡頭看見一個背上有蟬翼的小人兒。後天形質可以遺傳的理論，也處於相同的地位。所有想證明後天形質可以遺傳的實驗，幾乎都失敗了。那些似乎成功的例子，有些後來發現實驗結果是僞造的；例如柯思特勒以一本書報導的案例（1971）——產婆蟾蜍，實驗者就以墨汁注入蟾蜍皮下製造實驗結果。其他的成功結果則無法在別的實驗室複製。不過，搞不好有一天有個人眞的在花園盡頭看見了一個小仙人，巧的是這人不但神智清醒，手裡還正好有架照相機，你說怎麼辦？搞不好有一天有個人眞的證明了「後天形質可以遺傳」呢。

不過，我們能說的就這麼多了。有些從來沒有可靠觀察記錄的事，仍然是可信的，只要我們確實知道的事不會因而變得可疑就成了。有人說蘇格蘭尼斯湖（Loch Ness）中現在有一隻蛇頸龍出沒，就是所謂的尼斯湖水怪。我從來沒有見過足以支持這個說法的證據，但是即使有一天果眞證實了尼斯湖水怪就是活生生的蛇頸龍，我的世界觀也不會受到衝擊。我只會感到驚訝（或者高興），因爲過去六千萬年的化石紀錄中沒發現過蛇頸龍，要是有一小撮中生代劫餘族群仍活在世上，那麼長的時間都沒留下化石，似乎不大可能。但是發現了蛇頸龍不會陷重要的科學原理於不義。那只不過是個事實。

另一方面，科學已經使我們對宇宙運作的機制有相當好的了解，大量而不同的現象都與這分了解十分契合，不免有些說法與這分了解不契合，或者至少難以調和。例如從一七〇一年（清康熙四十年）起就當眉批印在詹姆士欽定本《聖經》上的創世年代——上帝在西元前四〇〇四年十月二十三日（禮拜天）創造了世界。那是北愛爾蘭阿偶阿（Armagh）主教厄歇（James Ussher, 1581-1656）算出來的。這個說法不只是不眞實而已。它與當前的科學不相容，不只是正統的生物學、地質學，與放射性的物理理論、宇宙學也不相容（要是六千年之前並無宇宙，我們不該觀察到六千光年以外的恆星；我們不該偵測到銀河系，也不該偵測到銀河系之外的一千億個星系）。

一個棘手的事實顚覆了整個正統科學的例子，科學史上並不是沒有。要是我們斷言歷史不會重演就太狂妄了。但是一個發現若有顚覆的潛力，衝擊重要而成功的科學成就，我們會自然而然地要求它通過高標準的驗證，而且理該如此，容易與既有科學相容的驚人發現就不會。對於尼斯湖中的蛇頸龍，只要我親眼看見，就會相信。要是我看見一個人在我面前唸唸咒語就能浮上空中，我不會立即拋棄整套物理學，我會先懷疑我是否惑於幻視，或者讓戲法要了。兩個極端之間並沒有楚河漢界，而是連續的變化，有的理論也許不眞實，卻不難成眞（如尼斯湖中有蛇頸龍），有的理論非得顚覆已確立的正統理論才可能是眞實的（如人可輕易在空中漂浮）。

說眞格的，拉馬克理論在這個連續區間中究竟處在什麼位置上？通常它都給擺在「也許不眞實，卻不難成眞」的一端。這兒我想論證，拉馬克理論或者說得更具體一些，「後天形質可以遺傳」這個理論，雖然與「念念咒語就能浮上空中」不是同一類的事，可它比較接近「浮上空中」的一端，而遠離「尼斯湖蛇頸龍」那一端。「後天形質可以遺傳」不屬於「搞不好是眞的，但也許不是」那類事。我會論證，除非胚胎學中最不能割捨、最經得起考驗的一個原理給推翻了，「後天形質可以遺傳」才會是眞的。因此拉馬克理論必須受更爲嚴苛的檢驗，「尼斯湖水怪」只會引發例行的理性警戒，層級還不夠。那麼，爲了接受拉馬克理論，必須顚覆哪一條廣爲接受、並經過考驗的胚胎學原理呢？那就得花些工夫解釋了。可是費這個工夫解釋，難免令人覺得我橫生枝節，逸出本題，不過我想最後讀者一定會覺得功不唐捐。還有，我得提醒讀者，本章我想完成的主要論證，第一個就是：即使拉馬克理論能夠成立，它仍然無法解釋複雜適應的演化。請讀者留意，我還沒開始呢。

好了，我們要討論胚胎學了。單獨的細胞轉變成成年個體的過程，一向有壁壘分明的兩種看法。它們的正式名稱是先成論（preformationism）與漸成論（epigenesis），但是它們的現代形式我會叫做藍圖理論與配方（或食譜）理論。早期的先成論者相信，既然成年個體是由單細胞發育成的，成體在那個單細胞中就已經成形了。他們有一個還想像他能用顯微鏡看見一個迷你人（homunculus）蜷縮在精子內，而不是卵子！他認爲，胚胎發育只是個生長的過程。胚胎裡的成體具體而微，早已成形。我們可以想像每個雄性小人體內都有微小的精子，精子裡蜷縮著他的兒子，兒子體內有自己的精子，他的孫子蜷縮在裡面……。除了這個無窮回溯的問題之外，天眞的先成論忽略了孩子也繼承了母親形質的事實，即使在十七世紀這都是顯而易見的。爲了公平起見，我得告訴你有些先成論者主張小人蜷縮在卵子中，論人數他們多得多了，主張小人在精子裡的人是少數派。但是無論主張小人蜷縮在精子裡還是卵子裡，都逃避不了前面的兩個問題。

現代先成論就不受那兩個問題的困擾，但仍然是錯的。現代先成論——藍圖理論，主張受精卵中的ＤＮＡ等於成年身體的藍圖。藍圖是眞實物件按比例縮小的迷你玩意。眞實物件——房子、車子、或其他物事，是三維空間中的東西，藍圖卻是二維的。你可以用一組二維切面再現一個三維物件，例如一棟房子：每一樓層的地板平面圖、各個樓層的正面圖等等。簡化維度圖的是方便。建築師可以用火柴棒與輕木製作模型交給營造商，但是一套畫在紙上的二維模型——藍圖，可以放在手提箱裡，便於攜帶，容易修改，根據它工作也比較容易。

要是想以電腦使用的脈衝碼儲存藍圖，並以電話線傳送到國內其他地方，就有必要將藍圖進一步化約，成爲一維的形式。這並不難，只要將每張二維藍圖掃描成一維資訊，再記錄下來就成了。電視影像就是以這種方式編碼，再以無線電波傳送的。用不著說，壓縮維度基本上只是編碼裝置的小事一椿。要緊的是，藍圖與建築物之間仍然維持點與點的對應。藍圖上的每一筆，在建築物上都有一個特定的點與它對應。我們不妨說，藍圖是鳩工建築之前就已成形的建築物縮影，儘管縮影是以較少的維度記錄的。

我會提到將藍圖縮減到一維中，當然是因爲DNA就是一維碼。理論上，一棟建築物的縮小模型可以用一維的電話線傳送出去——一套數位化的藍圖，因此理論上將縮小的身體透過一維的數位DNA碼傳送也是可能的。不過目前還做不到，要是做得到，我們就得說現代分子生物學證明了古代的先成論是正確的。現在就來討論胚胎學的另一個大理論吧，漸成論，也就是配方（或食譜）理論。

烹飪書中的一份食譜，從任何一個意義來說，都不是蛋糕的藍圖。倒不是因爲食譜是一維的字串，而最後從烤箱裡拿出來的蛋糕是三維的物件。我們已經說過，一個縮小的模型掃描成一維碼，完全是可能的。但是食譜不是縮小的模型，不是對蛋糕的描述，從任何一個意義來說都不是一個點對點的再現。食譜（或配方）是一套指示，要是依序遵行，就能做出蛋糕。一個蛋糕眞正的一維編碼藍圖，包括一系列的掃描資訊，就像以細長的雷射光束由上而下、由左而右的層層掃描。每層厚約一毫米，光束經過之處所有細節都編碼記錄下來；例如每粒葡萄乾、蛋糕屑的精確座標，都能從這批資料中檢出。蛋糕的每一筆細節在藍圖上都有映射對應，兩者絲絲入扣。用不著說，這與眞實的食譜或配方完全不同。烘焙好的蛋糕，細節與食譜上的字毫無映射對應之處。食譜上的字果眞與什麼東西有映射對應關係的話，也不是出爐蛋糕的細節，而是製作過程中的步驟。

現在我們還不了解動物是怎麼從受精卵發育出來的，大部分細節都不清楚。儘管如此，基因扮演的角色比較像食譜，而不像藍圖，這方面的證據頗為堅強。說眞格的，食譜（或配方）是個相當合適的類比，而藍圖幾乎在每個細節上都是錯誤的類比，雖然初級的教科書中動不動就以藍圖做類比（尤其是最近的教科書）。胚胎發育是個過程。它是有次序的事件序列，就像製做蛋糕的過程，只不過胚胎發育有幾百萬個步驟，不同的步驟在身體各部分同時進行。大多數步驟涉及細胞增殖，產生大量細胞，它們有些會死亡，存活的細胞會集合成器官、組織，以及其他多細胞構造。我們在前面幾章談過，一個特定細胞會做什麼，不是由細胞裡的基因決定的——因為身體裡每個細胞都有同一套基因，而是基因組裡啓動了的基因。發育中的身體，任一部位、任一時間都只有一小撮基因啓動。胚胎的不同部位在不同的時間，啓動的基因也不同。細胞中哪個基因在哪個時候啓動，由細胞內的化學條件決定。那個化學條件又受胚胎那一部位的過去條件支配。

此外，一個基因啓動了之後，它的作用還受制於作用的對象。一個基因若於胚胎發育的第三星期，在脊髓尾端細胞中啓動，與它在第十六週在肩膀細胞中啓動，作用會完全不同。這麼說來，基因的作用絕不光是基因自身的性質；在胚胎中，每個基因都必須與它所處位置的最近歷史互動（每個基因都在歷史脈絡中行動），基因的作用其實是「行動中的基因」表現出的性質。因此「基因與身體的關係可以類比成藍圖與身體的關係」（基因組是建造身體的藍圖），根本是無稽之談。（還記得嗎？第三章討論過的生物形與「基因」的關係，也一樣。）

基因與身體的每個細節沒有簡單的一對一映射關係，就像食譜上的字與蛋糕的構造細節沒有映射關係一樣。基因組可以視為實現一個過程的成套指令，就像食譜上的字，集合起來看是一組指令，為的是製做蛋糕。說到這裡讀者可能會有疑惑：那麼遺傳學家為什麼還能混飯吃呢？要是以上說的都是事實，那怎麼還能夠說什麼藍眼基因、色盲基因呢？更不要說做研究了。另一方面，遺傳學家的確可以研究這種單一基因的作用，因此基因與身體構造細節不就有某種映射關係嗎？這不就是駁斥我的說法（基因組是身體發育的食譜／配方）的證據嗎？這兩個問題的答案都是否定的（「不是」），不過請讀者務必了解其中的道理。

也許最容易看出其中道理的方式，是回到食譜的類比。我相信你會同意：你無法將一個蛋糕分解成蛋糕屑，然後說：「這一粒對應食譜上的第一個字，這一粒對應第二個字，……」等等。以這個意義來說，你會同意：整份食譜與整個蛋糕有映射關係。但是現在假定我們改變食譜上的一個詞，例如將「泡打粉」這個詞刪掉，以「酵母」取代。我們依照新食譜烘焙一百個蛋糕，再以舊食譜烘焙一百個蛋糕。這兩組蛋糕有個非常重要的差別，這個差別是食譜上的一詞之差造成的。

雖然食譜上的字詞與蛋糕的構造細節沒有點對點的映射關係，那個一詞之差卻與兩組蛋糕的差別有點對點的映射關係。「泡打粉」與蛋糕的任一部分都不對應，可是它的作用影響了整個蛋糕膨鬆的程度，以及最後的形狀。要是「泡打粉」從食譜上刪掉了，以「麵粉」取代，蛋糕根本不會「發」。要是以「酵母」取代，蛋糕會「發」，但是嚐起來會比較像麵包。根據原始食譜以及「突變」版本烘焙的蛋糕，一直都有明確、穩定的差異，即使食譜上的字詞與蛋糕構造的細節沒有對應關係。這是個很好的類比，我們可以用來理解基因突變的結果。

由於基因的作用可以用數值表示，突變就是改變那些作用的數值大小，因此更好的類比是將食譜上的三五〇度改爲四五〇度。比起依據原始食譜上的低溫烘焙出來的蛋糕，以「突變」高溫烘焙出來的蛋糕很不同，不同之處不只表現在蛋糕的某個部位，而是整個蛋糕都不同。但是這個類比仍然嫌簡單。爲了模擬「烘焙」一個嬰兒的過程，我們應該想像的不是以一個烤箱烘焙一個蛋糕的過程，而是一群紛亂的傳輸帶分派嬰兒身體的不同部位到一千萬個微小烤箱中，有些排成序列，有些是平行關係，每個烤箱的產物都以一萬種基本成分組合，只是組合的比例不同。以烹飪做類比，要旨是：基因不是藍圖，而是實現一個過程的指令，以這個類比的複雜版本來說，會比簡單版本還要來得有說服力。

現在我們可以應用這堂課來討論「後天形質可以遺傳」說了。根據藍圖建造東西，與食譜比起來，特徵是：整個過程可以逆轉。要是你有棟房子，重建藍圖很容易。只要四處測量，按比例畫在紙上就成了。用不著說，要是房子「獲得了後天形質」（例如室內隔間全都打掉了，做成開放空間），「反轉錄藍圖」也會忠實地把改變記錄下來。要是基因是成熟身體的忠實描述的話，上述的逆轉過程也能發生。要是基因是藍圖，就很容易想像任何後天形質都能忠實地轉錄成基因代碼，然後傳遞給下一代。鐵匠的兒子眞的可以繼承父親勞動的後果。正因爲基因不是藍圖而是食譜，後天形質才不可能遺傳。我們無法想像後天形質可以遺傳，正如我們無法想像下面的情事。一個蛋糕切了一塊後，對蛋糕變化後的描述可以回饋原先的食譜，食譜因而改變，依據新食譜做的蛋糕，一出烤箱就少了那一塊。

拉馬克的信徒一向喜歡手腳長繭的例子，就讓我們拿它當例子好了。我們前面設想過一位銀行行員，他有一雙保養得很好的手，柔嫩得很，只有右手中指握筆的地方有個老繭。要是他的子孫每一代都以搖筆桿維生，拉馬克信徒預期：控制中指握筆區皮膚發育的基因會發生變化，讓新生兒的中指都有老繭。要是基因就是藍圖的話，事情就好辦了。因爲皮膚每一單位面積（如一平方毫米）都會有一個基因負責。這位銀行行員每一寸皮膚都可以「掃描」過，仔細記下每一平方毫米的厚度，再「回饋」給負責的基因，說得精確些，就是他精子裡的對應基因。

但是基因不是藍圖。說什麼每一平方毫米都由一個基因負責，簡直莫名其妙，更不要說掃描成年人的身體，將每個部位的詳細資訊「回饋」基因了。身體某個老繭的座標無法在基因記錄中檢出，也無法找到負責的基因，就談不上改變相應的基因了。胚胎發育是個過程，所有起作用的基因都參與了；這個過程，要是有條不紊地循序執行，就能成就一個成年身體；但是這個過程本質上就是不可逆的。後天形質不只不會遺傳給下一代，根本就不能。不管是什麼生命形式，只要胚胎發育是突現式的（而不是先成式的）就不能。鼓吹拉馬克理論的生物學家，其實骨子裡鼓吹的是一種粒子式、決定論式、化約式的胚胎學——他們要是知道了，自己都可能嚇一跳。我本來無意使用那三個唬人的行話，免得一般閱讀大眾難以消受。可是我管不住自己，因爲現在最同情拉馬克理論的生物學家，正巧就特別喜歡用那些「切口」批評別人。眞是諷刺。

我倒不是說，宇宙中絕不可能有先成式的胚胎；搞不好星空某個角落裡就有這種生命系統，那裡的生命形式採用藍圖式的遺傳模式，因此後天形質眞的可以遺傳。我以上的討論只是想指出：拉馬克理論與我們所知道的胚胎學不相容。不過我在本章一開頭的說法更強悍：即使後天形質可以遺傳，拉馬克演化論仍然無法解釋適應演化。我的說法極爲強悍，意思是：只要是生命就適用，管它什麼形式，管它在宇宙的哪個角落。我是基於兩個推論才那麼說的，一個涉及「用進廢退」的問題，一個涉及「後天形質遺傳」的問題。請容我細說分明。

後天形質涉及的遺傳問題是這樣的。就算後天形質可以遺傳好了，可是後天的形質並不都算「改進」。說眞格的，大部分後天形質都是傷痕。不用說，要是後天形質不加鑑別一律遺傳的話，演化就不會朝著增進適應的大方向進行了。要是斷腿、天花瘢都遺傳給子女了，怎生是好？任何機器使用久了，都會出現「後天形質」，往往大多數都是累積的傷痕：耗損。那些耗損果眞會遺傳，結果就是一代比一代衰老。因爲每一代都不是以一張嶄新的藍圖爲起點，還沒出娘胎就滿身是祖宗八代累積下來的衰變與傷痕，眞夠嗆的。

這個問題不見得是個解不開的死結。有些後天形質的確是改良品，遺傳機制也許有辦法分辨改良品與傷痕，原理上這是可行的。不過一旦我們開始思索分辨的機制，就不免會追問：爲什麼後天形質有時的確是改良品？舉例來說，爲什麼經常使用的身體表面，皮膚會變得厚而粗？像是光著腳丫子跑步的長跑健將，腳底都長繭了。按常理來說，他們的腳底似乎應該變得愈來愈薄才是；大多數機器裡，處於磨耗情境的零件不就變得愈來愈小？只因爲「磨耗」是從零件上移除粒子的過程，而不是增加粒子。

用不著說，達爾文信徒有現成的答案。皮膚經常處於磨耗情境就會變厚，因爲在過去的祖先族群中，有些個體正巧展露了這種有利的抗磨耗反應，受到天擇的青睞。同樣地，天擇青睞祖先族群中一晒太陽皮膚就變「黑」（其實是褐色）的個體。達爾文信徒堅持，即使有一小撮後天形質是改良品，唯一的理由就是：它們都是過去的天擇產物。換言之，拉馬克理論可以解釋適應性改良形質的演化，但是必須搭達爾文理論的便車才行。假定天擇一直在作用，確保某些後天形質有利於個體的生存與生殖，並提供機制，區別有利與不利的後天形質，這麼一來，可以遺傳的後天形質也許就可能導致某個演化改良的結果。但是那個改良結果全是天擇打造的。為了解釋演化的適應面相，我們還是得回到達爾文的理論。

有一組重要得多的後天形質也是一樣，就是我們以「學習」一詞涵蓋的那些特質。每個動物出生後，謀生技能會日漸純熟。牠得學習分辨好歹。牠的大腦貯藏了大量記憶，有關牠的生活世界的，還有關於行動後果的得失分析。因此動物大部分行為可以算「後天形質」，大多這類後天形質（學習的結果）的確算得上改良品。要是父母親真的能將一生閱歷凝煉的智慧編成基因碼、寫入基因組，讓子女生來大腦裡就有個內建的記憶庫，可以隨時查閱，子女不就在起跑點上就領先群倫了？要是學會的技巧與智慧能夠自動寫入基因組，演化進步的速率也許真的可以起飛，也未可知。

但是這全都預設了：我們叫做學習的行為變遷真的是改良品。為什麼它們會是改良品？事實上，動物學會從事對牠們好的事，而不是對牠們壞的事，但是，為什麼？動物往往會避免從事過去讓牠們嚐過苦頭的事。但是苦頭可沒有形質。痛苦是大腦創造的。那些令大腦產生痛覺的事正巧可能危及性命，例如身體表面給猛烈刺穿，眞是謝天謝地。但是我們很容易想像世上也有一種動物，身體受傷時（或者身臨險境時）不但不覺得痛苦，反而通體舒暢；牠們的大腦在身體受到殘害時，會產生愉悅的感覺，而有利於生存的吉兆，則令他們痛苦不堪，例如滋補食物的味道。

我們在現實世界中從未見過這種有受虐傾向的動物，因為根據達爾文的看法，有受虐傾向的祖先沒有機會留下後裔，將牠們的受虐傾向遺傳到以後的世代，理由用不著多說。我們也許可以培育出有遺傳性受虐傾向的家畜，但是畜欄必須有足夠防護設施，不使牠們傷到自己，並配置獸醫與照料團隊，小心呵護牠們的性命。但是在野外，這種受虐狂活不長的，這就是我們稱爲學習的變化往往是改良的形質，而不是瑕疵品的原因。後天形質要是有利於生物的生存與生殖，必然有天擇做靠山——我們再度達到了這個結論。

現在讓我們討論用進廢退說吧。後天的改良形質有一些面相，說是用進廢退的結果，似乎的確講得通。它是一個通則，不依賴特定條件運作。這條通則的內容很簡單：「身體任何一部分，常用，就長得大一些；不用，就會變小，甚至萎縮、消失。」由於我們會期望身體有用的（因此就是使用的）部位變得大些更能發揮功能，而無用的（因此就是用不著的）部位要是根本不存在不知有多好，「用進廢退」似乎的確有用。然而用進廢退卻有個大問題。那就是，用進廢退是個極爲粗糙的工具，無法用來製造極其精巧的生物適應，我們在動植物中觀察到的就美不勝收了——即使沒有其他的反對理由，這個理由就夠嗆的。

動物的眼睛就是個有用的例子，我們討論過，但是再談一次無妨。請想一想互相精密配合的所有零件：晶狀體必須透明、能夠校正色差、能夠校正眼球產生的扭曲；調整晶狀體的睫狀肌能夠針對距離眼睛只有幾公分到無限遠的物件瞬間對焦；虹膜是眼睛的「光圈」，隨時按需要調節進入眼睛的光線，使眼睛像一具配備了內建測光計與高速計算機的照相機；視網膜上有一億兩千五百萬個對色彩敏感的感光細胞；滋養每個零件的纖細血管網絡；更爲纖細的神經網絡——相當於晶片與連結電線。請用你的心眼盯住這個精工雕琢的複雜物事，然後自問：這會是以「用進廢退」打造的產物嗎？我認爲答案很明確，難以推諉，「不會！」

晶狀體是透明的，而且可以校正球面偏差與色差。這種高水準零件，光是「不斷使用」

就能形成了嗎？以大量光子不斷衝擊晶狀體，就能使它清澈剔透了嗎？只因爲常常使用，常有光線穿透，就能形成一個優良的晶狀體嗎？當然不是。爲什麼會是呢？視網膜上的感光細胞有三種，分別對不同的彩色非常敏感，那只是因爲它們受到不同色光照射的結果嗎？同樣的，我們也可以問，爲什麼該這樣呢？一旦調整晶狀體的睫狀肌演化出來了，經常使用的確會令它們變得更發達、更強健；但是這不足以使影像更精確地聚焦。實情是，「用進廢退」只能打造最粗糙的生物適應，不可能令人驚艷。

達爾文的天擇理論對任何一個微小的細節都能解釋，毫不勉強。有時良好的視力攸關生死，精確與忠實一點都含糊不得。對褐雨燕之類的高速飛鳥而言，捉住飛行中的蒼蠅與撞上崖壁之間只有一線之隔，因此既能適當聚焦、迅速變焦，又能校正偏差的晶狀體，就是存亡之機了。能適當調節眼睛光圈的虹膜，日出時會迅速縮小，不然動物給耀眼陽光遮蔽了視線，沒看見前方的獵食獸，等到利爪加身，一切都太遲了——早一秒鐘反應的話，也許就能逃得性命。對眼睛功能做任何改進，無論多麼微小，涉及多少內部組織的調整，都能幫助動物生存與生殖，造成改進的基因因而有機會大量進入下個世代。因此達爾文的天擇理論能解釋改進是怎樣演化的。根據達爾文的理論，任何一個成功的（有效能的）生存裝備，都因爲它很成功（有效益）才會繼續演化。解釋與標的（任何生物適應，例如眼睛）之間的關係，是直接又容許考察的。

至於拉馬克的理論，解釋與標的之間的關係就鬆散又粗陋了，它只有一條規則：身體任何部位，要是因爲大量使用而變大了，功能就會增進。這條規則其實只是：器官的尺寸與效能有關連。就算這個關連的確存在，也很微弱。達爾文理論依賴的關連其實是器官的效能與效益（提升生存／生殖機會），這樣的關連必然是天作之合。拉馬克理論的這個弱點，不是以特定物種的詳細事實考驗之後才露餡兒的。它是個普遍的弱點，也就是說，解釋任何複雜的生物適應它都會露餡兒。我認為宇宙任何一個角落的生物，無論與地球上的生命有多大的差異，都能暴露拉馬克理論的這個弱點。

這麼一來，我們對拉馬克理論的駁斥，就很不容易反駁了。第一，它的關鍵假設（後天形質可以遺傳）在我們研究過的所有生物中似乎都是假的。第二，它不僅是假的，在胚胎發育依賴突現原理（食譜／配方）的生物中必然是假的，於是我們研究過的所有生物都包括在內了。（只有在依據先成藍圖發育的生物中才可能是眞的。）第三，即使拉馬克理論的假設是眞的，根據兩個不同的理由，它也無法解釋複雜適應的演化，不只地球上發現的無法解釋，宇宙中任何角落發現的都無法解釋。按過去的說法，拉馬克理論是達爾文理論的論敵。現在我們知道這種說法並不正確，不光是因為我們認為拉馬克理論是錯的，而是拉馬克理論根本不能算是達爾文理論的論敵。對於複雜生物適應的演化，拉馬克理論甚至連候選假說都不配。它一開始就注定了無法與達爾文理論競爭。

過去倒是有幾個其他的理論問世過，算是達爾文天擇論以外的選項，其中有些甚至現在仍然三不五時就有人當眞得很。我會再度論證它們其實當不得眞。我會讓讀者看淸楚，這些「另類選項」——中性理論（**neutral theory**）、突變理論等——也許能解釋一部分我們觀察到的演化變化，但是它們無法說明有適應價值的演化變化，也就是逐步改良眼睛、耳朵、肘關節、回聲定位裝置等器官以利生存的過程。我同意，大量演化變化也許並無適應價值，這些另類選項也許在這類變化的演化過程中扮演過重要角色。但是演化的構成要素可大別為兩類，一類比較無趣，另一類能展現生命的特性，這些另類選項即使重要，涉及的也只是比較無趣的演化要素。演化的中性理論就是最好的例子。這個理論問世已久，但是它的現代形式（分子遺傳學）特別容易了解，這個形式主要是由日本偉大的遺傳學家木村資生（**Motoo Kimura, 1924-1994**）鼓吹的。順便說一句，木村的英文散文風格，讓許多母語是英語的人都覺得慚愧。

我們在上一章簡短地討論過中性理論。你應該還記得，這個理論的大意是，同一個分子的不同版本，功能完全一樣，例如血紅素有幾種，差別只在胺基酸序列罷了。換言之，從一個血紅素版本突變成另一個版本，就天擇的觀點來說，是「中性的」。主張中性理論的學者認爲，在分子遺傳學的層次上，相對於天擇而言，演化變化絕大多數是中性的，因此也是「隨機的」。而主張天擇論的遺傳學家相信，天擇即使在分子鍊的每個細節上都是強有力的演化力量。

我們得將兩個不同的問題區別開來。第一個問題與本章的主旨相干，就是「中性理論是不是可以解釋適應性演化，效力足以與天擇論匹敵？」。第二個問題很不一樣，就是「實際發生的演化變化是否大多數都有適應價值？」由於我們討論的是一個分子從一個形式變成另一個形式的演化變化，那麼這個變化是天擇造成的，還是出自隨機漂變的中性變化？對於這個問題，分子遺傳學家之間有旗鼓相當的攻防，一下是這方占了上風，一下又是對方占了上風。但是，要是我們的興趣在適應——第一個問題，他們的爭論只不過是茶杯中的風暴罷了。就我們所關心的問題而言，中性突變簡直等於不存在，因爲我們與天擇都看不見它們。要是我們觀察的是腳啊、手臂啊、翅膀啊、眼睛啊、行爲什麼的，中性突變根本就不是突變。

再使用一次食譜的比喻吧，即使食譜上有些字「突變」了，以不同的字體打印出來，按食譜做出來的菜風味依舊。我們都只顧品嚐端上桌的菜，因此對我們來說食譜並沒有變，不論它是用什麼字型印出來的。分子遺傳學家像是挑剔的印刷工人，對印刷品的字型極爲講究，一絲不苟。天擇才不管呢，要是討論的主題是生物適應的演化，我們也不該管。要是我們關切的是演化的其他面相，例如不同演化世系的演化速率，中性突變就極爲重要了。

即使最熱情的中性論者，都樂於同意天擇打造了所有生物適應。他們強調的只是：大多數演化變化都沒有適應價值。他們說不定是對的，但是有一派遺傳學家並不同意。我是個旁觀者，我希望中性論者是對的，那麼一來演化關係（演化樹）與演化速率的問題就太容易回答了。辯論雙方都同意的是，中性演化不可能導致有適應價值的改進，理由很簡單：根據定義，中性演化是隨機的，而適應性的改進不是隨機的。再強調一次，複雜的適應是生命的特質，也是區別生命與非生命的判準，爲了解釋複雜的適應是怎樣演化出來的，我們還是沒有找到任何理論，足以取代達爾文的天擇理論。

現在我們要討論達爾文理論在歷史上的另一個論敵——「突變理論」。二十世紀初期，學者剛發現「突變」現象的時候，並沒有把它當做達爾文理論的必要元素，反而把它視爲另一個解釋演化的理論。這段歷史現在我們很難了解。遺傳學家中有一派，叫做突變學派，包括最先發現孟德爾遺傳定律的德弗里斯④、貝特森⑤，發明「基因」（gene）一詞的強納森⑥，以及提出染色體理論的摩根⑦。德弗里斯對突變所能造成的變異幅度，印象特別深刻，他認爲新物種都源自單獨的重大突變。他與強納森都相信物種內的變異大部分都沒有遺傳基礎。突變理論者都相信，天擇在演化中最多只扮演淘汰不適者的小角色。眞正的創造力量是突變。他們並沒有把孟德爾遺傳學當做達爾文理論的核心原理，而是與達爾文理論針鋒相對的理論。

除了歡笑，我們現在很難對這個想法還有什麼其他的反應，但是我們得小心，可別重複貝特森那副老大哥的口吻：「我們讀達爾文的作品，是因爲他蒐集了龐大的相關事實，但是……對我們來說，他在理論上並不在行。我們讀他的演化論，就像讀盧克利修斯⑧、拉馬克的作品一樣。」還有，「根據達爾文的理論，生物族群的演化，是以天擇指引的微小步驟完成的。現在我們大多數人都了解，他的理論根本與事實不符。提倡這個理論的人居然無法看透現象的本質，以及他們使它乍看之下還算可信的辯才，我們只能表示驚訝。」扭轉局勢的人主要是費雪，他證明孟德爾粒子遺傳學不僅不與達爾文理論對立，還是達爾文理論的要素。

突變是演化的必要條件，怎麼有人會認爲突變是演化的充分條件呢？演化變化就是改良，光是機運絕不可恃。把突變當做唯一的演化力量，困難在於：突變怎麼會「知道」什麼對動物好，什麼不好？變動一個現成的複雜機制，像是器官，最可能的後果就是搞砸。所有可能的方案中，只有一小撮能將它改良。任何人想論證突變在沒有天擇的情況下是演化的驅力，都必須解釋突變怎麼會朝有利的方向發生。身體怎麼知道該朝改良的方向突變的？憑什麼？有神祕的內建智慧嗎？我想你會注意到，我先前評論拉馬克理論時已經提出過這個問題了。用不著說，突變理論者從來沒有答覆過這個問題。奇怪的是，他們似乎根本沒有想到這是個問題。

突變理論者的說法，我們今天聽起來顯得更為荒謬，對他們也不見得公平，因為我們已經相信突變是「隨機的」。如果突變是隨機的，那麼根據隨機的定義，突變就不可能偏向改良的方向發生。但是，用不著說，突變學派並不認為突變是隨機的。他們認為身體有個內建的傾向，會朝特定方向變化，而不是其他方向，不過他們對於身體怎麼會知道什麼變化未來會有大用，則無定見。儘管我們認定這是神祕主義的胡扯，我們還是得弄清楚所謂「突變是隨機的」究竟是什麼意思。「隨機」有好幾個意思，許多人都沒搞清楚。事實上，在許多方面突變都不是隨機的。我會堅持的是，這些方面並不包括相當於「先見之明」的東西——就是預見使生活更好過的方式。要是想以突變（在沒有天擇的情況下）解釋演化，就需要相當於「先見之明」的東西。考察一下我們根據什麼理由說突變是隨機的，或不是隨機的，可以幫助我們了解這個問題。

認為突變並不隨機的第一個理由是這樣的：突變不是自發性的，而是外力造成的。突變是由所謂的「突變原」誘發的：X光、宇宙射線、放射性物質、各式各樣的化學品、甚至其他的基因（叫做「促變基因」（mutator genes））。這些突變原都很危險，因為它們往往促成癌症。第二，任何一個物種，並不是每個基因都有同樣的突變機率。染色體上每個位址都有特有的突變率。舉例來說，造成杭丁頓氏症的基因（位於第四號染色體），突變率是二十萬分之一。有這個基因的人，通常到中年才發病，所以有機會將這個基因遺傳給子女。導致軟骨形成不全症（achondroplasia）的基因，突變率比杭丁頓氏症高十倍。這是一種常見的侏儒症，病人的四肢相對於軀幹都太短。這些突變率都是在正常條件下測量的。要是有突變原的話，所有正常的突變率都會大幅提升。染色體上有些位址是所謂的「熱點」，那裡的基因變化很快，就是突變率非常高。

第三，染色體上每一個位址，無論是不是熱點，朝某個方向突變的機率有時比相反的方向高。這會導致所謂的「突變壓力」現象，這個現象有時會影響演化的結果。舉例來說，即使兩種血紅素的形式（1型與2型）對天擇來說並無差別（中性），也就是說它們的載氧量無分軒輊，可是兩者互變的機率卻可能有差異：從1型突變成2型比較常見，從2型突變成1型比較少見。這麼一來，突變壓力會使2型比1型更常見。要是某個染色體位址上，朝某個方向突變的機率讓相反方向的突變率平衡了，那個位址的突變壓力就是〇。

現在我們可以了解，追究突變是否眞正隨機，可不是個瑣碎的問題。它的答案與我們理解「隨機」的方式習習相關。要是你認爲「隨機突變」的意思是突變不受外界事件的影響，那麼X光就否定了「突變是隨機的」。要是你認爲「隨機突變」意味著：所有基因都有同樣的突變機會，那麼熱點證明了突變不是隨機的。要是你認爲「隨機突變」意味著：染色體上所有位址的突變壓力都是〇，那麼突變仍然不是隨機的。只有在你將「隨機」定義成「並無改良身體的偏見（意圖）」時，突變才眞的是隨機的。我們討論過的三種非隨機突變，都無法驅使演化朝向適應改良的方向發展。還有一種非隨機突變，實質上與前三種一樣，但是卻不見得那麼容易看出來。我們必須花一些時間討論這第四種非隨機突變，因爲甚至有些生物學者都給它搞糊塗了。

有些人認爲「隨機」有下面的意義，在我看來，這實在是個古怪的意義。桑德思（P. Saunders）與何梅婉（Mae-Wan Ho）是反對達爾文理論的學者，我要引用他們的話，以討論他們對達爾文信徒所相信的「隨機突變」抱持的看法：「新達爾文理論的『隨機變異』觀念，有個重大謬誤，就是只要能想像的，就有實現的可能」，「（新達爾文理論信徒相信）所有變化的可能性都是一樣的，發生機率完全一樣。」我才沒有這種信念，也看不出你有機會把這種信念搞得像是有意義的玩意。「所有的變化都是可能的」？這究竟是什麼意思？所有的變化？要是兩個或更多的東西「發生的機率完全一樣」，那些東西必須定義成獨立事件。

舉例來說，我們可以說「（硬幣的）正面或背面出現的機率完全一樣」，因爲正面或背面是獨立事件。但是動物身體所有可能的變化，不是這類獨立事件。以兩個可能的事件爲例：「乳牛的尾巴增長了一英寸」，以及「乳牛的尾巴增長了兩英吋」。這兩個事件是分別獨立的事件，因而「發生的機率完全一樣」囉？或者它們是同一個事件，只是數值不一樣而已？

很明顯，桑德思與何梅婉對達爾文信徒的刻畫完全失眞，在他們的描述中，達爾文信徒的隨機觀念，就算實際上不是毫無意義的，也極端得荒謬。我花了一點時間琢磨才了解這幅拙劣畫像的意義，因爲達爾文信徒的思路，據我所知與它簡直風馬牛不相及。但是我認爲我眞的了解這幅畫像，我會試圖解釋它，因爲我認爲它可以幫助我們了解許多自命反對達爾文理論的人。

變異與天擇合作，結果就是演化。達爾文信徒說變異是隨機的，意思是變異並不朝著改良的方向發生，而演化中朝向改良的趨勢，源自天擇。我們可以想像各種演化理論，它們形成一個連續體，達爾文理論是一個端點，突變理論是另一個端點。極端的突變理論者相信在演化中天擇沒有扮演任何角色。演化的方向由突變的方向決定。

舉例來說，假定我們想解釋人類的大腦在最近幾百萬年中增大的事實。達爾文信徒會說，突變提供變異，讓天擇揀選，因此族群中有些人大腦比較小，有些人大腦比較大，而天擇青睞腦子大的人。突變理論者會說突變提供的變異裡就偏向較大的腦子；變異出現後並無天擇（或者說無需天擇）；人類大腦逐漸變大，因為突變造成的變化偏向較大腦子的方向。

總結以上的論點：演化過程出現了偏向——有利於較大腦子；這個偏向可能源自天擇（達爾文信徒的觀點），也可能源自突變（突變理論者的觀點）。我們可以想像這兩個觀點之間有一連續體，幾乎可說是演化偏向（趨勢）兩個可能源頭的交易場。中庸觀點會是：突變有偏向（較大的腦子），而天擇放大了先天的偏向，就是腦子較大的人比較有機會存活下來、生養子女。

達爾文信徒說，供天擇揀選的突變變異並無偏向，可是桑德思與何梅婉卻拿這話做素材，完成一幅失真的畫像。我是一個貨真價實的達爾文信徒，對我來說這句話的意思只不過是：突變並沒有系統地朝向適應改良的方向偏向。但是在桑德思與何梅婉的筆下，它的意思卻成了「所有能想像的變化，發生的機率完全一樣」。暫且不談這樣的信念在邏輯上就無法成立（前面討論過），這幅失真的畫像讓人以為達爾文信徒相信動物的身體是可以任意捏揉的黏土，變化無窮，全能的天擇隨時可以將它塑造成中意的形式。了解貨真價實的達爾文信徒與不實刻畫間的差別很重要。我要以一個例子來說明這一點，這個例子是：蝙蝠與天使的飛行技術有何差異？

根據歷來對天使的描繪，他們的翅膀是從背上長出來的，因此兩臂不必長滿羽毛。而蝙蝠與鳥兒、翼龍沒有獨立的雙臂。牠們從祖先遺傳來的臂膀變成翅膀的一部分，無法用來執行飛行以外的任務，像是抓取食物，即使能用也笨拙得很。以下的對話發生在一位眞實的達爾文信徒與不實虛擬的達爾文信徒之間：

眞實：我在想，爲什麼蝙蝠沒有演化出像天使一樣的翅膀？那麼牠的一雙手臂就可以派上用場了。小鼠都是用手臂撿起食物放到嘴邊吃的，可是蝙蝠沒有手臂，在地面上就非常笨拙。我認爲一個答案也許是：突變從未提供必要的變異。蝙蝠從來沒有過背上長出翼芽的突變祖先。

虛擬：胡說。天擇什麼事都辦得到。蝙蝠還沒有演化出天使一般的翅膀，只因爲天擇不青睞天使一般的翅膀，不爲別的。過去一定出現過背上長了翼芽的突變祖先，但是天擇就是不青睞牠們。

眞實：好嘛，我同意要是翼芽眞的在背上發出來過，天擇也許不青睞它們。一來它們會增加體重，而多餘的重量可是任何飛行器都無法負擔的奢侈品。但是我想你不至於相信無論天擇可能會青睞什麼，突變總是能適時提供必要的變異？

虛擬：我當然相信。天擇什麼事都辦得到。突變是隨機的。

眞實：這我同意，突變是隨機的，但是這只不過是說突變無法預見未來，無法規劃有利於動物的變化。這句話並不意味著任何變化都是可能的。舉個例子好了，爲什麼沒有一種動物像惡龍一樣會從鼻子噴火呢？那樣捕捉獵物與烹飪獵物不都方便得多嗎？

虛擬：那可難不倒我。天擇什麼事都辦得到。動物的鼻孔不會噴火，因為划不來。噴火的突變個體會給天擇淘汰，也許因為噴火太耗費能源了。

眞實：我不相信過去出現過會噴火的突變個體。果眞有過，我想牠們搞不好很容易燒到自己。

虛擬：胡說。要是有那種問題，天擇就會青睞襯了石綿的鼻孔。

眞實：我不相信造成石綿襯裡鼻孔的突變出現過。我不相信突變動物能夠分泌石綿，也不信突變乳牛一躍就能跳上月亮。

虛擬：任何一躍就能跳上月亮的突變乳牛都會給天擇淘汰。上面沒有氧氣，你知道吧。

眞實：我很驚訝你沒有想到配備了基因製造的太空衣與氧氣罩的突變乳牛。

虛擬：好主意。不過，我猜眞正的理由一定是乳牛就算跳上月球也得不到什麼好處。別忘了到達脫離速度所需要的能量。

眞實：這實在太荒謬了。

虛擬：用不著說，你不是個眞正的達爾文信徒。你到底是什麼人，某種暗地裡信奉突變理論的分歧份子嗎？

眞實：要是你那麼想，你就該見識一下眞正的突變理論者。

突變理論者：這是達爾文陣營的內部辯論嗎？還是任何人都能加入？你們兩人的問題在於你們給天擇的角色太吃重了。其實天擇所能做的，只是刪刈畸形與怪胎罷了。天擇無法產生眞正有建設性的演化。回到一開始的例子，談談蝙蝠翅膀的演化吧。眞正發生的是，在一個陸棲的祖先族群中，突變開始製造加長的手指與指間的皮膜。隨著世代推移，這些突變個體變得愈來愈常見，最後整個族群都是有翅膀的個體。這與天擇毫無關係。在蝙蝠祖先的體質中，有內建的傾向，注定要演化出翅膀。

眞實／虛擬達爾文信徒（異口同聲）：玄之又玄！滾回十九世紀吧，那兒才有你的棲所。

我認爲讀者不會同情突變理論者與虛擬不實的達爾文信徒，我希望我這麼說不會引起反感，認爲我太過自以爲是。我假定讀者贊成眞實的達爾文信徒表達的論點；我當然也贊成，用不著多說。虛擬的那位現實中並不存在。不幸有人認爲他眞的存在，而既然他們不同意此君，就等於不同意達爾文理論。有些生物學家形成了一套觀點，他們沈湎於以下的說法。達爾文理論的問題是，它忽略了胚胎發育對演化的限制。達爾文信徒認為，要是天擇青睞某一可以想像的演化變化，那麼必要的突變變異就會出現。（這是不實的敘述，讀者一定看得出來。）任何方向的突變變化都同樣可能：天擇提供了唯一的偏見。

但是任何眞實的達爾文信徒都會承認，雖然任何染色體上的任何基因在任何時候都可能突變，突變對於身體的影響卻受到胚胎發育過程的嚴苛限制。要是我眞的懷疑過這一點，我的生物形電腦模擬實驗也會將我的懷疑驅散。你無法只顧著要求一個在背上長出翼芽的突變。翅膀或其他任何東西，只能在發育過程容許的情況下演化。沒有東西能夠說出現就出現的。它必須由胚胎發育的過程製造。在想像中可以演化的東西，既有的發育過程實際上只容得下一小撮。先有手臂的發育過程，才可能再發生突變使手指增長、手指間長出皮膜。但是在背部的發育過程中，也許沒有什麼可以假借，以長出天使般的翼芽。基因可以繼續不斷地突變，但是沒有一種哺乳類會像天使一般，從背上發出翼芽，除非哺乳類的胚胎發育過程容許這種改變。

既然我們不知道胚胎發育的細節，對於某一組想像的突變出現過還是從未出現過的評估，我們就有爭論的餘地。舉例來說，也許最後我們發現，哺乳類的胚胎發育過程並沒有阻止天使翼發生的因子，因此那位虛擬的達爾文信徒就這個例子所做的說明是對的，就是天使翼芽過去發生過，但是天擇不欣賞，因此沒有機會演化完成。或者，我們對胚胎學知道得更多後，發現背上怎麼都不可能長出翼芽，因此天擇根本沒有機會欣賞它。還有第三個可能，這是為了使論證圓滿起見才列入考慮的，就是胚胎發育過程從來就不容許天使翼這種可能，而且天擇根本不欣賞這種玩意兒（即使有機會見到背上長出的翼芽也不會欣賞）。但是我們必須堅持的是，我們絕不能忽視胚胎發育過程對演化的限制。所有認眞的達爾文信徒都會同意這一點，可是有些人卻將達爾文信徒描繪成否認這一點。仔細爬梳他們的論證後，才發現這些人夸夸其談，把「發育限制」當做所謂的反達爾文力量，其實只是一場誤會——他們把正宗達爾文理論與虛擬不實的達爾文觀點給弄混了。

上一節的討論始於一個簡單的問題：我們說突變是「隨機」的，這究竟是什麼意思？我列出了三種情況，突變在那些情況中都不是隨機的：由X光等因子誘發的突變；不同的基因，突變率不同；某一方向的突變率不一定會給反方向的突變率抵銷。還有第四種情況：只能改變既有胚胎發育過程的突變，也不是隨機突變。突變不能無中生有，不能憑空造出一個天擇可能會欣賞的形質。供天擇揀選的變異，受既有胚胎發育過程的限制。

還有一種情況，其中的突變也許是非隨機的。我們可以想像一種突變形式，它會系統地偏向改善動物的生活適應。但是，雖然我們可以想像這類突變，這種偏見的運作機制卻沒有人說得出名堂。只有在這個情況中（「突變」情況），眞實的達爾文信徒才會堅持突變是隨機的。突變不會系統地偏向適應改進的方向，已知的機制中沒有一個能夠引導突變朝這第五個「非隨機」意義的方向發展。相對於適應利益而言，突變是隨機的，雖然在其他所有方面突變都是非隨機的。引導演化朝向非隨機方向發展的（相對於利益而言），是天擇，也只有天擇辦得到。突變理論不僅實際上錯了。它根本就不可能是對的。它在原理上就無法說明改進的演化。突變理論與拉馬克理論一樣，不是達爾文理論已遭到否定的論敵，它們根本不是達爾文理論的論敵。

我下一個要談的也是達爾文理論的所謂論敵，就是英國劍橋大學遺傳學家多佛（Gabriel Dover）提倡的分子驅動理論。這個名字很奇怪，因爲什麼東西都是分子構成的，所以我不明白多佛強調的過程爲什麼值得叫做「分子」驅動，其他的演化過程就不行嗎？木村資生與其他宣揚中性理論的學者，就沒有爲他們的理論做過不實的權利主張。他們沒有幻想隨機漂變可以當做天擇理論的論敵，以解釋適應演化。他們承認只有天擇可以驅動演化朝向適應的方向發展。他們的主張只不過是：許多演化變化（指分子遺傳學家眼中的演化變化）並無適應價值。多佛可不，他宣傳自己的理論，言大而誇。他認爲他不需要天擇就可以解釋演化的所有面相，雖然他很大方地同意天擇理論也許有幾分道理。

在本書中，我在考慮這類問題時，都會一貫地拿出眼睛當例子。但是我得強調，爲了說明「複雜而設計精良的器官不可能由機運打造」，有太多例子可以舉了，眼睛只是它們的代表罷了。對於人類的眼睛以及同樣完美而複雜的器官，我反覆論證過，只有天擇才算得上提供了合理的解釋。好在多佛已經公開接受過挑戰，對眼睛的演化提出了他的解釋。他說，假定眼睛從無到有的演化過程，共有一千個步驟。他的意思是，將一小片赤裸的皮膚轉變成一隻眼睛，需要一千個基因變化（突變）。爲了論證起見，我認爲這是可以接受的假設。以生物形國度來比擬的話（請見第三章），就是裸膚動物與長眼的動物在基因空間中相距一千個基因步驟。

言歸正傳。多佛已經說了，只要走完那正確的一千步，就能出現一隻我們所知道的眼睛，問題是：怎樣解釋這個事實呢？天擇的解釋大家都很熟悉。將它化約成最簡單的形式，大致是這樣的。那一千步的每個步驟，突變都提供了幾個不同的選項，其中只有一個受青睞，因爲它有利於生存。演化的一千個步驟代表一千個連續的選擇點，在每個選擇點上，大多數選項都導致死亡。現代的眼睛是個複雜的適應器官，是一千個成功「選擇」的終點產物，只是那些選擇都是無意識的。物種在各種可能都具備的迷宮中走出了一條特定道路。一路上有一千個分岔點，在每個分岔點上倖存者都恰巧是那些走上改進視力之道的個體。路邊散布著屍體，都是轉錯彎的失敗者。我們知道的眼睛，是一千個成功選擇連續累積起來的終點產物。

那是天擇論的解釋（上一段是一種說明天擇論的方式）。那麼多佛的解釋是什麼？基本上，他主張演化世系在每個步驟所做的選擇並不重要：不管出現的器官是什麼樣的，都能爲它找到用途。根據他的說法，演化世系走出的每一步都是隨機的。例如步驟一，一個隨機突變散布到整個物種。由於新演化出來的形質在功能上是隨機的，它不會幫助動物生存。於是物種搜索世界，尋找一個新的地方或新的生活方式，讓牠們可以利用強加在身體上的新生隨機形質。牠們發現了一個環境適合身體的隨機形質發揮功能後，就會在那裡生活一陣子，直到另一個新的隨機突變出現，散布到整個物種。現在物種必須再度搜索世界，找個新地點或新的生活方式，讓牠們可以利用新生的隨機形質過活。等到牠們找到了這種地方，步驟二就完成了。接著是步驟三隨機突變散布到整個物種，如此這般一千個步驟就完成了，於是我們所知道的眼睛就形成了。多佛指出人類的眼睛剛巧使用我們所謂的可見光而不是紅外光。但是，要是隨機過程恰巧使我們的眼睛對紅外光特別敏感，我們也能利用，並且發現一種充分利用紅外光的生活方式。

乍看之下多佛的想法有其合理之處，頗誘人，但是也只有在乍看之下才會產生這種感覺。它的誘人之處在於它將天擇理論完全顛倒了過來，那種對稱手法堪稱一絕。以最簡單的形式來說，天擇理論假定環境是強加在物種身上的物事，那些遺傳稟賦最適應環境的個體才能生存。環境強加在物種身上，物種演化以適應環境。多佛的理論將它顛倒過來。現在物種的天性是強加的，以這個例子而言是源自變化不定的突變，以及其他的內在基因力量——多佛對這些內在力量有特別的興趣。然後物種在各種環境中，找出最適合天性的地點生活。別忘了，在多佛看來，所謂天性是強加給生物的。

但是對稱的誘惑其實膚淺得很。一旦我們著手以數字構思，多佛的想法就露出它華而不實的本相了。他的說法要緊之處在這裡：在那一千個步驟裡，每一步物種轉哪個彎都無關緊要。物種獲得的每個新發明（新形質），功能上都是隨機的，然後物種找個環境適合它。多佛的意思是，物種無論在哪個分岔口選擇了哪一條路，都會找到一個適當的環境。現在請想一下，這麼一來得有多少環境才足夠？總共有一千個分岔點呢。讓我們保守些，假定每個分岔點都是二岔路口（而不是三岔路口或十八岔路口），只有兩條路可選，不是左就是右。那麼為了使多佛的想法行得通，原理上，物種可以生活的環境必須有二的一〇〇〇次方才夠。這個數字大略是一後面接著三〇一個〇，比整個宇宙的原子總數還多。

多佛自命提出了天擇論的論敵，可是他的理論根本行不通，不僅在一百萬年內行不通，即使給它宇宙歷史一百萬倍的時間也行不通，給它一百萬個宇宙，每個宇宙的歷史是這個宇宙的一百萬倍還是行不通。請注意，要是我們把多佛最初的假設（人類的眼睛花了一千個演化步驟才組裝完成）修改一下，這個結論仍然屹立不搖。要是我們把它修正為一百個步驟，雖然大概是低估了，我們仍然得到一個不可能的結論：物種可以生存的環境必須超過一百萬的五次方（一後面接著三十個〇）。這個數字小多了，但是計算的結果顯示，多佛必須為物種準備的「環境」，每個還不到一個原子大。

爲什麼天擇論不會讓這種「大數論證」摧毀呢？多佛的理論不是與天擇論在形式上是對稱的嗎？既然多佛的經不起大數的考驗，天擇論爲什麼就經得起呢？這個問題値得回答。在第三章，我們想像過一個超空間，所有眞實動物與我們想像得出來的動物在那個空間裡都有確定的位置。我們要在這裡做同樣的事，但是會把它簡化，每個分枝點只分出兩根枝杈，而不是十八枝。於是一千個演化步驟所能形成的所有可能物種，都「棲身」在一棵巨大的樹上，這棵樹不斷地分杈，最後枝杈的總數達到一後面接著三〇一個〇。任何實際的演化史，都能用這棵虛擬大樹上的特定路徑再現。在所有可以想像的演化路徑中，只有一小撮有物種走過。我們可以想像這棵巨樹大部分都隱匿在「烏有」（non-existence）中，只有這兒那兒的幾條軌跡我們看得清楚。這些就是生物實際走過的演化路徑，儘管這些路徑並不少，在所有可能的路徑中，仍然只占極端渺小的比例。天擇是一個過程，它能在這棵虛擬巨樹上自行尋路，並找到那些少數「生路」。我用來攻擊多佛的大數論證，並不能對付天擇理論，因爲天擇理論的要義就是：天擇會不斷大量砍下巨樹上的枝杈。那正是天擇的天職。在巨樹上（包括所有可以想像的動物），天擇會揀路走，步步爲營，避開幾乎可說是無限多的絕戶枝杈——例如眼睛長在腳掌上的動物等等，而多佛的理論卻因爲它內部奇異的顚覆邏輯，不得不容忍它們。

我們已經討論過所有天擇論的所謂論敵，只剩下最古老的一個，就是創造論——生命是由一個有意識的設計者創造的，或者說生命的演化是由祂規劃的。這個理論的某些特定版本，例如〈創世紀〉記載的，實在太容易批駁了，其實勝之不武。幾乎所有民族都發展了自己的創造神話，〈創世紀〉的故事只是中東牧民某個部落恰巧採用的一個，並無特殊之處。根據一個西非部落的信仰，世界是用螞蟻的排泄物創造的。這兩個信仰誰也不比誰特殊。所有這些神話，共通之處在於它們都依賴某種超自然存在的蓄意盤算。

乍一看，我們也許可以叫做「瞬間創造」與「天啓演化」的創造論，似乎有重大差異。有點深度的現代神學家已經放棄對「瞬間創造」說的信仰。支持某種演化觀的證據已經教人無可推諉。但是許多自稱是演化論者的神學家卻把神從後門走私進來：他們讓祂扮演某種督導演化的角色，神可以影響演化史的關鍵時刻（特別在人類演化史上），甚至更為全面地干預日常事件（演化變化就是那些日常事件累加的結果）。例如第二章提到過的英格蘭伯明罕主教芒特菲。

我們無法否證這類信仰，要是信徒假定神會費盡心思，總是在祂的干預行動上罩著一件自然過程的外衣，使人覺得面對的是以天擇為機制的演化現象，我們就更無能為力了。對這些信仰，我們所能說的就是：第一，它們都是多餘的；第二，我們想解釋的主要事物，它們當做事實接受——就是有組織的複雜物事。根據達爾文的演化論，有組織的複雜物事居然是從太古素樸中出現的，這才是它教人讚嘆之處。

要是我們想主張世上有一位神祇，所有有組織的複雜物事都是祂製造的，無論是瞬間製造的，還是透過演化的手製造的，那位神祇必然一開始就複雜得不得了。創造論者只是主張，在混沌之初這麼一位智慧超凡又複雜的存有就已出現了，無論他是天真的原教旨主義者，還是受過良好教育的主教，這都是信仰的起點。要是我們也有這樣的榮幸，只要主張有組織的複雜物事在混沌之初已經存在，就可以蠲免解釋的重擔，那我們何不依樣畫葫蘆，說我們所知道的生命在太古之初就已存在就好了。

一言以蔽之，「上帝創世說」與我們在本章中討論過的其他理論是一丘之貉，不管祂是瞬間創造還是引導演化創造，都一樣。它們表面看來，有點像達爾文理論的論敵，也許還能以證據來檢驗。仔細考察後，才發現不是這麼回事，它們沒有一個配得上達爾文理論的論敵。以天擇累積小變、推進演化的理論，是唯一在原理上能夠解釋「有組織的複雜物事何以存在」的理論。即使證據不利於它，它仍然是我們手上最好的理論。而事實上現有的證據支持天擇論。但是那是另一個故事了。

我們該做結論了。生命的本質就是巨大尺度上的渺小機會。因此，無論生命如何解釋，機運都不沾邊。對生命何以存在的解釋，若要符合實情，就必須包含機運的對立面。根據正確的理解，機運的對立面是非隨機存活。根據不正確的理解，非隨機存活不是機運的對立面，而是機運本身。這兩個極端由一個連續體連結在一起，這個連續體就是從單步驟選擇到累積性選擇。單步驟選擇是純粹機運的另一個名字。我說過，根據不正確的理解，非隨機存活就是機運本身，正是這個意思。以緩慢而漸進的模式進行的累積性選擇，是解釋「生命的複雜設計何以存在」的理論，在人類提出的理論中，它是唯一說得通的。

貫串本書的，是機運概念，是絕不可能自然出現的秩序、複雜、與看來是設計出來的表象。我們找到了一個方法馴服機運，將它的利齒拔掉。「不馴的機運」（純粹、赤裸裸的機運）指無中生有、一步到位的有序設計。要是起先沒有眼睛，然後突然間，只不過一個世代，有模有樣、完美又完整的眼睛出現了，那就是不馴的機運。這是可能的，但是發生的機會太小了，小到不值一提。同理可證，任何有模有樣、完美又完整的東西，都不可能自然出現，包括神祇（這是個教人無法推諉的結論）。

「馴服」機運的意思是，將非常不可能的事分解成一系列不那麼不可能的小組件。從Y開始，一步就演變成X，無論多麼不可能，想像它們之間有一系列漸進的中間步驟永遠是可能的。大規模的變化無論多麼不可能，較小的變化就不那麼不可能。要是中介步驟之間的漸進幅度夠微小，而中介步驟的數量又夠大，我們不必召喚微乎其微的機運，就能從任何物事衍生出任何其他物事。我們能這麼做，非得時間夠長，所有的中介步驟才安排得下。此外，還得有個機制，指引每一步都朝某個特定方向跨出，否則連續步伐只著落在毫無目標的隨機漫遊上。

達爾文世界觀的主張是，這兩個條件都滿足了，而緩慢、漸進、累積的天擇是我們存在的終極解釋。要是有些演化論的版本否定緩慢漸進、否定天擇的中樞角色，它們也許在特定個案上爲眞。但是它們不可能是全面的眞相，因爲它們否定了演化論的核心要素，那些要素讓它有力量分解「不可能」的萬鈞重擔，並解釋看來像是奇蹟的奇觀。

【注釋】

①譯注：拉馬克（Jean B. Lamarck），1744-1829，法國自然學者，他鑄造了「生物學」、「無脊椎動物」等名詞。拉馬克提出的「生物演變論」可以算是一種「進化論」，因爲他認爲生物演變有個確定的方向，就是更複雜、更高等云云。

②譯注：蕭伯納（George bernard Shaw），1856-1950，英國戲劇家、評論家、文學家，一九二五年諾貝爾文學獎得主。

③譯注：利森科（T. D. Lysenko）1898-1976，蘇聯農學家，不相信孟德爾遺傳學說，主張後天性狀可以遺傳。在史達林統治期間，他逐漸竄紅，最後主宰蘇聯的遺傳學研究與教學，使蘇聯的遺傳學與西方完全脫軌。

④譯注：德弗里斯（Hugo De Vries），1848-1935，荷蘭植物學家，發現遺傳特性。他是使孟德爾的遺傳研究重見天日的科學家之一。

⑤譯注：貝特森（William Bateson），1861-1926，英國遺傳學家，頂尖的孟德爾理論專家。

⑥譯注：強納森（Wilhelm Johannsen），1857-1927，丹麥植物學家，創造「基因」一詞。

⑦譯注：摩根（Thomas Hunt Morgan），1866-1945，美國遺傳學家，染色體理論創始人，一九三三年諾貝爾生理醫學獎得主。反天擇論者。

⑧譯注：盧克利修斯（Lucretius），93-50B.C.，古希臘哲學家、詩人，創原子論，即世界的一切物質都由不可分的原子所構成。

國家圖書館出版品預行編目資料

盲眼鐘錶匠：解讀生命史的奧祕／道金斯（Richard Dawkins）著；王道還譯. --第一版. --台北市：天下遠見, 2002〔民91〕
面；　　公分. --（科學人文；73）
譯自：The Blind Watchmaker

ISBN 986-417-012-0（平裝）
1. 演化論

362.1　　　　91010056

科學人文 (73)

盲眼鐘錶匠

解讀生命史的奧祕

原　　著／道金斯
譯　　者／王道還
策 畫 群／林和（總策畫）、牟中原、李國偉、周成功
系列主編／林榮崧
責任編輯／李千毅
美術編輯・封面設計／江洋輝

社　　長／高希均
發行人／副社長／王力行
執行副總編輯／林榮崧
版權部經理／張茂芸
法律顧問／理律法律事務所陳長文律師、太穎國際法律事務所謝穎青律師
出 版 者／天下遠見出版股份有限公司
社　　址／台北市104松江路93巷1號2樓
讀者服務專線／（02）2662-0012　　傳真／（02）2662-0007；（02）2662-0009
電子信箱／cwpc@cwgv.com.tw
直接郵撥帳號／1326703-6號　天下遠見出版股份有限公司

電腦排版／極翔企業有限公司
製 版 廠／凱立國際印刷股份有限公司
印 刷 廠／盈昌印刷有限公司
裝 訂 廠／台興裝訂廠
登 記 證／局版台業字第2517號
總 經 銷／大和圖書書報股份有限公司　電話（02）2981-8089
出版日期／2002年6月30日第一版第1次印行

定　　價／550元
原著書名／The Blind Watchmaker
by Richard Dawkins

ISBN：986-417-012-0（英文版 ISBN：0-14-014481-1）
書號：CS073

BOOK zone 天下文化書坊　http://www.bookzone.com.tw